『十三五』普通高等教育本科部委级规划教材

服装流行学

—第4版—

张　星　主　编

王玉娟　副主编

中国纺织出版社有限公司

内 容 提 要

本书针对服装流行的特征与规律以及流行传播的层次性、传播性、方式等问题，结合现代服装流行史以及市场变化、品牌策划等理论，进行了系统分析和论述。本书内容联系实际，解析到位，对提高服装设计水平、关注市场动态以及品牌服装的经营具有一定的指导性。

本书为“十三五”普通高等教育本科部委级规划教材，知识性、系统性、理论性较强，除可供服装院校师生学习使用外，还可作为行业人员学习的参考书。

图书在版编目（CIP）数据

服装流行学 / 张星主编. --4版. --北京：中国纺织出版社有限公司，2020.10

“十三五”普通高等教育本科部委级规划教材

ISBN 978-7-5180-7469-3

Ⅰ. ①服… Ⅱ. ①张… Ⅲ. ①服装设计—高等学校—教材 Ⅳ. ① TS941.2

中国版本图书馆CIP数据核字（2020）第086961号

责任编辑：孙成成　责任校对：王花妮　责任印制：王艳丽

中国纺织出版社有限公司出版发行
地址：北京市朝阳区百子湾东里A407号楼　邮政编码：100124
销售电话：010—67004422　传真：010—87155801
http://www.c-textilep.com
中国纺织出版社天猫旗舰店
官方微博http://www.weibo.com/2119887771
北京通天印刷有限责任公司印刷　各地新华书店经销
2006年11月第1版　2010年4月第2版
2014年11月第3版　2020年10月第4版第1次印刷
开本：787×1092　1/16　印张：23
字数：309千字　定价：59.80元

第4版前言

《服装流行学》自首次出版至今已有14年，此间，在多所高校课堂教学应用实践的基础上，编者充分收集了使用者的反馈信息和相关专家的建议，并及时进行了修订与完善，祈盼能够更好地满足专业教学实际需求，并给予服装行业的从业人员、服装专业的学生以及对流行感兴趣的大众提供相应的知识、见解和更好的帮助。

今天，再谈“流行”并不陌生，“流行”相对以前不再那样神秘，我们对流行的理解和认识较以往也更加深刻和丰富。在日常生活中，大众甚至可以从自由创作、自我发挥、凸显个性等层面来充分表达自己对服装流行的认识，而不再是停留在一味的模仿和简单的复制。所以，如能加深大众对流行的认知、趋势的把握和助力大众对服饰之美的充分表达，愿《服装流行学》能在这个过程中起到铺路石的作用。

本书在编写、修订过程中，为了更好地对相关理论内容进行支撑说明，期间引用了相关图片和同行学者的见解，由于引用资料数量繁多，无法一一查证和说明出处，在此向原作者表示歉意和衷心的敬意。

该版由王玉娟对全书进行了修订和相关内容的编写（约12万字），最后由张星统稿和核准。此次再版依然要感谢在第3版中担任副主编的袁斐副教授和梁建芳教授以及所有参加本书编写的同事，并愿此书能够得到不断完善。

张　星

2020年3月1日

第3版前言

本书从第1版到第3版已经有七年之久，在这七年当中，流行的循环周期越来越短，并且流行趋势指标间相互冲突的情况也越来越频繁。这使得我们要更加重视在多元化的市场中如何分析、预测并且掌握、运用流行。在未来的时间里，我们所面临的流行挑战将会越变越复杂。

所以，我们要回顾过去，以便更好地掌握未来；我们要直视流行，掌握面对流行的可行做法，而非像路人般窥视流行；我们要熟悉服装行业的结构，并且了解和掌握如何取得相关信息。希望本书能对服装行业的从业人员、服装专业的学生以及对流行感兴趣的大众起到指导作用。

本书在编写中为了满足相关知识和内容的需要，引用了一些图表和同行学者的观点，由于转录资料繁多，无法全部查证，在此向原作者表示深切歉意和衷心感谢！

全书共十个章节，其中第二章、第四章、第五章、第十章由袁斐编写，第一章、第六章、第七章由梁建芳编写，第八章、第九章由王玉娟编写，第三章由周芸编写，最后由张星统稿修正。在这次修订编写中，袁斐、梁建芳做了大量的修改工作，并增加了新的章节内容和书中图片的修正工作，对以上同志的辛勤工作再一次深表谢意。

流行学是不断向前推进、不断变化发展的，期待此书不断得到完善。

张　星

2014年3月

第2版前言

流行，无人不知、无人不晓，可以说当今社会流行已渗透人们的衣食住行各个方面。流行是什么？这难以说清楚，在人们追求时尚的各季节中，流行服装更是常挂于人们的嘴边。穿着新潮已成为享受生活的一种方式。对于从事服装设计专业的人员来讲，了解流行理论、掌握流行规律，对提高服装市场运作的能力是至关重要的。

本书对流行的产生、流行的变化以及流行的传播方式等进行了详细的理论叙述，并结合当代社会的发展特征，以人们对审美的意识和对流行的追逐心理论证了服装与消费的关系，提出了现代服装设计的相关理念。这对培养服装专业人才，把握服装流行变化规律，发挥流行作用具有一定的指导意义。

本书在编写中为了满足相关知识和内容的需要，引用了一些图表和同行学者的观点，由于转录资料繁多，无法一一查证，在此向原作者表示深切歉意和由衷感谢！

全书由张星、周芸、梁建芳、袁斐、王玉娟等编写并作第2版的修订，最后由张星统稿。在编写的过程中，严茜、袁菁红、范晓轩、叶永敏、张焕芳在读研究生期间亦积极参与部分的编写工作，再一次深表谢意！

此书仅作为抛砖引玉之用，期待其不断得到完善。

张　星

2009年12月

第1版前言

在中国服装走向世界的过程中，研究服装流行传播理论，对于指导服装设计及市场营销有着十分重要的意义。

讲授服装流行理论和现代服装设计理念，是服装教学的重要环节。本书主要在流行起源、流行传播手段以及服装演变的特点等问题上，结合现代市场进行了系统的分析与探讨；通过对国内外著名服装品牌市场运作的分析，研究了服装流行发展变化的规律与特征、流行传播手段以及流行对人们心理因素的影响，论证了服装流行与市场的关系，提出了现代服装设计的相关理念。本书在培养服装专业人才的过程中，对服装设计学习者把握服装流行规律及流行作用，在理论上有一定的指导意义，同时对提高服装设计和品牌策划诸方面能力起到良好的理念支撑作用。因此，本书作为高等院校服装教材，将对服装专业学生的知识面有一定的拓展。

本书编写时，为了满足教材相关内容的需要，引用了一些图表和同行学者的观点，由于转录资料繁多，无法一一查证，在此特向原作者表示深切歉意和由衷感谢！

在当前服装教学改革中，此书谨作为抛砖引玉之用，期待其不断得到完善。

本书由张星、郭建南、周江、周芸、梁建芳、王玉娟等编写，最后由张星统稿。在编写过程中，研究生袁斐、范晓轩、严茜、袁菁红、叶永敏、张焕芳亦积极参与部分编写工作，同时西安工程大学也对本书的编写给予了大力支持，在此深表感谢！

张　星

2006年8月于西安

教学内容及课时安排

章/课时	课程性质/课时	节	课程内容
第一章 （2 课时）	基础理论与研究 （4 课时）		• 流行
		一	服装流行的起源
		二	服装流行的规律
		三	服装流行的条件
第二章 （2 课时）			• 服装流行的现象与特征
		一	服装流行的现象与形式
		二	影响流行现象的因素
		三	服装流行的特征分析
		四	服装流行的心理因素
第三章 （2 课时）	专业理论及专业知识 （14 课时）		• 服装流行性与传统性
		一	服装与时装
		二	流行与时尚
		三	流行对传统服装与民族服饰的影响
		四	流行与现代服装
第四章 （4 课时）			• 服装流行的层次性与传播性
		一	服装流行的层次性
		二	服装流行的传播
		三	服装流行趋势的发布形式
		四	流行色发布的形式
第五章 （8 课时）			• 服装流行与市场
		一	流行与市场的关系
		二	流行趋势与服装品牌
		三	品牌策划与市场流行
		四	流行服装与消费心理

续表

章/课时	课程性质/课时	节	课程内容
第六章 （4 课时）	专业知识及专业技能 （22 课时）		• 流行传播与现代服装设计
		一	流行的启示与服装设计
		二	流行语言与表现形式
		三	服装流行风格化形成的因素
		四	流行的传播与创意
第七章 （4 课时）			• 现代服装设计理念与市场流行
		一	现代服装设计现状分析
		二	现代服装设计理念与市场流行
		三	服装设计理念与市场流行
第八章 （8 课时）			• 中外服装流行趋势
		一	流行的国际化与局部性
		二	法国女装流行的个性与特征
		三	意大利男装流行的个性与特征
		四	亚洲服饰流行的个性特征
		五	中国服装流行性与传统性
第九章 （4 课时）			• 中外服装品牌的流行性
		一	国外品牌的发展历史及现状
		二	中国服装品牌的发展历史及现状
		三	中西服装品牌的共性化与流行性
第十章 （2 课时）			• 流行化对中国服装业的影响
		一	中国服装业的现状
		二	流行国际化对中国服装业的促进
		三	服装流行国际化的发展
		四	中国服装如何走向国际市场

注 各院校可根据自身的教学特点和教学计划对课程时数进行调整。

目 录

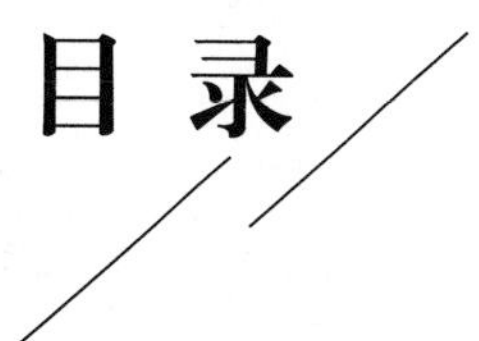

基础理论与研究

第一章　流行 / 1

第一节　服装流行的起源 / 2
一、流行的产生 / 2
二、服装流行产生的因素与条件 / 3
三、服装流行的概念 / 5
四、服装流行的意义 / 6
五、服装流行的过程 / 6
第二节　服装流行的规律 / 7
一、服装流行变化的基本规律 / 8
二、服装流行的时空性与周期性 / 9
三、服装流行的地域性与环境性 / 11
第三节　服装流行的条件 / 13
一、服装流行的周期性 / 14
二、服装流行的形态因素 / 17
三、服装流行的民俗因素 / 22
讨论题 / 24

第二章　服装流行的现象与特征 / 25

第一节　服装流行的现象与形式 / 26

一、服装流行的现象 / 27
二、服装流行的形式 / 36
第二节 影响流行现象的因素 / 47
一、自然环境条件 / 47
二、社会环境条件 / 48
三、民族传统文化 / 51
四、经济发展水平 / 53
五、社会群体意识 / 57
第三节 服装流行的特征分析 / 58
一、形成特征的分析 / 59
二、发展特征的分析 / 60
三、类型特征的分析 / 62
四、结构特征的分析 / 63
五、运动特征的分析 / 64
六、条件特征的分析 / 64
七、表现特征的分析 / 66
八、状态特征的分析 / 69
第四节 服装流行的心理因素 / 69
一、生理现象对服装流行心理的影响 / 69
二、流行现象中的着装心理因素 / 73
三、社会环境状态对服装流行心理的影响 / 77
四、宗教信仰对服装流行心理的影响 / 78
五、民族生活习俗对服装流行的心理影响 / 79
六、社会地位与经济状况对服装流行的心理影响 / 83
讨论题 / 83

专业理论及专业知识

第三章 服装流行性与传统性 / 85

第一节 服装与时装 / 86

一、服装/ 87
二、时装/ 90
三、高级时装/ 92
四、高级成衣/ 95
第二节　流行与时尚 / 96
一、流行/ 97
二、时尚/ 98
三、流行与时尚的关系/ 99
第三节　流行对传统服装与民族服饰的影响 / 100
一、流行对传统服装的影响/ 100
二、流行对民族服饰的影响/ 102
第四节　流行与现代服装 / 104
一、追随流行/ 104
二、流行信息/ 106
三、流行对现代服装的影响/ 107
实践题 / 110

第四章　服装流行的层次性与传播性 / 111

第一节　服装流行的层次性 / 112
一、流行风格的层次性/ 112
二、地域流行的层次性/ 115
三、个人风格的层次性/ 117
第二节　服装流行的传播 / 118
一、大众传播媒体/ 118
二、广告宣传/ 120
三、时装表演/ 121
四、名人效应/ 124
五、影视艺术/ 124
第三节　服装流行趋势的发布形式 / 126
一、服装流行趋势的发布/ 126

二、服装流行趋势的发布条件 / 135
三、服装流行趋势发布的作用 / 138
第四节　流行色发布的形式 / 140
一、流行色 / 140
二、流行色的形成 / 141
三、流行色的发布形式 / 145
四、流行色应用的形式与分析 / 149
实践题 / 152

第五章　服装流行与市场 / 153

第一节　流行与市场的关系 / 154
一、流行对市场的作用 / 154
二、多元化的流行带来的市场反映 / 155
三、市场消费者对流行的反映 / 157
四、市场对流行的影响 / 158
第二节　流行趋势与服装品牌 / 162
一、流行与品牌 / 162
二、品牌服装的流行表现 / 166
三、品牌服装的流行运作 / 167
第三节　品牌策划与市场流行 / 168
一、品牌策划 / 168
二、品牌策划与市场流行 / 172
第四节　流行服装与消费心理 / 176
一、消费者购买服装的认知过程 / 176
二、消费者购买服装的情感过程 / 178
三、消费者购买服装的动机 / 179
四、消费者的购买决策过程 / 181
五、消费者购买服装的心理因素 / 184
六、市场流行服饰购买所体现的消费心理 / 188
七、流行服装消费者的性格差异与消费行为 / 191

八、流行服装消费者的消费兴趣与购买行为 / 193
实践题 / 194

专业知识及专业技能

第六章　流行传播与现代服装设计 / 195

第一节　流行的启示与服装设计 / 196
一、现代设计与服装艺术 / 196
二、灵感来源与流行启示 / 198
第二节　流行语言与表现形式 / 201
一、流行语言 / 201
二、流行语言的表现形式 / 208
第三节　服装流行风格化形成的因素 / 214
一、整体风格与个人风格 / 214
二、流行的环境风貌 / 215
三、流行的文化风貌 / 217
四、流行的民俗风貌 / 218
第四节　流行的传播与创意 / 220
一、国际化流行 / 220
二、时装的创意与传播 / 221
三、时装设计的创意性与市场性 / 223
实践题 / 225

第七章　现代服装设计理念与市场流行 / 227

第一节　现代服装设计现状分析 / 228
一、国内服装设计现状分析 / 228
二、国外服装设计现状分析 / 230
第二节　现代服装设计理念与市场流行 / 231

一、设计动机——目的 / 232
二、设计依据——条件 / 233
三、设计手段——特点 / 234
四、设计结果——效应 / 235
第三节 服装设计理念与市场流行 / 236
一、现代服装设计理念 / 236
二、现代服装市场流行 / 241
三、现代服装的系列性与整体性 / 245
讨论题 / 248

第八章 中外服装流行趋势 / 249

第一节 流行的国际化与局部性 / 250
一、流行的国际化 / 250
二、流行的局部性 / 251
第二节 法国女装流行的个性与特征 / 252
一、服饰文化背景 / 252
二、时尚的舞台交换 / 254
三、多元、趣味的新世纪情怀 / 258
第三节 意大利男装流行的个性与特征 / 263
一、意大利时装业的发展历程 / 263
二、意大利男装流行的个性与特征 / 266
第四节 亚洲服饰流行的个性特征 / 268
一、亚洲民族服饰的概况 / 269
二、亚洲服饰流行的背景和特点 / 272
三、亚洲民族服饰的世界性 / 275
第五节 中国服装流行性与传统性 / 276
一、中国服装流行性与传统性 / 276
二、流行性对中国传统服装的影响 / 278
三、中国服装的魅力 / 280
实践题 / 281

第九章　中外服装品牌的流行性 / 283

第一节　国外品牌的发展历史及现状 / 284
一、国外品牌的发展历史 / 284
二、国外品牌的发展现状 / 287
三、国外著名设计师作品流行性分析 / 288
第二节　中国服装品牌的发展历史及现状 / 291
一、中国服装品牌的发展历史 / 291
二、中国服装品牌的发展现状 / 292
三、中国服装品牌的展望 / 295
四、国内著名设计师作品流行性分析 / 299
第三节　中西服装品牌的共性化与流行性 / 302
一、中西服装文化的差异 / 302
二、中西服装品牌发展的共性化 / 304
三、中西服装品牌共性化与流行性的表现 / 306
四、东西方服装的流行性分析 / 307
讨论题 / 311

第十章　流行化对中国服装业的影响 / 313

第一节　中国服装业的现状 / 314
一、中国服装业的比较优势分析 / 315
二、中国服装业的竞争优势分析 / 316
第二节　流行国际化对中国服装业的促进 / 321
一、流行国际化对中国服装业的整体提升提供了条件 / 321
二、流行国际化对中国服装业的影响 / 323
第三节　服装流行国际化的发展 / 326
一、流行的专制和半专制阶段 / 326
二、流行的民主化阶段 / 327
三、个性与流行的关系 / 331
四、国际化流行对中国服装市场的影响 / 332

第四节　中国服装如何走向国际市场 / 333
一、服装企业国际化经营的外部环境 / 334
二、中国服装企业进入世界服装市场的竞争形势分析 / 335
三、中国服装企业进入国际市场的途径 / 337
实践题 / 349

参考文献 / 350

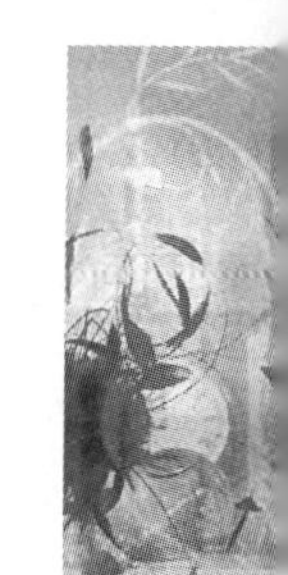

基础理论与研究

第一章 流行

· 第一节 服装流行的起源
· 第二节 服装流行的规律
· 第三节 服装流行的条件
· 讨论题

教学目的： 通过本章的学习，使学生掌握和流行相关的概念，了解流行发展的过程和基本规律以及这些规律形成的条件。通过具体知识的讲解，帮助学生对流行形成一个正确、清晰的认识。

教学方式： 课堂讲授

课时安排： 2课时

教学要求： 1.要求学生做好课前准备，对流行建立一个初步的认识。

2.通过课堂上的讲解，要求学生掌握流行的基本规律，并且学会发现生活中影响流行产生的因素。

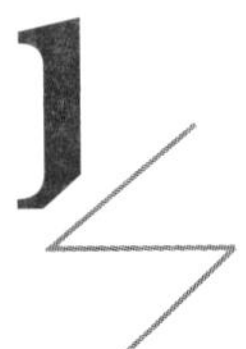

第一节　服装流行的起源

一、流行的产生

有人说流行似雾里看花、水中望月，亦幻亦真；也有人说流行如行云流水，变化不定、难以捉摸。流行就是这样，犹如魔术师神奇的手，搅得服饰世界五彩斑斓。德国哲学家、古典美学家康德曾说过："在自己的行为举止中，同比自己重要的人进行比较，这种模仿是人类的天性；仅仅是为了不被别人轻视，而没有任何利益上的考虑，这种模仿的规律就叫作流行。"我们也可以简单地理解为，流行就是一段时间内某一群体的喜爱偏好。具体来说，就是在一定的历史时期，一定数量范围的人受某种意识的驱使，以模仿为媒介而普遍采取某种生活行动、生活方式或观念意识时所形成的社会现象。

中国的古书《礼记·檀弓上》中，就有"夏后氏尚黑"的描述。殷商流行白色，周朝流行红色。春秋时，齐国风行紫色，齐桓公穿上紫袍后，紫色的纺织品价格猛

流行不需要理由

涨了10倍。古人尚且如此，更何况现代人。现代人对于流行的追求已经达到了痴迷狂热的程度，一阵流行风渐渐刮来，使得尘世中的人们不约而同地走入流行的行列。人们从思想、观念、认识到生活方式的改变；从言谈举止到争先恐后的行动；从吃穿住用行到学习、工作、娱乐、休闲……时尚的潮流驾驭着人类前行的历史旅程。

二、服装流行产生的因素与条件

流行的产生有脉络可循，并不是凭空想象出来的，任何一款与社会脱节的服装都难以生存。所以流行会受到人为因素、社会经济状况、自然因素、文化背景、国际重大事件等因素的影响。如果设计服装时脱离这些因素，只是一味地以主观设计为主，那么所设计出的服装则不会成为流行现象。

1. 人为因素

其影响因素主要来源于人们喜新厌旧和攀比、从众的心理。喜新厌旧是人们在生活中的一种心态，即抛弃旧的、追求新的。这种愿望在服装中表现得尤为突出。当一种新的服装出现时，一些勇于尝试的人，在喜新厌旧的心理驱动下首先走入潮流的前端，成为新流行的创造者，这种心理因素促使服装流行不断地推陈出新。随后，这种服装被人们认为是时尚，不穿着它的人自感落伍，于是在攀比心理的指使下，穿着它的人会越来越多。这样，在一定的时间和一定的地域内，有相当比例的人群加入流行的行列，这时，一部分墨守成规、对服饰缺乏主见和自信心的人，常常

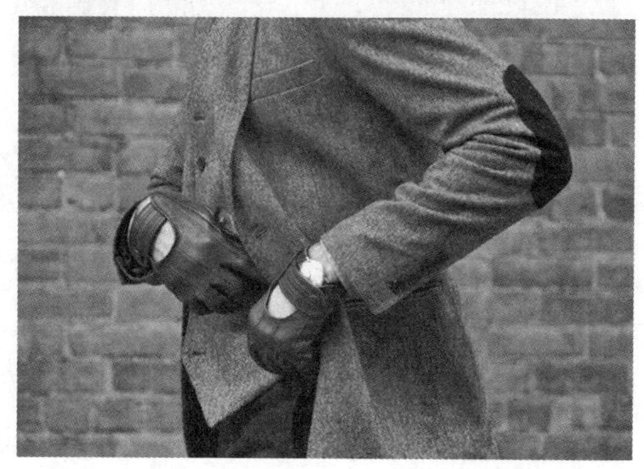

街头的时尚

采取随大流的从众方式。这种盲目的从众心理使流行向更大范围扩展，成为推动流行发展的主力军。

2. 社会经济状况

服装流行的现状可以反映出一个国家的经济状况，在服装流行蔓延、传播的过程当中，社会的经济实力起着直接的支撑作用。当社会经济发展不景气时，人们的精力就会放在民生方面，大家只有在解决吃住问题后，才会对穿着有所要求，否则只要穿暖就足够了。至于款式、颜色都不会被人关注，更不用说考虑流行与否了。这时的服装业就会出现萎缩，服装的造型变化速度就会减缓，甚至停滞不前。相反，社会经济繁荣昌盛，人们的生活水平不断提高，与此同时，人们对着装需要更多、更新的变化，首当其冲的便是自身的修饰。人们对服装提出新的要求，服装会不断地出新、出异，于是便涌现出与时代相适应的新的潮流，呈现出服装流行的繁荣景象。

3. 自然因素

自然因素主要包括地域和天气两个方面。地域的不同和自然环境的不同，使得各地的服装风格形成并保持了各自的特色。在服装流行的过程中，地域的差别或多或少地会影响流行。偏远地区人们的穿着和大城市里服装的流行总会有一定的差距，

生活中的时尚

而这种差距随着距离的靠近递减。不同地区、不同国家人们的生存环境不同，风俗习惯也不同，导致人们的接受能力产生差别，观念和审美也会有一些差异。而一个地区固有的气候，形成了该地区适应这种气候的服装。当气候发生变化时，服装也将随之发生变化。

4. 社会文化背景

生活中，服装的流行是随着时代的变迁而变化的，不同时代的流行，都是与不同社会文化背景下人们的生活习惯、宗教信仰、审美观念等相契合的。例如生产童装的设计师就要看动画片，要知道这个时期最流行的动画片是什么，孩子们最喜欢的卡通人物又是谁，只有把童装和生活有机地结合，才能设计出孩子们喜欢的流行童装。

5. 社会重大事件

社会重大事件的发生往往被流行的创造者作为流行的灵感。很多国际上的重大事件都有较强的影响力，能够引起人们的关注。如果服装中能够巧妙地运用事件中的元素，就很容易引起共鸣，产生流行效应。

三、服装流行的概念

流行是一种客观的社会现象，它反映了人们日常生活中某一时期内共同的、一致的兴趣和爱好。它所涉及的内容相当广泛，不仅有人类实际生活领域的流行（包括服装、建筑、音乐等），而且在人类的思想观念、宗教信仰等意识形态领域也存在。但在众多的流行现象中，与人密切相关的服装总是占有最显著的地位，它不仅是物质生活的流动、变迁和发展，而且反映了人们世界观和价值观的转变，成为人类社会文化的一个重要组成部分。

服装流行指的是服装的文化倾向，通过具体服装款式的普及、风行一时而形成潮流。这种流行倾向一旦确定，就会在一定的范围内被较多的人所接受。服装流行的式样具体表现在它的款式、材料、色彩、图案纹样、装饰、工艺以及穿着方式等方面，并且由此形成各种不同的着装风格。一般服装的流行要素主要有以下几方面：服装款式的流行倾向主要是指服装的外形轮廓和主要部位的外观设计特征等；服装面料的流行倾向是指面料所采用的原料成分、织造方法、织造结构和外观效果；服装色彩的流行倾向是指在报纸、杂志上公布的权威预测，并在一定的时间和空间范围内受人们欢迎的色彩；服装纹样的流行倾向是指服装图案的风格、形式、表现技法，如人物、动物、花卉、风景、抽象图案、几何图形等；服装工艺装饰的流行倾向，是指在不同时期采用的一些新的缉缝明线的方法，还有服装开衩以及印花等都会随着流行而变化。

从宗教中获取设计灵感进行创作，形成一种别样的视觉效果

四、服装流行的意义

人们一般所说的流行多是指服饰的流行，从古到今时尚流行成为人类社会文化的重要组成部分，并直接影响着人们的生活。

在新的流行开始之时，它与现存的流行相比处于弱势，但随着发展，它将替代现存的流行而成为新的流行热潮。这种替代是不断发展变化的。其实流行就像河流一样，它的源头只是涓涓溪流，当它汇聚无数溪流，流到中游后便形成了势不可挡的广阔江河，但它顺流直下又将被分流，最终流入大海，被大海所吞没。

总之，当今服装流行的本质意义在于，它将服装的表演性、艺术性向商业的实用性转化，逐步形成一种引起人们注意的新潮事物，当人们认可并模仿时，流行便进入了盛行期。这种具体的服装流行被人们广泛接受后，会造就日益庞大的消费群体，为服装业创造出无限的商机。同时，服装流行也是社会经济兴衰以及人们文化水准、审美、心理、意识、观念等方面的综合体现。

用亮片、薄纱、皮革装饰设计的时装，彰显女性柔媚、原始、野性的独特气质

五、服装流行的过程

服装流行的过程可以分为三个阶段。

1. 服装流行的初级阶段

服装流行的初级阶段往往只有少数人接受。这类人热衷于探索前所未有的新的不同点，喜欢标新立异，展示自己的个性，认为穿着只有在“与众不同”的情况下才能真正体现它的价值，才能够宣扬和突出自我。在

现代人的心目中，个性化与走在流行的前端远比流行来得重要。就像现在很多爱想象的年轻人，他们不喜欢大众衣着的世俗限制，于是把目光投向传统约束较少的亚文化群落，并在潜移默化中受其影响进而造就着新一轮的流行。

个性化男装设计

2. 服装流行的发展高涨阶段

当一种新的流行渐渐地被更多的人接受时，另一类人则极力要求大众化，尽量保持与他人的统一性，这种趋同心理使他们也迅速地加入流行的行列中，以获得时代的安全感。由此可见，流行对于现代人来说太重要了。流行服装对个人来说是否适合或许并不重要，重要的是服装本身的流行。一位从日本回来的朋友说，日本的女孩现在都流行穿短裙。其实日本女孩大多腿型并不太美，如果穿宽筒型的长裤或是穿长裙都可以掩盖这种缺陷，但为什么要穿短裙呢？这是因为日本时尚流行“露出又细又长的大腿”。人们迷醉流行，在现代社会，谁也不愿做一名流行的落伍者。

3. 服装流行的衰亡阶段

当一种流行被大众参与普及后，就失去了流行的新鲜感和刺激性，使人们渐渐对此流行失去了兴趣，而与此同时，新的流行又在伺机勃发，迫使原有的流行退出时尚舞台。

第二节　服装流行的规律

一种事物开始兴起时，会受到人们的热切关注、追随，继而又会司空见惯，热情递减，产生厌烦，最后被完全遗忘。法国著名时装设计大师克里斯汀·迪奥说：“流行是按一种愿望展开的，当你对它厌倦时就会去改变它。厌倦会使你很快抛弃先前曾十分喜爱的东西。”这种由于心理状态而发生、发展、淡忘的过程就是流行的基本规律，也可称为一个周期。任何事情的发展都有它自身变化的规律，服装的流行也不例外。

古典主义的回归：流行这个万花筒，挡不住人们的复古思潮

服装的流行具有明显的时间性，随着时间的推移而变化，这种变化是有规律的，表现为循环式周期性变化规律、渐进式变化规律和衰败式变化规律。

一、服装流行变化的基本规律

1. 服装流行的循环式周期性变化规律

服装流行的循环式周期性变化规律是指一种流行的服装款式被逐渐淘汰后，经过一段时间又会重复出现大体相似的款式。所谓“长久必短，宽久必窄”，说的就是这个规律。但这种流行的方式是在原有的特征下不断地深化和加强，使流行的变化渐进地发展。这种循环再现无论是在服装造型焦点上、色彩运用技巧上，还是在服装材料使用上，与

20世纪60年代曾经流行的“迷你裙”再次回归

对民族的、传统的事物加以创新和再设计，使之成为流行的条件

以前相比都有明显的质的飞跃。它必定带有鲜明的时代特征，运用更多现时的人文、科技的结果，也必然易被社会所接纳。

2. 服装流行的渐进式变化规律

服装流行的渐进式变化规律是指有序渐进的意思。流行的开始常常是有预兆的，它主要是经新闻媒介传播，由世界时尚中心发布的最新时装信息，对一些从事服装的专业人员形成引导作用，从而导致新颖服装的产生。最初穿着流行服装的毕竟是少数人，这些人大多是具有超前意识或是演艺界的人士。随着人们模仿心理和从众心理的加强，再加上厂家的批量生产和商家的大肆宣传，穿着的人越来越多，这时流行已经进入发展、盛行阶段。当流行达到顶峰时，时装的新鲜感、时髦感便逐渐消失，这就预示着本次流行即将告终，下一轮流行即将开始。总之，服装的流行随着时间的推移，都经历着发生、发展、高潮、衰亡阶段，它既不会突然发展起来，也不会突然消失。

3. 服装流行的衰败式变化规律

服装流行的衰败式变化规律是指上一个流行的盛行期和下一个流行蓄势待发的结合点。服装产业为了增加某种产品的利润，在流行一定阶段后会采取一些措施以延长产品衰败的时间，同时又在忙碌着为满足人们再次萌生的猎奇求新心理而创造新一轮流行的视点。

二、服装流行的时空性与周期性

1. 服装流行的时空性

服装的流行联系着一定的时空观念。时间与空间都有它们的相对性。在同一空间里要考察时间的长短；与此同时，在同一时间里也要辨别空间的异同。因此，服装必然有它强烈的时效性。因为“新”在流行的过程中是最具有诱惑力的字

休闲女装的流行，倡导着身体的解放与自然的回归

白的优雅、黑的神秘，以此为基调的设计呈现出一种浪漫情怀与高贵风韵，使人们在不知不觉中有了怀旧情愫

领口、袖口与裙子的呼应设计，束腰设计，张扬与内敛并存

眼，流行只有在“新”的视觉冲击下才能保持旺盛的生命力。所以今天的流行、明天的落伍便成了司空见惯的现象；服装更新得越快，它的时效就越短。从法国服装中心几十年来展示的服装中可以看到风格的突变：曾经是色彩灰暗、宽松的服装流行全球，继而便是金光闪闪、珠光宝气、缀满装饰物的服装充斥市场；喇叭裤虽然以挺拔优美的气质独领风骚许多年，但仍无力抵挡流行的浪潮，终被宽松的“萝卜裤”占先，紧接着又出现了直筒裤、高腰裤以及实用而优雅的宽口裤、九分裤、七分裤等。服装款式的变化、花样翻新令人目不暇接。近年来，就连人们认为变化比较稳定的男装，也因受到流行潮流的冲击而在不断地变化。因此，只有把握流行时间的长短和空间的范围，才能保证服装流行的效应。

2. 服装流行的周期性

服装流行经历了其萌芽、成熟、衰退的过程，退出流行舞台后，又反复出现在流行中，即为流行的周期性。流行的周期，循环间隔时间的长短在于它的变化内涵。凡是质变的，间隔时间相对长；凡是量变的，间隔时间相对会短一些。所谓“质变”，是指一种设计格调的循环变化。一种服装款式新颖，可能流行一两年也就过时了，但它仍旧还是一种格调、风格，只不过不再是一种流行款式而已；但若干年后，它又会以新的面貌出现。美国加利福尼亚大学教授克罗在观察了各种服装式样的兴起和衰落后，得出的结论是：服装循环间隔周期大约为一个世纪，在这期间又会有数不清的变化……人类对于服装特征的独立研究表明，某种服饰风格或模式趋向于有规律的周期性重现。时尚周期的另一尺度与“循环周期”的原则有关，即一定时期的循环再现。近年来，国际服装流行的周期性循环现象比比皆是，如典型外轮廓造型之一的直筒式，是流行于20世纪初迪奥风格服装的再现。而“复古”“回归”“自然”等主题，也都是服饰格调的周期循环。

人类不同的历史文化背景、观念意识，对审美的影响是深刻的。当代是人类的个性自由充分发展的时代，人们的审美观千差万别，一些历史的审美观往往以新的形式复活，服装的周期性循环正好说明了这点。

三、服装流行的地域性与环境性

1. 服装流行的地域性

服装的流行存在着一定的地域性，其主要包括气候和地理位置两个方面。

一方面，不同的地域有不同的气候。例如一年四季都是夏天的热带，四季较为分明的温带，还有常年寒冷的寒带，它们对服装流行的表现会有很强的气候特点。

另一方面，在服装流行的过程中，地理位置的差别或多或少地影响着流行。偏远地区人们的穿着和大城市里服装的流行总会有一定的差距，而这种差距随着距离的缩短逐渐递减。例如同一时期的欧洲和亚洲，流行的内容会有所不同；在同一时期的亚洲国家，如中国、日本流行的内容也会各具特点；同时，中国的北方、南方区域也会因为地域的关系阐释着不同的流行内容。

流苏的“流行风”愈演愈烈

2. 服装流行的环境性

人们的着装流行一定要围绕着自身的活动环境，换句话说，人们的生活环境决定了服装的流行性。

很久以前，人们养成了盲目追随巴黎时装的习惯，这种习惯使人们顺从于流行。自19世纪末，人们开始由被动转为主动，在流行中寻找自己而不是迷失于流行中。现如今，消费者是按照自己的意愿在选择服装，而不是被强迫接受。每个人所需要的流行必须兼顾所处的环境，服装的流行必须能够反

华伦天奴（Valentino）2020年春夏时装中的自然元素

服装诠释着你所处的环境和工作性质

映穿着者的社会工作背景以及生活环境的现状。

第三节　服装流行的条件

在新的一季来临之时，当你走进自己所喜爱的商店里，你是否曾经感到诧异，这些令人眼花缭乱而美妙的服饰是怎样产生的？这些色彩、面料和款式是由谁来决定的？然而，无论你出于什么目的去消费，是盲目的、随心所欲的，还是聪明的、富有头脑的，你都不得不承认这些服装的风格与款式竟是如此符合你的需要和品位。

服装的流行无非就是服装的镶边、领口、色彩、裁剪方式，以及服装配件的搭配等组合成当季流行服装的整体外观。服装流行的规律性也是从这些必备条件中产生的。

各种各样新的服装流行趋势在我们生活中不断出现，有时当一个新的趋势还在萌芽时期，由于我们的不敏感，或者归咎于自己的迟钝，使我们不能及时、准确地把握流行。而且即便察觉到人们对于所期待的新的服装需求是相同的，但是用来满

简约的剪裁方式配以流行色的运用

发布会中的服装式样，对流行起着良好的引导作用

足这些需求的方式方法却不一而足，结果我们得到的并非相同或类似答案，而是各种行之有效但却不尽相同的解决途径。也就是说，从广义上讲，看似杂乱无章的服装流行现象其实是有规律可循的，服装流行的趋势也是可以掌握的。服装流行趋势的发布是以服装流行规律的分析为基础，相反，服装流行规律的研究为服装流行趋势的发布所应用，这两方面相互依存，彼此联系。

对于服装流行规律的分析，可以从服装流行的周期性规律着手，也可以从服装流行形态的演变过程出发。这两方面的研究不是孤立的，往往需要相互对应才能使实际研究具有指导性的意义。

一、服装流行的周期性

在进行服装流行趋势规律的研究时，容易引起人们兴趣的往往是服装流行的周期性规律，确认服装周期性变化速度主要是指流行趋势的时间性。经过长期观察和研究发现，服装流行趋势的周期规律是根据一定轨迹运转的，主要反映在服装的整体效果

“男装女性化”的流行，图为收腰的休闲西服的设计

在市场上流行时间较长的波西米亚风格服装

方面，它随季节、气候、时间而变化，具有稳定的规律性，表现为单元性的小周期。另外，服装的形态特征随时期、阶段的相对时间变化而产生，带有随机的偶然性，表现为单元性的大周期。流行规律的运动变化还具有反复循环的特点，表现为内在的规律性和总体的大周期。这种绝对时间性流行趋势与稳定的周期规律之间有着必然的联系，同时又具有普遍性的特点。流行在阶段的变化中，相对时间性的流行与随机的偶发事件有着某种关联，所以，它又带有特殊性的含义。

流行本身就是一个动态的概念，是指在一定时间内流传普及某种行为意识的现象。其中，服装流行由于服装自身的属性和特点，使得其流行周期所经历的时间有限，而且随着社会经济的发展和人们审美意识的更新，服装流行更换的频率也逐步提高。

服装语言就像说话一样，除了包含禁忌字眼之外，还有“现代字”和“古字”、“本土话”和“外来语”、“方言”和“标准话”、“俚语”和“粗话”。大千世界里人们的着装习惯与品位形形色色、变化万千。单就某一个人来说，他（她）在选择服装时也不可能从一而终，而是会随着流行元素的变化而发生改变。有时我们穿上从前的衣服（或者是非常有技巧地模仿以前的衣服），就像作家和演说家使用古语一样，呈现出一种文化、学识或是才智的味道。人们在交流的时候很谨慎地使用这类字眼，常常一次只用一个字——就像祖母少女时代的首饰，或是母亲年轻时曾钟爱的一双圆头浅口皮鞋，人们绝不会全身都穿一个时代的服饰。穿着某一时期全套的复古装束，并非显得优雅和有教养，反而让人觉得这个人或要去参加化装舞会，或在演戏、拍电影、做广告。但是，假若混合一些不同时期多样式的服装，则会暗示一种迷惑而又富有个性的夸张风格。所以在制造和贩卖速食文化的艺术圈和娱乐圈里，这种手法是很流行的。

在《品位与流行》（*TASTE AND FASHION*）一书中，已故的詹姆斯·莱弗（James Laver）设计一个时间表来解释这类反应：这就是有名的莱弗定律（Laver’s Law）。根据他的理论，同一件衣服因为时间不同将会是：

无礼的　10年前

无心的　5年前

大胆的　1年前

时髦的　……

过时的　1年后

可怕的　10年后

可笑的　20年后

有趣的　30年后

古典的　50年后

迷人的　70年后

都市精神与动感相联系的嬉皮风格，符合现代年轻一族的审美观

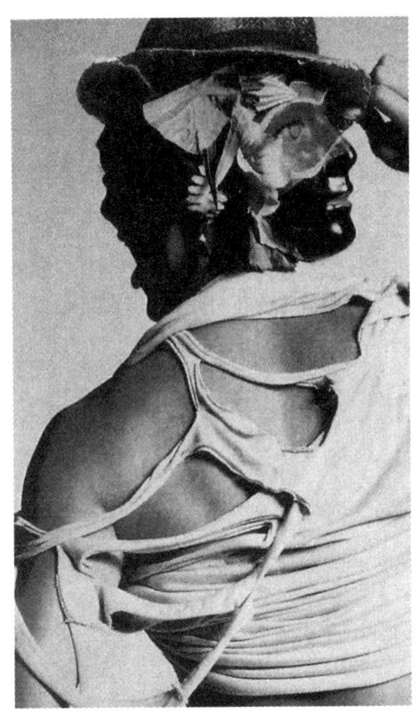
我行我素的设计使得温情与颓废并存，也是现代年轻一族追逐的对象

浪漫的　100年后

美丽的　150年后

詹姆斯·莱弗可能过度强调未来流行的惊人价值，因为今天看这些东西可能只会觉得古怪或令人讨厌。

一般生活在贫困标准线以上的人们，拥有比真正需要还要多的衣服，以便换洗和换季。然而我们经常丢弃一些太小或不再穿的衣服，然后重新添置新衣。这是为什么呢？有些人抱怨这是被商业利益影响的结果。但是这种认为流行变化是阴谋的理论——即采用新款式的观念，是贪心的设计师、制造商和流行服饰编辑们的策略，是缺少根据的。当然，时装公司希望我们每年添置新的衣服，但是他们从未如愿。因为人们不可能穿他们所建议的每一件衣服。自从流行服饰成为一笔大生意以来，设计师在每一季都会提出一堆令人迷惑的服装款式。在这些款式当中，只有少数会被厂商挑中并大量生产，而且也只有少量款式会被顾客接受。

詹姆斯·莱弗曾经简评：式样只是反映一个时代的态度，它们是一面镜子，而非原创物。在经济限制之下，人们需要衣服、使用衣服、丢弃衣服就像使用文字一样。那是因为它们符合我们的需求，并且表达我们的观念和情绪。所有语言专家的忠告，都无法挽救口语中过时的话，或说服人们“正确地”使用新词。同样，我们会去买和穿在当时能反映我们希望成为什么样人的衣服，而其他那些不符合需求的

阿加莎·鲁伊斯·德拉普拉达（Agatha Ruiz De La Prada）色彩丰富、简约、舒适的女装

衣服，不论商人如何大肆宣传，我们都不会去买。

在现代社会中，经济、科技的飞速发展，造成人们文化、心理上的差异，再加上变幻莫测的政治风云，使得服装的流行规律变得更加复杂化。众多现代服装的突发性流行，给流行趋势研究增加了新的难度。过去，天才服饰艺术家——从查尔斯·费雷德里克·沃斯（Charles Frederick Worth）到玛丽·匡特（Mary Quant），预测每一年人们希望服装所表现出的不同风貌。今天，只有少数设计师还有这样的天赋，大部分设计师都像美国汽车工业设计师一样，已经丧失了这种能力。人们对于时尚越来越有主见，使得流行工业无法再维持人们已经决定丢弃的款式，也无法将他们不接受的东西介绍给他们。例如在美国，庞大的广告预算和类似《时尚》（*VOGUE*）和《乡绅》（*ESQUIRE*）杂志联手合作，也无法挽救帽子——人们外出的必备装备。今天帽子仍能存活，主要是用来对抗气候、具有保护功能以及作为仪式装扮的服饰（如正式婚礼），或是年长或个人标新立异的符号。

二、服装流行的形态因素

服装流行规律中的形态包括服装的色彩、造型、材料、功能、风格等流行要素。

1. 服装色彩的流行规律分析

颜色也许是整个服饰店中最一致的促销元素了，不论是服装、手工艺品、香水、

色彩斑斓的条纹图案极具动感

花饰及各种装饰，都是以颜色作为重要依据，让消费者拥有入时的品位。

服装色彩是服装流行中最引人注目的形态要素，它不仅能引起视觉的快感，造成情绪愉悦，同时，它还具有一种情感，能够引申出社会性内容，形成联想。中国服装工业科技情报站对全国服装专家进行的两轮咨询调查表明，服装流行因素中，服装色彩占到了26.15%，在综合因素中居第二位。

在报道或讨论颜色时，必须精确描述它的涵义和程度。它不应该只是蓝色——到底是亮蓝、宝石蓝、天蓝、海蓝、湖蓝还是碧青？它也不应该只是红色——是粉红、玫瑰红、桃红、水红或是杏红？当季的流行色彩，到底是灰暗还是明亮、混浊还是清澈？有珍珠光泽的、透明的或是不透明的？虽然某个色系在每一季都会见到其踪迹，不过其色调必定有所变动。例如，每一季都会有红色，但这红色可能是正红、橘红，也可能是带有别

粉色的梦幻效果

明度的协调

的色光的红。

颜色的命名必须既多姿多彩又精确。最具权威且符合审美观的流行色彩指标是美国标准色彩指南（Standard Color Reference of America）以科学的方法来衡量的，一个颜色甚至可以精确到99.678%的黑，只是，如此不可能产生任何流行意义。或许如在其《色彩快讯》中建议的，把它叫“阴黑”会比较容易被人接受。在黑白两色间的众多渐层色阶，赋予色彩命名极大的发挥空间。因此美国色彩协会（Color Association of the United States）光是黑、白、灰三色，就有许多不同的命名。色彩学家认为黑、白、灰现象是最具挑战，而且最不为人理解的。色彩的质感，强化了面料的特色与质感，同时赋予了款式鲜活的生命。

带有情节的图片在服装上的应用，色彩协调又有节奏感

近年来，世界各国的服装流行研究机构在推出新的流行色方案时，基本上都采用主题性提示的方法，然而，这种定性不定量的研究却使人很难掌握其规律性。在服装流行色规律的研究中，重要的不是主题性名称的命名，而是纺织品色彩所依赖的印染能力的提高。越是完备的色标色谱，在适应流行色变幻的市场需求中就越具竞争力，对流行色规律的掌握也就越容易。另外，应将长期流行、经久不衰的服装色彩进行测试分析，将这些流行色出现的频率进行分类排列，组成稳定的流行色组，确定这些常用色在色立体中的具体坐标，通过动态观察确定这些坐标色的出现周期，用来掌握其流行的规律。需要指出的是，各国和各民族之间都有各自喜欢的常用色，因此，服装色彩流行的规律也具有时间和空间的相对原则。

2. 服装造型的流行规律分析

服装造型以外轮廓特征为主，其次是领、袖结构等局部造型要素。它们不包括装饰、配饰和纹样，只有长短、松紧和纵横之分，由于受到人体体型的限制，服装的长短、宽窄的变化都是有限度的，也就是说，它只与人体体表的接触状态和覆盖面有关。在这种有限的条件中，造型轮廓则显示出象征性的特点，而这种象征性具有某种联想作用。虽然色彩是刺激视觉感官的第一印象，但是轮廓设计却是设计师

凸显女性曲线的镂空设计

的第一步，它还是其后工作的根据、基础与骨架。

让服装设计师、服装制造者、服装零售商以及消费者心中念念不忘的关键流行要素就是造型轮廓。无论是服装还是配饰，都需要通过三度空间的立体造型来勾勒出基本形貌。用来描绘整体外观的形态，其实是一种空间关系的游戏。用来描绘形状的线可能是直的或弯的实线，或是断断续续的虚线。也许你从来没有想过可以用几何形状或空间关系来表示流行。的确如此——回归它最简单的形式，而且所有服装、饰品、展示的设计师以及从事于流行报道的记者，也同样是用几何形来表达的。能够了解轮廓的理念，并且以此“看”流行的人，能使你跻身为流行鉴赏精英，对报道或流行的事物有独到见解。

服装造型的流行一般只与季节性的外层服装特征有关，因为这个条件既符合服用功能又直接反映出视觉效果，是最为直观的分析方法。现在你应该明白一点，轮廓是让钱财滚滚而来的幕后推手。任何轮廓线条的变动，都会使部分消费者依照自己的条件及接受程度重新整理、规划衣柜。

符合人体的廓型设计

3. 服装面料的流行规律分析

面料是服装设计师用来制作服装的材料，就好像建筑师用来建造房屋的石灰、水泥、木头或砖块一样。它是构成服装流行最基本的要素之一。

要想了解面料在服装设计中的作用，首先对面料应有一个全面而准确的了解。

①材质：是天然的、再生的纤维，还是其他材质，如皮革、毛皮、橡胶、金属等。

即使相隔一段距离，你应该能够清楚、正确地加以判断。

②质地：是上蜡般的、棉布般的，还是绸缎般的亮光？是稍微卷曲，还是像狮子狗毛般的卷曲？是否有皮雕般的表面浮饰？蓬松吗？

③重量：是面料的另一特性，与造型轮廓及质地密不可分，而且绝对不能忽略。是丝织雪纺纱，还是如薄纱般轻盈？是厚重的麦尔登呢料或双面布，还是重量中等的法兰绒或印花丝毛料？现在的流行设计已经开始注重个性了。

④图案纹样：图案纹样设计方法多种多样，除了面料自身的织造方式所产生的纹路图案外，还有各种印花纹样，如传统纹样、现代纹样、具象纹样、抽象纹样等。

⑤风格：运用一些形容词来表达，如柔软、轻薄、平挺、细腻、规则、幽淡、粗糙、稀疏、厚重、松弛、模糊、炫目、暗淡等。

在面料流行风格的研究模式中，要达到准确的定量分析，则需要进行视觉感受模仿的物理测定分析。这种测定方法，除了当前普遍采用的面料风格测定仪制定的力学指标测定外，还可以制定光学指标的测定。例如，采用直射投影测定、透射光通量测定、照射光反射率测定等方法。利用这些测定的数据进行分析，可能会更接近人的视觉效果。

4. 服装风格的流行规律分析

服装风格是综合了所有的流行要

第二次世界大战以后，女装无论在面料、廓型、结构还是饰物的选择上都有了男性化倾向

杰里米·斯科特的另类民族风

素，让服装式样有一个特殊面貌的因素。我们除了要留意分析色彩、款式、面料以及细节之外，还要试着捕捉当下所看到的服装整体印象。它也许是彰明较著的“白领风格”“绅士风格”“家庭主妇风格”或是“波西米亚风”。还记得迪奥的“新风貌”吗？有时候，服装的面貌难以用文字来形容。当补丁装首度现身于流行舞台时，被称作是“劫后余生装”。而当三宅一生在流行舞台上推出对抗传统服装定义的面貌时，这些服装又被《时代》（*TIME*）杂志称为“日本原创、西方精神”。

乡村风格

三、服装流行的民俗因素

“流行”一词，在《仙童服装字典》里的解释为“一种盛行于人和人类团体之间的衣着习惯或风格”。在这里我们可以把“人类团体”理解为不同文化背景下的各民族以及不同阶层，因此流行是对一种类别与程度上的界定。

不同的国家或民族中，广大民众所创造、享用和传承的生活文化各有不同。它起源于人类社会团体的生活需要。在特定的民族、时代和地域中不断形成、扩大和演变，带有很强的特殊性，为本民族大众的日常生活服务。这就被我们称为“民俗”。

以巴尔干半岛民间传说为灵感，并融入当地着装习俗而设计的服装

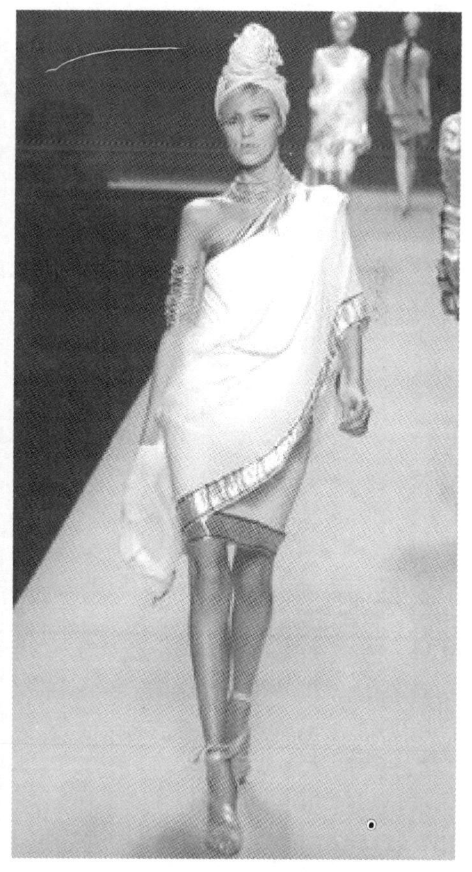

流行与民俗之间是相互渗透的，民俗往往形成的是一种独特风格，我们应该避免将流行和风格混淆起来。

讨论题

如何理解当前的社会文化背景对流行产生的影响?

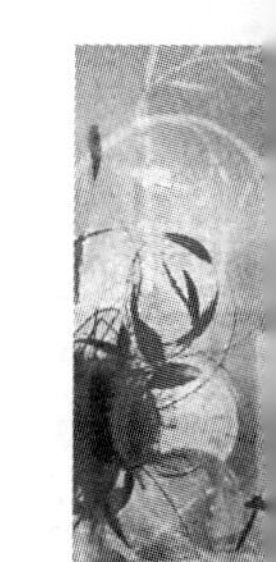

基础理论与研究

第二章 服装流行的现象与特征

第一节 服装流行的现象与形式
第二节 影响流行现象的因素
第三节 服装流行的特征分析
第四节 服装流行的心理因素
讨论题

教学目的：通过本章的学习，使学生深入了解影响流行的各种因素，并且掌握服装流行的各种特征。

教学方式：课堂讲授、分组讨论

课时安排：2课时

教学要求：1.通过课堂讲述，要求学生学会对于影响流行的现象以及流行特征的分析。

2.课后针对所处的环境进行影响流行的因素分析，掌握各种因素对流行的影响力。

第一节 服装流行的现象与形式

千百年来，人与人之间初次的沟通交流往往是通过服装来传达的。如在人来人往的大街上、气氛严肃的会议室或是轻松热闹的娱乐场所，通过观察一个人的衣着打扮，即便不做任何交谈，也可以对着装者的性别、年龄和社会阶层有些了解，甚至还能对其职业、出身、性格特点、兴趣、品位、思想以及心情等有所了解。因此，从见面和交流的那一刻起，人们已经用一种更古老和更世界性的“语言”在进行沟通，这就是服装。

用服饰来体现自己的性格和情趣，表明自己的身份和地位，古往今来，不胜枚举。

服装是我们生活当中最普通的物质，但又不可缺少。它的存在就像水、蛋白质、维生素，有时平凡得甚至让人忘了为何要拥有它。然而，服装流行却是平凡中的不平凡，它告诉你“原来生活可以是这样的”。

设计师表现流行的另一途径——面料再造

现代人对远古的色彩与配饰的崇拜

服装的演变，可以说是人类文明发展的一面镜子，从微观的角度，它能够反映出着装者方方面面的细节；从宏观的角度，它又可以反映出时代的特征以及经济文化的现状。服装的变化速度在不同的国家、地区是有差异的。在社会高度发展的今天，越来越多的人不约而同地关注着它的发展和运行规律。

一、服装流行的现象

服装流行是一种动态的集体历程，然而它却以因人而异的方式影响着个体的生活。在服装流行的历程中，新的服装风格被创造出来，然后介绍给大众，并且广受大众喜爱。个体的创造力和求同存异之间的矛盾冲突，将服装流行带到一种更为个性化的层次。人们对流行服装的涉入层次和他们对服装流行趋势的理解各不相同，但是当流行改变了人们对外观风格的共识或取得某种服装的集合时，却很少有人能够不受流行的影响。

1. 设计师在服装流行现象中的作用

我们头脑中必须弄清楚一个概念：服装流行现象是由消费者产生的。但是，我们应感谢服装设计师，他们在服装流行领域里起到了指导性的作用。从过去到现在，一直都是设计师在作引导。我们仿佛是设计师手中的提线木偶，被他们的气质与灵感拨弄得时而欣喜若狂，时而大失所望，并逐渐迷失在由设计师引导的服装流行现象中。

（1）查尔斯·费雷德里克·沃斯（Charles Frederick Worth）。查尔斯·费雷德里克·沃斯被誉为“高级流行服饰之父”。他是结合了英国先进的裁缝工业与女帽制造业的第一人，也是世界上第一位用真人模特和真人时装表演的缔造者，为19世纪的上流社会与贵族阶层创造出各种精致的高级服饰，在品牌意识和流行风格意识这两方面起到重要的奠基作用。他首先在他所设计的法国皇室和贵族阶层的淑女服装上签名，确立了服装品牌的意识，是一个重大的突破。多少年来，

沃斯为19世纪上流社会设计的高级时装

设计服装的匠人仅仅是裁缝而已，通过沃斯的创造，裁缝终于被社会承认为“服装设计师”。从这个角度来看，沃斯推动了先导意义时装的形成，是一个重大的进步。

普瓦雷推翻女服紧身胸衣后设计的时装

（2）保罗·普瓦雷（Paul Poiret）。保罗·普瓦雷提出“时装需要一个独裁者”，并认为自己受天命，应该担任这个位置。从19世纪末期到20世纪初期，普瓦雷的确是时装方面的“独裁者”，他推翻了女式紧身胸衣对服装的长期垄断，创造了新的时装，从而成为时装设计的引领者。

（3）玛德林·维奥内特（Madeleine Vionnet）。维奥内特夫人在现代时装界具有很重要的地位，其设计的晚礼服完全改变了正式礼服的形式，她的设计对于露肩和交叉过肩两类的晚礼服具有奠基作用。如果没有她的设计，今日好莱坞的女明星们在出席奥斯卡颁奖仪式时的服装可能就大减风采了。维奥内特夫人创造了斜线剪裁方式和精致的下垂式的衣裾下摆式样，这两个设计迄今依然令人赞叹。她设计出的正式女装，不但大方典雅，并且仅仅只有一条缝线，其设计和剪裁上的独到和精彩令人惊叹。与其他时装设计师不同，维奥内特夫人的设计集中在剪裁上，而她的剪裁又集中在简单的三角形和长方形这类几何形式上。如此简单的形式却获得了极为典雅的结果，可以说她在设计上具有他人难以达到的高度。不少时装设计大师在她的作品面前都感叹说：无人能够超过她的水平。

普瓦雷设计的新时装，轻松、典雅

（4）卡布瑞拉·可可·夏奈尔（Gabrielle Coco Chanel）。夏奈尔在时装设计上的重要地位，被人们公认为是现代时装中重要的奠基人物之一，她的重大贡献不仅仅在于设计了一些具有国际影响力的时装，还在于她改变了时装设计的游戏规则。夏奈尔把时装设计以男性眼光为中心的设计理念，改变为以女性自身舒适和美观为中心的设计理念，女性服装表现了自信和自强，而不再成为男性品位和喜好的附庸。夏奈尔是一个时装设计上保守的革命者，一个具有争议的道德主义者，她争取妇女具有男性一样的自由，希望妇女的服装不是为了取悦男性而设计，而是为了自己而存在和发展。无论从妇权主义的意识形态

维奥内特夫人用轻盈柔软的面料设计的时装

20世纪最重要的现代时装设计大师——夏奈尔

夏奈尔的时装设计

立场，还是终身不离的香烟，都体现了她希望摆脱男性依附的完全独立的立场。她强力推荐妇女应该用“女士”，而不应该用“夫人”称呼，表现她争取做一个女性绅士的愿望。她的时装设计给予了女性自由和自我价值。

（5）埃尔莎·夏帕瑞丽（Elsa Schiaparelli）。埃尔莎·夏帕瑞丽在设计生涯开始时的设计口号是“设计出适合工作的服装”，她的最大贡献是带动和完成了时装设计从20世纪三四十年代的转型。虽然她的一些设计有相当前卫的艺术性、娱乐性，有时候甚至有些花哨，但是从整体来看，她的设计是简单而舒服的。对夏帕瑞丽来说，没有什么是不可能的。什么材料到她手上都会被赋予生机，阿司匹林药丸可以做项链，塑料、甲虫、蜜蜂拿来做首饰，拉链用来装饰华贵的晚装，玻璃纸也用来设计时装，她的这种艺术创造力和想象力使她在现代时装史上具有非常独特的地位。

（6）克里斯特巴尔·巴伦夏加（Cristobal Balenciaga）。从1947年开始，全世界都在谈论迪奥和他的“新面貌”设计，女孩子都在追逐“新面貌”时装，但是，业内人士都知道，真正具有创造性的、对于时装发展真正作出贡献的是克里斯特巴尔·巴伦夏加。时装摄影师西西尔·比顿曾经说：“他奠定了未来时装发展的基础。”巴伦夏加的设计极为雅致，他设计的女性正式礼服可以登大雅之堂，在最讲究的场所穿着。他的设计总体感强，而又有丰富的细节处理。巴伦夏加是第一个设计无领女衬衣的设计师。他喜欢使用昂贵的材料，大部分是比较挺括的材料来使造型更加突出。他的设计技术影响了许多后来的时装设计师，包括安德烈·库雷热（André Courrèges）、伊曼纽尔·温加罗（Emanuel Ungaro）、休伯特·德·纪梵希（Hubert de Givenchy）和克里斯汀·迪奥都受到他很大的影响。

法国时装设计大师——克里斯汀·迪奥

（7）克里斯汀·迪奥（Christian Dior）。提起雅致的服装设计，恐怕无人能与被赋予“温柔的独裁者”称号的克里斯汀·迪奥相比。他在1947年推出“新面貌”系列，影响了整个世界服装的发展，把19世纪上层妇女的那种高贵、典雅的服装风格，用新的技术和新的设计手法重新大张旗鼓地推广。其意义和作用的巨大，在时装史上是非常罕见的。迪奥的另外一个重要的贡献是为了打破因循守旧、历久不变的时装式样的沉闷，每年春、秋季各推出新的设计系列，在11年间一共是22

个系列，这在后来已逐步成为时装设计师的主要经营手法。他设计的裙子下摆在膝盖到脚踝之间上下变动。在造型上，他把女性服装的形式按照英语字母“A”“H”“Y”或者阿拉伯数字“8”来设计，完全征服了女性的心。

（8）伊夫·圣·洛朗（Yves Saint Laurent）。大概没有哪个时装设计师能够产生类似伊夫·圣·洛朗所造成的激动和轰动。他被公认为克里斯汀·迪奥之后最重要的时装设计师，是迪奥最好的接班人。尽管这位法国女装与成衣界中最顶尖的设计师并未提出那些极具革命性的流行概念，但是他仍以融合现代生活与现代服饰的独到能力博得美誉。只看当下而不回顾从前，而且也不急于将我们推向未知的他，最擅长利用我们所熟悉的东西——譬如在他的手里皮革制品会变得很高级，不起眼的工作衫会变得很典雅，乡土气息的打扮会变得有贵族般的气质，就连透明的衣服也会去除粗鄙庸俗的一面而展现无尽的美感。他正不断地创新风格、领导流行。女性竞相搜集YSL的产品，从不间断。令人感到不可思议的是，这些产品似乎永远不退出流行，他就像叶绿素一样，替每个人进行流行的光合作用，他的作品不只是切合时宜，而且能够长期流行。他的成就毋庸置疑。美国版的《时尚》杂志恰如其分地评论道：可可·夏奈尔和克里斯汀·迪奥是巨人，而

迪奥相继推出的各种风格的设计作品

被誉为天才设计师的伊夫·圣·洛朗和他的设计作品

伊夫·圣·洛朗却是一个天才。

2. 流行中心对世界服装流行的影响

中世纪之前，服装的“国界”较清晰，国际性流行基本不存在。13世纪后期，法国逐渐成为欧洲文化的中心，经过约四个世纪的蓄势，在路易十四统治时期（1661年始），法国的欧洲文化中心地位达到了顶点。文化扩张是路易十四统治西方图谋的一部分。他耗费巨资建起了凡尔赛宫，用上等设备和精美的艺术品装点起来。极尽富丽的凡尔赛宫顿时成为欧洲上流社会时髦生活的窗口，路易及宫廷奢华的生活方式、华美的服饰也被整个欧洲的皇室贵族争相模仿。为了满足对精美织品、缎带和绒绣的需要，国王在里昂建起了纺织厂，在阿兰康建起了花边厂。这些被认为是法国作为世界时装中心的开端，也是初具现代色彩的服饰流行跨越民族和国家界限的重要一步。从此时到查尔斯·沃斯创立高级时装，法国服装的影响大幅扩展，向欧洲以外辐射。法国高级时装在世界时尚发展史上的地位无比辉煌，它独领风骚至20世纪中期，虽不具备工业化色彩，但却奠定了统领世界服饰潮流的坚实基础，影响持续至今。

英国对现行服装工业的影响更为直接，这并非由于法国高级时装的祖师是个英国人，而是由于英国引发了工业革命。纺织是工业化的先导行业之一，西方成为当今世界服饰文化的源头和典范，在很大程度上得益于先进的生产方式和领先的经济水平。进入20世纪，特别是第二次世界大战结束后，接力棒转到了美国的手上。尽管没有高级时装的辉煌背景，但美国以其雄厚的资本、技术、管理和市场实力，迅速成为世界成衣产业的先锋，进一步确立了西方经济的鳌头地位，也壮大了西方对世界服饰的主宰力量。成衣成为美国特色文化的一部分，和好莱坞电影、麦当劳快餐一起，越来越多地进入了人们的生活。

汤姆·福特（Tom Ford）接手YSL品牌后，设计的具有巴洛克风格的服装

到了今天，我们必须上下左右、忽远忽近地调整手中望远镜的镜头，才能在世界的每一个角落发觉各式各样的流行创作理念。如今在国际化服饰流行大潮中，世界服装流行中心具有举足轻重的影响力。欧洲一向以传统的流行领导者身份自居，尤其是法国曾一直是流行界的“独裁者”，服装的流行风自欧洲吹起，吹向美国然后再到日本。偶尔，英国也会在流行的三角关系中插上一脚。服装流行领导结构已经有所调整，让我们关注

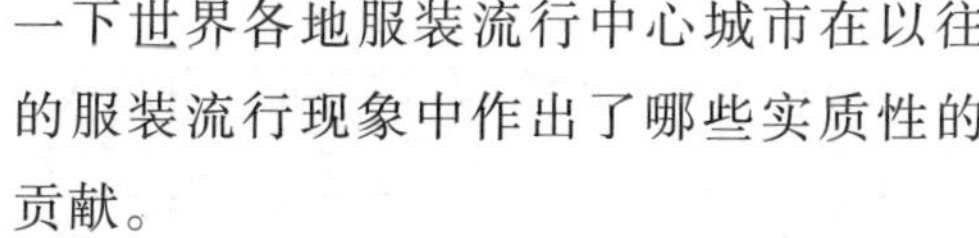

卡尔·拉格菲尔德（Karl Lagerfeld）为夏奈尔设计的高级成衣

加里亚诺为迪奥高级定制设计的具有皇家风范的服装

一下世界各地服装流行中心城市在以往的服装流行现象中作出了哪些实质性的贡献。

（1）法国巴黎。巴黎是法国的首都，而法国进入17世纪时已经发展成为一个专制制度极盛的国家。宫廷服饰和贵族服饰登峰造极的奢侈与豪华，都为巴黎成为世界时装中心奠定了坚实的基础。巴黎又是欧洲文化艺术的中心，巴黎的文化环境加之发达的纺织工业，特别是贵妇亲自主持时装沙龙，形成了以沙龙为导向的时装流行网络，同时也培育了高明的服装设计人员，以适应服装的社会需求。巴黎的服装从这一中心向四周辐射，吸引了欧美各国的豪绅巨富来巴黎旅游、购物。因此，从四周涌入的购买人流中，形成了对巴黎服装业强有力的积极的刺激，奠定了巴黎世界时装中心的地位。

17世纪用大量蕾丝装饰的男士服装

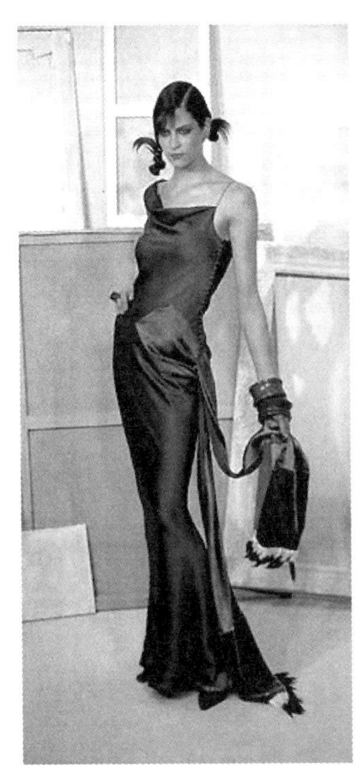

法国巴黎时尚界品牌代表之一——迪奥

法国巴黎时尚界品牌代表之一——夏奈尔

（2）意大利米兰。意大利米兰的服装流行风格自成一派。《时尚》杂志的玛丽·罗西（Mary Russell）说道："米兰的顶尖设计师所创造出来的作品，具有纯粹的意大利风格，充满令人振奋的磅礴气势、迷人的色彩与质地，以各种不同的新奇比例互相混合……"她继续说下去，而且不断提到"丰富""有气魄""大得超乎寻常"以及"追求休闲与运动精神的意大利风格"等字眼。与巴黎时装相比，米兰的流行时尚比较接近美国风格。

意大利米兰时尚界品牌代表之一——范思哲

（3）英国伦敦。英国伦敦街上的人们很擅长各种服装的混搭，甚至不花钱便能发挥自己的创意。当英国时装独领风骚的时候，总是比巴黎和米兰领先好几季。英国的设计师们更有创造力、更前卫，而且也更能吸引特定的顾客群体。

（4）日本东京。在日本东京，服装设计会融合日本艺术与美国风格，并巧妙结合古典传统与纤维技术。麦西公司（MACY'S）流行副总监把日本打入高级时装市场比喻成“能让整个画面更加丰富的碎花布”。

（5）美国纽约。美国人凭借赤子之心与无尽的驱动力，不断追求兼顾工作与玩乐的生活目标。美国人对音乐、运动、艺术以及完美体态的重视，已在全球各地形成风潮。通过这样的生活形态，美国人设计出轻松风格、功能性强，而且能够打破年龄界限的服装。美国人将运动服装提高到流行的层次，也将流行服饰落实到日常生活之中。没有流行便是真正的流行——这种想法逐渐成为他们用来塑造未来的主要动力。不管人们是否发觉，但事实上美国仍旧是全球流行灵感的发源地。美国人恣意地撒下流行的种子，交由巴黎这座温室继续培养流行理念，然后经过法国设计师的精炼与调味，最后变成一道道送上世界各国的“美食佳肴”。

在我们生活的空间里，“时装”早已成为“流行”的同义词。所谓“流行”，是国际的流行，时装是国际流行的款式，色彩是国际流行的色彩。现在世界各地的人们所讲的时髦语汇都是一致的。从纽约到东京，大家都视同样的品牌和服饰为时尚，世界上出现了好几个制造时尚的中心，巴黎、米兰、伦敦、东京、纽约等。其实，现代的时装、流行式样、流

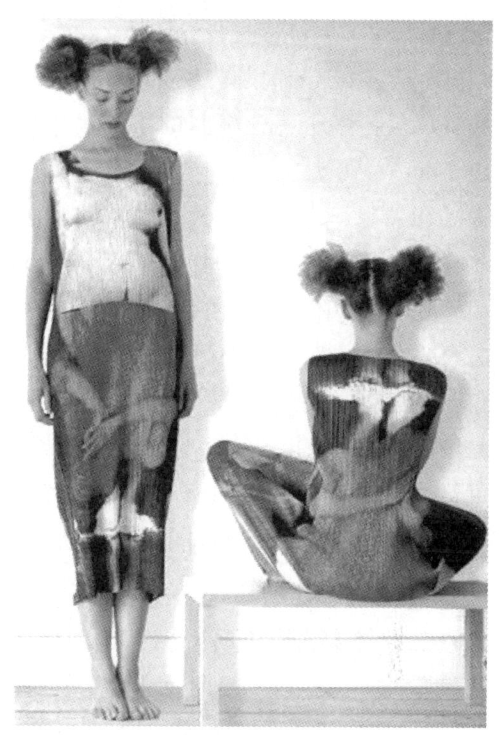

日本东京时尚界品牌代表之一 ——三宅一生

美国纽约时尚界品牌代表之一 ——CK

行色彩未必需要经过时装设计师之手，未必需要从某个具有时装传统文化的国家发起，仅仅一两个经营精明的市场经销部门、市场公司就能够把一个品牌炒热，成为流行品牌，人为制造流行风格。这种流行波及所有的服装和饰品，无论是T恤（文化衫）还是运动便鞋，都可以变成时尚的对象，即所谓“可以膜拜的商业对象”。虽然并没有时装设计师的参与，但是经过这样推动起来的时尚风气，流行程度绝对不亚于早年的沃斯，或者普瓦雷、夏奈尔这些著名设计师设计的时装。

时髦的牛仔夹克与微喇裤

二、服装流行的形式

流行能实现我们的幻想、丰富我们的生活、满足我们的心理需求，并且为我们的人生增添各种色彩。服装往往在人们的个性表现和社会规范之间起着平衡协调的作用，流行则是在不同时代环境条件下对这一特征的充分反映。

回顾漫漫的服装历史长河，服装流行的形式是复杂的，各种不同的自然因素和社会因素都能产生不同形式的流行。一般情况下，服装流行的形式可以用下面三种流行理论加以解释。

1. 自上而下的流传形式

社会的形式，包括服装、语言以及所有人类的表达形式，都是以流行的方式流传的。而这种方式仅仅影响上层社会，一旦流传到下层社会，并由其开始模仿、抄袭、复制，上下界限被打破，上层社会的统一性被破坏，就会放弃这种形式去追求一种新的表达形式。

在中外服装史上，古代流行服饰多是从宫廷率先发起的，再经民间逐步效仿而形成一种流行现象。新服装的流行首先是由富有的上层社会开始的。这类有闲阶层财富的增加，产生了炫耀其财富的需求，通过使用象征财富的产品来达到其目的，而服装就是最持久的、有形的财富象征产品。

我国南朝时期，宋武帝之女宋寿阳公主一日卧于含章殿下，忽然树上飘落一朵梅花，不偏不倚恰好落在寿阳公主两眉之间，“拂之不能去”，宫女们见了觉得十分姣好，便纷纷效仿用胭脂涂在额上。最初她们也画成梅花样，后来就不拘一格了。人们把其称为“寿阳妆”或“梅花妆”，以至遍及黎庶，成为女子必不可少的面妆式样。一直到宋代，词中仍有“呵手试梅妆”的文字描述。唐代高宗皇帝李治当政时，安乐公主曾有一件美妙无比的百鸟裙，是用百鸟的羽毛编织而成的裙子，在白天看是一种颜色，在灯下看又是另一种颜色，而且正看、倒看会出现不同的色彩效果。最令人叹为观止的是裙子上还能呈现出百鸟的形态，眉目清晰。一时间，官宦人家的女子都想穿上一件这样的百鸟裙。于是，采取各种手段猎取飞禽的羽毛，致使“搜山荡谷，珍禽尽绝”。

17世纪末期法国宫廷女性的代表款式

在欧洲，这样的例子也不胜枚举。法国路易十六的王后玛丽·安托万内特曾经是那个时代服装潮流的领导者。她喜欢各种新型头饰，并热衷于头饰的创新。每一种新头饰设计出来，便迅速地在贵族乃至平民之中流行开来。尽管完成一件头饰往往需要几个星期的时间，但是人们仍然乐此不疲。在20世纪60年代，美国总统肯尼迪的夫人经常出现于公众场合，她的着装成为女性穿衣打扮的模仿样本。1963年，她在一次公开露面时戴了一顶“碉堡式”帽子，这种样式立刻成为时尚，人们不管年龄大小竞相模仿。历史上还有一次影响更大的实例是出自英国维多利亚女王时代，当维多利亚女王去巴尔莫拉尔访问时，她让王子身着格子花呢的苏格兰高地服装，结果，几乎全世界5~10岁的儿童都穿上了改制的苏格兰高地服装。

人们不禁会问：难道上层社会的达官显贵们能够允许平民百姓和他们穿戴同样的服饰吗？答案是显而易见的。服装可以证明穿着者的社会地位，这种功能已经有很长的历史了。在古埃及，只有地位崇高的人才可以穿凉鞋；希腊和罗马也规定了人民的衣服种类、颜色和数量，以及衣服上装饰的刺绣形式。到了中世纪，几乎每一种服装都有既定的场合或时间——不过并非很成功。“限定个人行为法”就像官方严禁使用某些字眼一样，是很难长期强制执行的。在“谁该穿什么衣服”的法令通行

身穿英国16世纪典型装束的芭比，那时的服装式样影响着民间服装的流行

20世纪60年代，肯尼迪夫人杰奎琳的着装成为女性穿衣打扮的模仿样本

于欧洲时，一旦上层社会贵族的服装款式被流传到下层社会，贵族们早已将对该服装的狂热投入下一次的新流行之中去了，所以我们是无法看见不同阶层的人们穿着同样的服装在大街上偶遇时的尴尬景象，更何况那些贵族们的极尽奢华的服饰只能让平民们望而却步，那种对美好事物的渴望与心有余而力不足的现状，在时尚掠过的每一个时代、每一个国家，乃至世界的各个角落，从过去到现在一直都在不间断地上演着。直到1700年，这种阶层间服饰不相融合的现象才稍有改变。当阶层障碍减弱时，用颜色和样式象征社会地位的社会结构已经开始瓦解，继而取代划分等级的是服装的价格。在18世纪初期，出众的穿着可以获得社会优势，因此，穷人也抛掷大量金钱去购买服装。支持现状者对这种衍变感到很遗憾。在殖民时代的美国，麻州议会宣布他们“非常憎恶和讨厌一般百姓打扮成世家弟子的模样，他们穿上镶金边或银边的衣服和纽扣，强调膝盖的细节或穿上昂贵的鞋靴；女性则穿上纱罗织物的连颈帽或围巾……”所谓“一般百姓”（农夫或工匠），应该是穿粗糙的亚麻布或羊毛、皮围裙、鹿皮夹克和法兰绒裙等。

装扮超越了个人身份，则显得愚笨浪费，而且过于虚伪。在1878年，一本美国发行的礼仪规范如此诉说：那些既不富裕也无社会地位的人，集中大量注意力于服装上，这在美国是一件很不幸的事实。美国人慷慨、大方而且招摇。有钱人的妻子穿得像公主和女王一样金碧辉煌。她们有权利这么做。但是那些穿不起羊驼毛的人，却拿丝绸来装扮自己……

2. 自下而上的流传形式

过去显示身份低微的服装，就是那些不能证明奢华消费或休闲的服装，但是它们与地位显赫的贵族服装相比较，就显示出节俭、实用而且非常舒适的优势了。这些服装与流行无关，它们不会妨碍辛苦的劳作，也不容易起皱、破损或弄脏。采用未经修饰并且耐用的服装材料，裁剪也十分简单。

一个非常传统的观念就是，儿童的服装明显地代表身份和地位，但在某种程度上又不同于成年人的服装。毕竟儿童是个十分特殊的消费群体，他们没有购买服装的主动权（即经济权），所以从他们的衣着装扮上往往透露出父母的身份、地位和品位。从第一眼看，劳动阶层的小孩比中产阶层的小孩穿得更好，特别是他们和父母在一起的时候。例如周末去公园，女孩子会穿上昂贵的洋装，男孩穿上小西装或色彩鲜明的夹克。但是中产阶层的孩子可能只穿工作服、牛仔裤和T恤。这种彰显式消费出现明显倒转的现象，是因为成年人对童年抱有不同的态度。一方面，对于一个社会地位相对较低的劳动阶层或中下阶层的家庭而言，他们渴望地位，所以他们对孩子的装扮在暗示期望中的未来；另一方面，上流社会的大部分人并不期待孩子要高过他们的地位，更何况孩子还在接受考验当中。所以许多服装设计师告诉我们，从18世纪末期，这类孩子就时常穿着佣人和劳工的服装。在维多利亚中期的英国，小男孩都穿着像农夫的亚麻布或纯棉的工作服，维多利亚的女学生模仿女佣人穿僵硬而皱褶的白色围裙。而今天，中上阶层的小孩，也穿农夫的围兜工作服和工厂劳工带拉链的套装。不过这些装束只是在款式上平民化而已，它的材质并非如此。特别是这些儿童的衣服，设计款式虽然很相同，但却是用更昂贵、更精致的面料做成的，并且选用较浅粉色的色彩。所以学步儿童穿上“工作服”时，其实他们从未接近农家庭院，因为这些质料已宣告了他们的消费和娱乐水准。这些服装完美地暗示了儿童的富裕地位，在与双亲比较之下，他们是不重要的小人物，而且常常参与简单的低价劳动，但是值得注意的是，他们衣服的质料要好很多。

17世纪末，贵族家庭的儿童装扮

我们把这种流行形式说得通俗些就是“流行穷人的服装”。现在那些尽可能便宜，并模仿最新流行款式的服装，已经取代了简单、过时的工作服。腈纶和涤纶取代羊毛、棉花和生丝，防水布、防紫外线的面料取代皮革，粘贴的装饰物取代活褶、定型褶和刺绣。但是这些服装缝

18世纪60年代上层社会女子奢华的装扮

制不合理，边缘缝份太小，里料很粗廉，或者干脆没有里料。当这些服装在崭新的时候可能会愚弄某些人，特别是不太了解此类服装的人，然而在洗涤或送自助干洗之后，真正的本质就暴露出来了。但是令人惊讶的是，这种廉价之物竟然还创造出它独特的显著消费。对某些消费人群而言，低廉和瞬间的流行甚至比品质或耐用性更重要。

在19世纪的最后10年中，欧洲上层社会的正统派人士企图制止民间去除穿女子衬裙的现象产生，但是立即遭到了各地妇女的强烈反对。一个“不用衬裙联盟”在最保守的伦敦诞生，结果是全英国12万名妇女响应这个行动，迫使宫廷也无能为力。后来，这种不用衬裙的女裙赢得了上层

1833年的时髦舞会服

1836年的时髦男装

社会妇女的青睐。

那么，乞丐装能够堂而皇之地成为时装就更能表明这种流行形式，如今高档西服的肩部和肘部拼贴不同色彩、材质的面料设计就是由乞丐装演变而来的。但是人们不仅没有表现出反感情绪，反而把它称为“肘垫补”穿在政府首脑和大学教授的身上。

19世纪中期的女子流行服装式样

最能说明服装自下而上流行，且具有相当强的影响的例子，就是1993年1月20日宣誓就职的美国前总统克林顿，在当选总统之后仍旧穿着牛仔裤和T恤。看来前美国总统也深受时尚潮流的影响。我们知道，牛仔裤成为时尚的过程并非那么简单。1850年，美国的巴伐利亚移民列维·施特劳斯在淘金热中用

在粗犷的牛仔中感受诱惑

抽丝、镂空、贴花的牛仔裤设计，配以抽绳针织短上衣，颇有市场卖点

帐篷布缝制成工装裤，卖给西部淘金的工人。当初只是因为其面料牢固、式样合体、方便劳作等优点而受到劳动者的欢迎。1874年，裤子的袋角上被钉上金属铆钉，从实用角度来看，这无疑比以前的样式更为坚固耐穿了。它成了名副其实的工装裤，很快受到西部牧童的喜爱，因而被下层民众戏称为“牛仔裤”。直到20世纪50年代，牛仔裤在美国正规的企业中还常常遭受白眼。一家名为“贝克”的保险公司对穿牛仔裤来上班的雇员看不惯，斥之为“无业游民之服”而公开禁止穿用。然而，年轻一代似乎正以一股逆反心理来向社会正统势力发起挑战。当詹姆斯·狄恩和马龙·白兰度主演了《欲望号街车》之后，终于，牛仔裤作为电影主人公的服装，与现实社会上的青年人的思想产生了共鸣，于是全世界开始风靡牛仔裤。1957年，美国牛仔裤最大的制造商列维·施特劳斯做了一个不完全统计，发现全美国牛仔裤销量达到1.5亿条，也就是说，在美国几乎是一人一条。20年后，半个世界都被牛仔融化了。牛仔裤不仅出现在富豪的身上，还出现在教授、专家，特别是一些艺术大师的身上。此时，他们早已忘记了牛仔裤出身卑贱的历史，原本作为重体力劳动者穿用的服装却成为上层人士所热衷的时装。

3. 水平流传形式

水平流传，即抛弃社会成员等级区别的流向。在这里专指服装在水平面上所发生的变异状态。这种状态无所谓高低、上下，直接按照人们居住的方式进行分流的动态区分。与前两种呈垂直流向的服装流行形式相比较，水平流向更显示出形式的多变与不稳定性，因而也就更加表现出服装流行的社会性的必然与必需。细分的话，可以分为以下四种水平流传方式。

（1）从中心向四周辐射。从中心向四周辐射流传形式的普遍特点是从大都市向周围中、小城市，再从城市向周围乡村的辐射。每个国家的大都市，是政治、文化、经济、对外交流集中和交融的重地，汇集了国内的区域特点和文化传统。特别是聚集了大量的富户，包括皇族和贵族，即今日的领导集团成员和大企业家与大金融家，这就为服装流行的诞生和推陈出新提供了充裕的物质条件和社会条件。

在欧洲、美洲和亚洲，巴黎、纽约、米兰、伦敦、东京，这五个服装流行中心都以新潮的构思、新颖的面料、独特的款式登上了世界服装流行中心的宝座，当仁不让地以其别国难以匹敌的实力和号召力起着自中心向四周辐射的服装流传的特殊作用。

流行中的文化因子

欧洲地区独特的款式设计及裁剪方式，一直影响着周边地区的服装设计业

运动与时尚结合的“百姓装”

带有地域民族风情的服装设计作品

（2）沿交通线向两侧扩散。交通线是人类各个区域间借以沟通的网络。只要是人们来往并从事有意交流的通道都构成交通线。交通线上的交通工具，除了步行之外，可以是马车、牛车，也可以是骆驼、马匹，甚至是狗拉雪橇。在现代社会的大交通线上，跑着的是火车和汽车。不管工具的性能和速度如何，它们在负载着人和货物的同时，将一处的文明带到另一处，而且不仅是带到目的地，沿途也传播了文化的种子。就在这来来往往的交通线上，文化得到了传播与融合。服饰作为时尚领域里最能引起人的兴趣而且又是人人不可缺少的日用品兼艺术品，更容易被交通线两侧的人们先穿戴而成为时髦。在这些交流之中，文化和经济的结晶首先反映在沿途人民的服饰工艺上。

在中外服装史中，交通线两侧的居民因受感染而引起服饰变化和发展的例子有很多。当年拜占庭帝王赠给罗马查理曼大帝的“达理曼蒂大法衣”，上面绣有多组希腊罗马神话人物，将衣服展开宛如西斯廷大教堂上的壁画。从画面中的图案纹样可以追溯到美索不达米亚，后来又相继为埃及人、叙利亚人和君士坦丁堡人所模仿和发展。

（3）从边缘向内地推演。美国文化人类学家玛格丽特·米德在《三个原始部落的性别与气质》一书中提及：“阿拉佩什人占据了一块楔形的领土，它沿着海岸到陡峭的山顶，然后向西伸展到塞尔克水域的草原。即使阿拉佩什人并没有相隔多么远，但居住在海滨的人总是比居住在腹地山村中的居民接受新事物要直接得多。当他们平和而节奏缓慢地打发日子时，常常是关注着过往的行人。无论是水罐、篮子、贝壳装饰品，还是新式舞蹈的跳法，都可以从沿海商人的过往船只上买到和学到。”这种从沿海向内地推演的服装流向，只能从大的整体风格与外形上把握，而每一次、每一处的流行都不可能是原封不动的。当阿拉佩什山地人从海滨村寨学会一种舞蹈时，由于财力不足，而没能将舞蹈中必不可少的头饰一同带回贫瘠的山地。不过不要紧，在服装流行中仍然可以不断地改变、充实和发展，更何况，内陆的平原上还住着一些比山地富足但同样对海滨事物存有好奇心的阿拉佩什人。

对于在文明社会生活的人们来说，也不过如此。许多服装流行的形成是由于接受了外地、国外的影响而产生的。沿海地区缘于海上贸易的繁荣，所以“近水楼台先得月”，相比较之下，内地人想得到外域人的新式服装，在很大程度上是依靠沿海地区的人民来传播的。

（4）邻近地区互相影响和渗透。相毗邻的地区，包括大至国家、小至村庄的人们互相学习，互通有无，这既不费力又十分自然。且不说欧洲各国在服装流行中，总是某一新款式在一个国家刚刚出现，便会迅速传到毗邻和相近的国家，就是在一个国家内也是邻近的城市或乡村的人首先受到影响。历史上，中国和日本就是因为相邻而很早便开始了文化交流。中日的区域邻近程度被形容为“一衣带水”，这无疑为服装的传播和渗透确立了有利的地域条件。除此之外，中国与朝鲜，朝鲜与日本，中国与越南，越南与老挝、柬埔寨之间，长久以来一直存在着这种服装的影响和渗透。

由于工业化大批量生产的特点以及新闻媒体传播的大众性和广泛性，使得新款服装的流行讯息可以同时到达所有阶层，即流行性在各阶层同时出现。流行的真正引导者来自每个人自己所处的社会阶层或社会团体。

那么产生这种水平流传形式的起因究竟是什么呢？它与前面两种流传形式的不同之处在哪里呢？只要你留意观察身边的关于服装流行的动向，这些问题是容易找到答案的。现在，服装设计师或服装企业（公司）利用服装博览会、展示会、广告宣传与各种媒体将服装信息广泛传播，以达到刺激人们的趋同心理的目的。当时钟的脚步穿过我们所处的这个信息化的时代，服装流行的第三种流传形式才最大限度地得以实现。

或许有人会说，整个服饰工业——包括纤维制造商、织布工厂、服装设计师、服装制造商、服装零售商、各种服装精品或超级市场与媒体，共享同一处创意的清泉，他们会参加同样的展示会，并且步入相同的专业轨迹。毕竟这是个资源共享的时代。

面料再造的设计使得礼服更具时尚性

他们在寻找什么？是趋势还是理念?有的很明显，有的却很模糊；有的互相冲突，有的则界限分明；有的很神奇、很巧妙、很能振奋人心，有的却不足为奇。但是每个服装业者在相同的环境下，对这些相同的线索与信息能敏感察觉。到现在，服装业者的观察范围从自家周围扩展到世界各地。

服装流行趋势会由街头向上移至上流社会，从富商名流向下传往市井小民，或是呈现闪击效应般的水平移动，但偶尔也会集合向上攀爬、水平移动以及迅速消长等各种现象而呈“之”字形移动。

第二节　影响流行现象的因素

影响服装流行现象的因素主要包括五个方面，即自然环境条件、社会环境条件、民族文化传统、经济发展水平和社会群体意识。

一、自然环境条件

服装的某种风格，因适应生态环境的需要而产生，着装者不可能生活在真空中，他必定置身于一定的生态环境。作为生物中的一分子，有生命的人受惠于大自然的生态环境，同时又必须以各种手段使自己能够抵御自然界过强的刺激与压力，也就是适应所生存的生态环境。

1. 气候条件

气候主要包括气温、降水、蒸发、风向等方面。气候条件在自然环境中不是独立存在的。气候本身会受到地理等因素的影响。它由太阳辐射、大气环流、地面性质等因素相互作用而决定。气候条件对于人类服装的影响，从古到今从未间断过。人们在设计、制作服装的时候，相当程度上是为了适应其生存环境的气候条件。气候条件的区域性和综合性特点，又直接决定了某一地区的服装风格。

非洲时尚

2. 地理条件

斯拉瓦·扎伊采夫的俄罗斯风貌服装

由于人们居住地的地理条件不同，也迫使人们设计制作服装时，必须要充分考虑到地理条件对人体生理的影响，使地理条件成为人们着装时一种无形的约定线。

纵观服装演变的历史，人们世世代代在特定的地理条件下生存着，即使没有自然教科书的帮助，但是由于人类生理的自然要求，也会从中领悟出一些科学原理，进而总结出最适合某种特定地理条件的服装，以保证人体生理需求得到最大限度的满足。

3. 人口分布条件

人口分布是指区域性人口的密集程度、年龄层次、职业、性别比例等条件状况，这些要素构成了人口分布的总概念。

人口分布对服装流行消费的状况具有直接的作用和影响。由于人们年龄、性别等方面的差异，造成生理和心理上的不同，从而形成层次性的服装消费，并由此产生各种形式的服装流行。对人口分布特点的基本条件进行分类，有助于我们了解人口分布对服装消费的制约作用，可以帮助我们在宏观上控制生产和消费的规模，调整生产和流通的运行机制，满足社会对服装消费的需求，以获取良好的经济效益和社会效益。

二、社会环境条件

通过服装和人着装后的外观，可以辨别及区分社会中的活动单位，而这些单位可以是依照个人风格加以打扮的个体、带有集体符号的团体或组织，或是具有特殊外观形态的亚文化。然而，随着集合体的人数与复杂性的增加而衍生的感觉结构，也会对外观造成冲击，并且涉入流行的历程。许多因素影响着流行趋势的兴起。

法国社会学家宝德瑞拉（Baudrillard）提出了一种从历史角度分析流行趋势的结构，他将文艺复兴以来的历史划分为三大时代：古典时期（从文艺复兴到工业革命）、工业化时代和后工业时代（20世纪后半叶）。

1. 古典时期

在工业化前的都市里，人们透过礼仪、服装和语言，可以清楚地界定阶级结构。权贵们倾向于通过服装展现他们的优势，因为这些服装代表着他们十分富有，所以他们无须工作。尽管每个复杂的社会都利用服装来表征地位，但是特别严格而普遍的规范却出现在前工业化的许多都市体系中。与此同时，平民竞相模仿贵族的服饰。有史以来，只要平民可能仿冒令贵族引以为傲的符号，贵族便会想尽办法来确保自己的权力。节约法令的制定，就是为了限制服装的使用权限，维持现有的权利阶级结构，进而保障阶层之间的区别，并且遏制某些特定团体的发展。在中古世纪的欧洲，犹太人和娼妓被迫佩戴特殊符号，使之与其他社会分子区分。在文艺复兴时代（15世纪）的意大利都市中，犹太女性被要求戴耳环作为某种社会烙印的符号，即某种对弱势团体的歧视。在伊丽莎白时代的英格兰，节约法令禁止平民穿戴金、银、天鹅绒、皮草以及其他奢华的物品。许多欧洲贵族城邦更要求娼妓必须披头散发，以便和其他“可敬的妇人”有所区别，因为后者在公开的场合中必须遮掩自己的头部。在韩国的封建社会，平民不准穿着带有长而飘逸袖子的服饰，因为这种符号和徒手工作的形象背道而驰。即使到1900年左右，这种符号系统在当时的韩国汉城（今首尔）仍旧具有相当的重要性，贵族男士穿戴某种特别的头饰，由于这种头饰对太阳穴造成太大的束缚，显然表示他们无法从事体力劳动。

早在14世纪，人们已经认识到流行变迁的概念。在意大利的米兰、佛罗伦萨、威尼斯这些政治独立且经济繁荣的都市里，流行变迁等同于贸易拓展与封建社会的

以古典为主题创作的时装作品

瓦解。现代男性服饰的诞生可以追溯到1340年意大利颇受欢迎的短腰式上衣和紧身裤，这种服装取代了文艺复兴时代（14世纪）意大利城市中的链带盔甲外套，并且在中产阶级的青少年中率先流行开来。这种款式传入法国及德国等其他国家，当地人民也在1480年左右开始穿着这种款式的服装。

街头复古元素

2. 工业化时代

到了18世纪晚期，英国工业革命不仅使机器代替了手工劳动，工厂代替了手工工场，而且使社会面貌、人们思想观念和生活方式发生了巨大变化。在早期的都市里，富有和贫穷的人经常比邻而居。流行变得比前工业化时期更为重要，因为城市生活为人们带来广泛的流通形象。追随流行似乎变成一种重新创造多面化自我的策略。

随着城市化与工业化而来的是现代化的思潮。它不但涵盖整个生活的各种层面，更影响到科技、社会组织、艺术、生产与流行时尚。19世纪中叶，缝纫机的发明实现了服装批量化生产。然而，这只是部分的进展，且现代化尚未达到人人都能受惠的地步。

19世纪中期，时装还只有富有人家才购买得起。直到19世纪晚期，大部分的服装都是家中自制的。进入20世纪，“店里买来的”这个字眼才逐渐摆脱了负面的印象。随着制造技术日渐精进以及人们逐渐接受大量制造的观念，成衣终于克服了原本所背负的社会烙印，摆脱了廉价品的象征。纽约的服装工业对流行趋势的认识以及技术的提高以达到这种目的的种种做法，确实是此方面的一大进步。美国服装界从单纯地仿冒巴黎式的服装设计，提高到原创性的发展。

简约、自然的服装风格已经成为纽约服装设计业的代名词

3. 后工业时代

传统的手工业织品服装是基于实用目的而织

造的，但是演变成民生必需品之后，其主要的生产目的却是为了获取交易利润。工业化导致服装的大量生产与结构简化，但是手工的触感则较难实现，因为这样会增加劳动成本。在这种情况下，服装的艺术价值可能会消失殆尽。制造商知道，如果减少设计上的特色（譬如手工刺绣），利用机器织造技术加以取代的话，或许可以减少劳动成本，但会造成服装缺乏特色。

当越来越多的传统服装款式逐渐被快速变迁的流行时装款式所取代时，精致的服装特点不仅产生了许多变化，同时也有些失落。许多变化是因为受到工商业界的利润导向所影响，以及人们预先认识到服装款式的新陈代谢，将有助于刺激新款式的买卖。同时，社会结构对时装款式的变化也有所促进，这种变化足以代表当时迅速变迁的社会带给人们日益深刻的感受。

三、民族传统文化

民族是人类历史文化发展到一定阶段的产物。它是人们在历史上形成的一种具有共同语言、共同地域、共同经济生活以及表现于共同文化特点、共同心理素质的稳定的共同体。目前，全世界共有大小民族两千多个。从世界历史角度看，1830～1914年的特征之一就是民族主义蓬勃发展。我们且不论其对政治权力的疯狂崇拜以及对民族荣誉的幻想等种种民族主义的表现，只是可借以证实“民族”这个概念，每个民族的服饰形象，在这一时期就已经基本成熟了。至20世纪50年代，这些现代民族在人们心中的印象，在很大程度上是依据服饰形象来认识和区分的。

面料印染

民族文化传统可以通过民族服饰来传递，并且表现民族里每个个体之间的关系。民族服饰用来传递以下有关穿着者及其文化的讯息。

①社会阶层与地位。

②地域、种族和宗教。

③节庆和特定仪式中的各种专职功能。

④穿着者的年龄。

⑤区分已婚与未婚之间的差别。

⑥有关社会功能与道德的性别角色。

⑦城乡之间的差异。

⑧美化、引发情欲和幻化的功能。

通过民族服饰，人们可以珍藏传统与美学文化，

秀场上的“中国味”

古德伦·胡登的民族元素

并且通过视觉的方式传递大量的社会生活讯息。

从形式上看，人类社会发展中的民族文化对服装流行的影响最大。在现代原始部落中，民族服装的影响达到了令人惊愕的程度。E. 格莱塞（Emst Grosse）在他的《艺术起源》一书中曾断言：一切狩猎民族的装饰总比穿着更受瞩目。需要强调的是，进入人类社会是以劳动的出现为前提的，而人类社会的劳动又产生了社会文化，人类社会的劳动在不同的环境中并不是等速发展的，这正是形成所谓“民族文化分野的外部条件”。

今天，我们之所以对某些民族地区中那些令人不解的服饰现象产生迷惑，是因为产生这种社会现象的生产力水平与我们所处时代的普遍水平差距太大，从而导致文化的隔阂和不理解。在人类文化的发展过程中，生产力的发展水平必然成为社会文化的基础，许多民族文化演变成今天这个样子，与它们的社会生产力发达水平有直接的联系。这种文化随社会的发展，没有转变成改造自然的生产力因素而可能顺着图腾崇拜的方向畸形发展，并逐渐成为脱离实际使用而注重精神寄托的纯装饰形式。

在民族文化传统中，生活习惯是一个对服装流行有着重要影响的因素。生活习惯是由地理、历史和社会环境造就的一种生存行为的沉淀。它是经过长期的历史发展，逐步演变成为某种独特的行为规范和生活方式。久而久之就有某种固化的模式，成为一种传统。各地区的人种和民族之间都有着不同的生活习惯，其差异很大。生活习惯对服装消费行为的影响力，可以从不同群体的服饰与生活内容的差别来认识。传统的生活习惯的差异，在服装消费的表现上反映出一种文化特征，即：以衣为主，还是以饰为主；以适用性的物质需求为主，还是以审美性的精神需求为主?生活习惯的不同体现出截然不同的传统意识。

生活节奏的加快，时尚、简约、经济实惠的毛衫成为人们衣橱中必备的衣物之一

四、经济发展水平

社会学家一致认为，服装展现了社会的一个横断面，是反映社会的镜子。在这里，服装不仅仅是个人用来御寒避暑的工具，而成了代表社会经济水平和人类文明程度的重要标志。

经济是社会生产力发展的必然产物，是政治的基础，是服装流行消费的首要客观条件。为了更加清楚地认识这个问题，我们可以从以下几个方面来进行分析研究。

1. 社会经济环境的影响

社会经济环境反映了一种生产关系，它直接影响服装流行趋势与消费倾向，古往今来，无数的事实都证明了这一点。

在原始社会中，社会经济环境对服装的影响在无形中表露了出来。当时，服装仅仅是用来作为人类维持生存的一种手段，服装材料的低劣，使人类无法进一步满足心理要求，而只能用渔猎活动中的某种副产品来表示部落中的生产关系——头领和氏族成员的区别。在奴隶社会，社会经济的发展使服装无论在功能还是审美价值上都进一步完善起来。与此同时，服装作为社会生产关系

生活习惯与工作日常对服装流行有着重要影响

的某种象征，也就成了统治者和被统治者用来区别社会地位的主要标志。在我国长达数千年的封建社会时期，服装的象征作用更是达到登峰造极的程度。随着封建朝代的更替，繁文缛节的衣冠制度愈演愈烈，致使服装在应用功能和审美价值方面畸形发展，成为炫耀势力等级的主要形式。使服装的效能发生本质的变化，使流行进入上行下效的时期，则是从资本主义商业发展开始的。从文艺复兴时期人文主义思想的传播，到航海业、纺织业在资本主义商业化活动中的迅速崛起，都极大地推动了社会生产力的发展进程。这不仅带来了现代服装流行的特点——全民化、商业化现象的产生，同时也使服装流行成为社会经济发展的重要象征。

2. 经济条件的影响

在服装流行过程中，消费行为的选择倾向，在很大程度上取决于流行参与者个人的收入条件。现代服装流行的一个主要特点是一种商业行为的结果。在所有的服装流行过程中，处处都体现着价值的作用，对于个人的消费行为选择条件来说，就是一个购买能力的问题。个人的购买能力取决于个人的经济收入状况，它不

价格不菲的高级时装的目标客户群一般是社会名流和演艺界明星

由于受经济条件的制约，一般大众对“高级成衣”还是“可望而不可即”

接近普通大众生活的休闲针织衫设计

仅仅是对一个国家经济实力的客观综合评价，而且还是影响服装流行的决定因素。

我们在观察服装流行这种特殊的社会现象时会很自然地发现：服装流行现象的发生和一个国家国民经济收入的情况有着内在的联系。其原因就在于以下两个方面。

①从外因上讲，服装属于社会生产的物质形态，如同其他任何商品一样，它的存在有赖于社会经济的发展，社会的高效率发展为人们的消费需求提供了充分的物质保证。

②从内因上讲，人类的需求欲望永远没有止境，这种不间断的欲望又是促进社会经济发展、创造社会物质财富的基本动力源。

在商品化的过程中，这两种因素彼此促进、相互推动，由此产生的高效率不仅能带来社会物质的繁荣，还可能提高国民的人均收入，增加的收入又可用于日益高涨的消费需求，从而形成高频率、多变化的消费行为，产生不断的服装流行现象。所有这一系列连锁反应都与社会经济的发展程度有关。

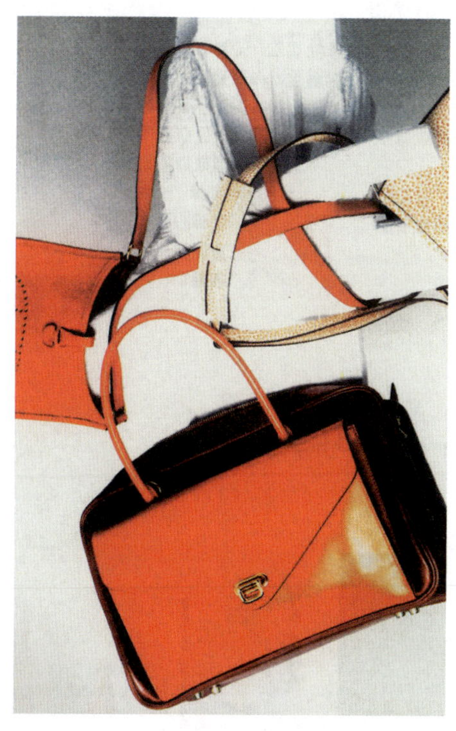
名牌服饰品对消费者有着巨大的“诱惑力”

3. 经济性组织的影响

在经济性的组织文化中，外观管理和公司形象可能是十分重要的问题，至少它的利润空间会受到第一印象的影响。经销商店是经济性组织的一个很好的例子。员工们的穿着通常都必须干净、时尚，而且要符合商店的形象。尤其是在时装店或是在时装部门工作的人，更是必须遵守这条规则。

正如消费心理学家所罗门（Solomon）所指出的，经济性组织中的制服不仅影响

小清新式的裙装设计兼具了实用功能与社会功能

集“审美”与“功能”于一体的欧普风格服装设计

它的员工，也影响它的顾客。当员工和顾客互动时，他们会介入两种通常具有相对目标的团体之间。从组织的角度来看，其危机在于员工可能会越来越倾向于认同顾客的需求，而不是组织的需求。制服可以用来提醒员工注意他们的主要任务，同时又能向顾客表现出一致的形象。

五、社会群体意识

社会存在决定社会意识，而社会意识又是影响人们消费需求的思想基础。这种意识一旦形成，就会逐渐成为一种习惯，并进而成为一种传统，一种公众心理行为，这就会给服装的流行带来巨大的影响和制约力量。

1. 群体意识的特点

群体意识的产生从社会特点来看，是一定范围内的政治、经济、文化发展的综合体现。从人类需求的特点看，它又是人们根据自身的生存利益，对一定时期内的政治、经济、文化发展的基本认识。因此，群体意识具有时空的相对性。

服装作为一种社会存在的物质形式，具有良好的实用功能和社会功能的双重属性。前者表现在对人类需求的直接功利作用上，后者反映在大于人们需要的间接功利作用上。两种作用都会使人产生相应的象征性概念，这种概念一旦稳定，就会成为一定时间、范围里的社会意识。这种反映在社会群体中的服装意识，不仅表现在对服装的外在形象的评价上，更重要的是，它对服装的实用性和社会功能的适应性有比较深刻的理解，从而使这种意识成为一种对服装综合评价的标准。

当某种服装被广泛的社会群体接受后，它的外在形态也就自然而然地成了一种相对的“传统”形式，这实际就是一种公众心理的认可。它产生的根源，除了人们在着装时，人体感受到的舒适感觉和视觉感应获得的愉悦情绪外，更多的是要在长期的社会实践和认识过程中，对各个时期服装的社会作用通过大脑的思考形成一种稳定的社会适应心理。这种社会意识是在人类为了更好地生存下去的需求、欲望中，通过实际应用和审美判断而形成的。

2. 群体意识的影响

一般来讲，越是在科学和经济发达的地区，人们的自我意识就越强，就越不轻易盲目地仿效某种消费行为。相反，在科技和经济落后的地区，群体意识的形式越稳定，自我意识的发展变化越小，服装的所谓“流行期”也就越长。

社会意识除了对服装流行具有影响差异外，还具有一种普遍的共同因素，那就是意识中的城市化效应，这种现象在世界范围普遍存在。这是因为，以政治、经济、科技、文化为中心的大城市象征着一种先进的社会生产力，这种象征性在人们的心理上形成固定意识。这种意识也就是一种社会群体意识，它可以对流行行为产生制约，由此而形成趋势。

第三节　服装流行的特征分析

服装流行是人类文化生活中的一种行为方式，是社会人的一种认知和表达方式，因而它必然反映出一定的社会整体的心态，从而成为一个时期内人们社会生活方式的重要内容。服装流行之所以能够得以产生，就在于它本质上属于一种社会行为。人类的行为受其生理机制的规定和社会条件的限制，如果常规出现矛盾和冲突，必然会导致行为的变异。这种现象若是发生在人类的服饰行为当中，就可能出现不断替换的行为特征和不同的模仿趋势。流行行为能够形成一定的规模且具有普遍性，还在于它往往发生在人类比较容易替换的领域里，这些领域使行为替换成为可能。我们从内外因素分析：从内因上来看，服装、饰品、化妆都是人类用来美化身体、表现外观的形式手段，和人类联系最为直接，明确地反映着人类的精神状态。而在这些形式和手段中，服装处于最重要的地位。原因在于服装还具有御寒、避暑、安全防护等功能性作用，它的物质与精神的统一性，使其在人们的行为趋势中占据着最重要的位置。从外因上讲，社会的不断发展，文明程度的不断提高，人类改造自然的社会实践能力的不断增强，使服装的生产变化成为可能，这也是客观条件所造成的，甚至促使流行行为的产生。

从着装外观形态上可以反映出人的精神状态

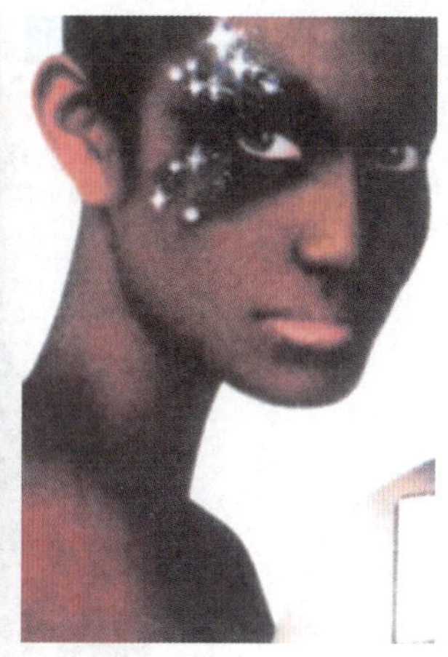

妆容的流行往往与服装的流行同步

关于服装流行的特征分类，如表2-1所示。

表 2-1　服装流行的特征分类

特征分类	说　明
形成特征	流行形成的时期
发展特征	流行行为的生成趋势和发展方向
类型特征	流行的类别形态因素
结构特征	构成流行的层次结构
运动特征	流行现象中的一般运动规律
条件特征	流行产生的客观条件内容
表现特征	流行效果的种种形式特点
状态特征	流行的内在规律性

一、形成特征的分析

与任何事物的发展过程一样，服装流行现象的出现也有一个形成过程，遵循产生—发展—衰亡这样一个变化规律。服装流行的形成过程，展开后可分为四大部分，详细内容如表2-2所示。

表 2-2　服装流行的形成过程

形成过程	特　征
潜伏期	新服装出现在极少数具有潜在影响的场合和人身上
成长期	少数人的行为被大多数人逐步接受、模仿并形成一定规模
衰退期	行为普及达到高潮，追随者中开始产生厌倦情绪
消亡期	对服装的采纳迅速减少，原式样处于滞销，并开始降价处理

流行形成的各个阶段都有具体的时间性和参与的人数比例，往往是领导流行潮流的创始者和对流行的感觉敏锐者的超前行为，同时，相应的流行阶段对服装销售具有决定性的影响。

欧普艺术风格的时尚T恤，在运动场上大放异彩

二、发展特征的分析

流行现象的发展，一般处于三种基本模式之中，这三种基本模式是按照社会阶层划分的，具体内容如下。

1. 渗入现象

流行的展开是一种逐步渗入的现象。在工业革命开始前几乎是全球性的流行模式，其历史最为悠久，从古到今可以说从来没有中断过。这种流行的服装往往是由上层社会率先展示，然后被民间逐步效仿而形成的一种发展现象。

2. 崛起现象

崛起现象的流行显著特点是一种自然形成的规模形式。这种现象产生的根源在社会下层。这是自发产生于劳动阶级之中的某种服装，经过长期使用，人们逐步认识到了它的“功能作用”，并形成相应的审美观念，从而成为流行趋势，最后被社会广泛接受。

这种流行趋势的影响往往很大，持续时间也较长，由于它是逐步演化完善的，一旦形成就会长期稳定。所以通过这种方式产生出来的流行服装常常是一个时期的典型代表。例如，拜占庭时代的服装——佩奴拉（Paenula），原本是一般庶民出于防寒等极为实用目的而穿用的，后来被逐

街头追逐流行，走在时尚前沿的年轻女性

渐升格，最后变成象征性极强的礼仪服。拜占庭时代的佩奴拉完全脱离了防寒等实用的基本性能，成为一种象征威严的礼服。贵族们使用特大型的佩奴拉，以示权贵；僧侣们则把它作为对神虔诚地表达谢意的象征物，就连皇帝、王妃也将它视为礼服。这种风俗习惯持续了整个中世纪，也就是我们所说的服装史上出现的“逆行变化”现象。

3. 扩散现象

在日常生活当中，总有一些具有一定影响力的人或具有一定影响力的事，在某个偶然的机会，使其在服装上产生出巨大的冲击力，对周围产生出裂变反应式的影响，这种服装形式被迅速扩散接受的发展趋势就属于扩散现象。

LV品牌的形象代言人好莱坞著名影星乌玛・瑟曼的着装风格一度影响着人们的生活

从1830年起，名演员的衣着打扮对服装流行起到了举足轻重的作用。然而到了新洛可可时代，流行的主权又一次从名演员那里回到宫廷。拿破仑三世的妻子欧仁妮是当时有名的美人，因为她气质优雅、感觉敏锐，经常活跃于高级社交场合，所以对当时的流行影响很大，法国宫廷也几乎是以她为中心。

除此之外，裤型的流行改变也可以从中窥豹一斑。20世纪初，随着裤长变短，裤口出现了卷裤脚。裤脚翻边的出现，据说是爱德华七世在一次下雨时卷起了裤脚，因而成为带翻边的新式裤子的发明人。这种偶然的行为导致一种时尚而流行的例子并非仅此而已。1880年，牛津大学的划船队队员把象征自己队的袖标套在了脖子上，于是，领带开始流行。

休・格兰特被美国《君子》杂志评为“全世界最会穿衣服的男性”， 他也成为男人们所效仿的对象

时尚家族——贝克汉姆夫妇

而到了近代以后，这种现象的起因，往往是由于某个设计师或者服装企业公司通过博览会和展览会广告宣传等媒介将服装流行信息广泛传播，以刺激人们的趋同心理，从而产生了一种新的时尚趋势。

被多数人所喜爱的T恤造型

三、类型特征的分析

在服装流行的过程中，常常会出现两种情况：稳定型和变异型。

1. 稳定型

服装流行过程中出现的造型变化不大、使用周期较长、受各种客观因素影响较小的服装属于稳定类型。

稳定类型的服装具有较强的功能性和深刻的社会文化背景等特点，而且大多数都含有形式美法则中的均衡、统一等因素。例如，我们日常生活中经常穿的衬衫、西服、套装、家居服等形式的服装均属于这种类型。

稳定型的服装大多是经过长时间的发展和演变，最后经过实践的证明，无论从功能上还是形式上都达到相对完善、统一的程度。稳定型服装的流行有两个主要特点：一是具有周期性，二是具有循序性。

2. 变异型

变异型服装的流行，往往具有不规则性、无连续性和非渐变性的特点。它从产生到消亡的周期很短，同时流行的范围也比较有限，一般没有过多的“实用功能”，只是某种社会文化的特殊产物。

在服装史上那些只流行了一次就消亡的表现派服装——嬉皮士服、朋克服、霹雳服、摇滚服、乞丐服等都属于这种类型的服装。变异类型的服装流行反映了社会文化的混乱和畸形发展，它所表现的逆反心理最为极端，具有强烈的视觉刺激性。这种类型的特点，还具有频率快、范围小、无规则、不连续、形式稳定性差、非理性的色彩表现等。这种类型的流行产生有两个特征：一是突发性，二是再创性。

新奇与怪诞的朋克风貌，感性与理性并存

四、结构特征的分析

在流行参与阶层的结构分类中，我们可以概括为上、中、下三个阶层，在各个阶层的参与比例上，形成一定的结构关系。

用“百元大钞”设计的朋克装，具有强烈的视觉冲击力

1. 金字塔型结构

在农村或经济文化和商业活动不发达地区所形成的流行结构属于金字塔型结构。它的表现形式为：上层为少数人，中层为具有一定倾向性的人，底层为大多数人，渐次呈现比例变化。也就是某一种服装款式的兴起，由极少数人先接受，再影响一部分人去模仿，随后普及到大多数人的效仿。此机构类型的服装主要是一些常规性的，像外套、便装等，很少有特征性较强或比较时尚的服装类型。

2. 立卵型结构

立卵型结构往往出现在城市和经济文化比较发达的地区，它也是现代社会中服装流行的主要结构。这种流行结构的特点为：上层是少数人，中层是绝大多数人，下层又是少数人的比例分布。它的流行服装类型为普通服装中的各类男女外衣，具有功能和审美的双重性特征。

五、运动特征的分析

在服装流行周期规律上，存在着时间的运动轨迹，这些运动特点不仅反映了不同类型的服装流行现象，同时也显示了不同的社会时代性。服装流行的基本运动特征分三类：波浪运动、螺旋运动和电磁波运动。各类运动特征分析如表2-3所示。

表 2-3　服装流行的基本运动特征

类　型	定　义	特　点
波浪运动	稳定封闭的文化环境和自给自足的经济结构所产生的服装流行周期运动规律	基本呈水平状态发展，起伏平坦，无大变化，周期具有稳定的规律
螺旋运动	生产力水平的不断发展，对经济文化影响结果导致的普遍流行	运动貌似循环，实为渐进，呈上升趋势，具有合理稳定、渐次变化的周期运动规律
电磁波运动	发达经济和多元文化环境中产生的个性表现，导致服装流行周期不定的运动变化趋势	频率快，周期短，运动变化大，不稳定，周期不规则

六、条件特征的分析

条件特征可分为以下四种。

1. 地区性条件特征

在服装流行的条件制约因素中，首先是地区性。地区性条件有两方面的因素：一是区域性地理环境和气候条件的自然因素；二是区域性文化环境和经济条件的社会因素。这两点因素就构成了地区性的基本内容和特点。

流行的循环周期性，让古典魅惑的蕾丝重新回到设计当中，使它的内涵得到了延伸，颇具浪漫与奢华意味

2. 时间性条件特征

时间性是服装流行评价的一项至关重要的条件。时间性对于自然和社会具有综合的影响，它包括影响气候变化的“季节性”的绝对时间，还包括历经经济文化兴衰的所谓“时期性”的相对时间。这种双重含义的时间性，是服装流行限定条件的重要特征。

3. 社会性条件特征

社会性是服装流行条件中最普遍的特征，它包括了政治、经济、文化、宗教、生活习惯等多方面的因素，具有整体的概括性。但是社会性并非是抽象的，它有着具体的社会内容，在对服装流行的制约中，带有隐含的功利性因素，只是这种因素是通过间接的条件特征来反映的。

带有明显季节性的服装

4. 层次性条件特征

层次性是服装流行行为中客观评价的具体标准条件，它与客观自然条件的地理环境、时间季节以及人数规模都有内在的联系。

层次性具有两方面的特征：一是按照流行参与者的主观条件分类，如年龄、性别、性格、气质等；二是按照流行参与者的社会条件分类，如职业、身份、社会地位、宗教文化信仰等。

这种对服装流行层次性条件的复杂、关系错综并具有变异转化的特点，是决定服装流行行为趋向的基本条件，也是服装流行研究的主要内容。

七、表现特征的分析

表现特征分为以下六类。

1. 新颖性

服装流行趋势中的表现特征，首先应该是新颖性。它表现为在一定流行时期内的新奇感和清新感。

这种特征包括材料、造型、色彩、附件和装饰等的变化及技术手段的改进等因素。

具有求异心理的时尚女性开始追逐个性化饰物，以突出自我

2. 效用性

服装的效应功能往往是使某种服装在某个特定时期内得以流行的关键因素，这种功利性的实用效能具有极大的稳定性。

这种流行表现，一般来自经过长期实践认识后所总结出来的经验。

3. 象征性

在一定时期的科学技术文化发展中产生的某种流行服装，其形式往往具有象征性。人们在追求这种时尚时，经常会把某种形式的服装与社会发展时期的代表性事物联系起来，从而产生出象征意义的趋同心理。

在14世纪（哥特式时代），尊崇身份和门第的风俗盛行，为了分清敌我，就在各种武器装备上（盾、旗、铜衣、外套、马披、马鞍、帐篷等）都画上或雕刻上家族的纹徽。后来，这种家徽图案就成了显示身份和所属家族的标志。13世纪末，家徽图案首先出现在法国的女装上，到了14世纪，连一般的市民和农民也流行使用家徽来装饰自己了。

以欧洲文艺复兴为素材的迪奥高级定制服装，再现15~16世纪的耀眼光芒

4. 刺激性

在服装流行的表现特征

中，还具有一种非理念的产物，一种没有明确意义的纯粹视觉性的刺激。这种表现效果对于长期的平淡、压抑、厌烦的心理状态，具有较大的视觉心理调节作用。

5. 自由性

服装流行是一种共性行为，而其中又包含了众多的个性因素，这些因素都表达了较大的形象思维自由度，其中相当一部分具有强烈的主观随意性和表现的盲目性，从而导致了服装流行表现中不规范、不统一的离散行为。

6. 规模性

规模性是流行表现的客观评价的一个非常重要的因素。这种特征往往是以流行中的行为参与指数来作为评审依据。

规模性包括两个要素：一是在一定时间内（即在流行周期内）的从众行为的绝

简约、干净的款型中配以奇异的金属饰物，突出了设计的新颖性与前卫性

同色相不同面料的拼接设计，给连衣裙植入了活力，同时也有一定的功能性

对数；二是在一定时间内参与行为的出现频率。这两者虽然表现的概念不同，但是却是流行表现中数理统计的主要分析内容。

八、状态特征的分析

服装给人们带来的美丽不言而喻并不断地发展、变化。它的前进并没有带给人们反复无常的感觉，相反，在服装流行趋势中存在着其自身的规律性。由于服装的流行具有明显的周期性，因此，服装流行的规律在某种程度上可视为“极点反弹效应”，也就是所谓的“物极必反”。

根据服装流行的种种演变和进化迹象，我们不难看出，服装款式的发展，一般都是宽胖之极向窄瘦变动，长大之极向短小变动，明亮之极向灰暗变动，鲜艳之极向素雅变动，正统之极向反叛变动等。反之，亦然。所以，“极点反弹”便成为服装流行发展的一个基本规律。愈极愈反的真谛在服装变化中得到了完美的诠释。例如，18世纪的欧洲贵妇人的硕大撑裙，以“大”为美，以“大”来显示自己的权势，而到了20世纪60年代则被设计师玛丽·匡特倡导的以“短”来显示性感、妩媚的超短裙取而代之。对于我国大众而言，印象最深的莫过于我国20世纪七八十年代由喇叭裤的流行向萝卜裤、锥形脚蹬裤的流行转变趋势，这些都是“极点反弹效应”的外在表现形式。

针对这个规律，设计师最根本的任务便是要研究符合当时当地的流行现象和流行规律，充分利用设计元素设计出具有独特风格的服装款式。

第四节　服装流行的心理因素

一、生理现象对服装流行心理的影响

在服装流行的心理现象中，有一点值得注意的就是，心理的产生有赖于生理感官的存在。从日常生活实践中可以观察到，情绪状态受到外界的影响，与社会心理和思想意识等密切相关。实际上，即使是外界社会因素对人造成影响，也不仅仅停留在人的心理上，而是直接反映到生理上。服饰穿戴在人的身上，躯干、四肢活动是否灵便，肌肤感觉是否舒适，看上去直观现象是否悦目，有没有刺耳的声音，有没有令人不愉快的气味等，都是着装者并不苛刻的要求。这些既包括人的纯生理快感（如是否刺痛皮肤或有异味等），也有审美生理快感（如好看不好看、手感是否滑爽等），其落脚点就在触、视、听、嗅、味范围之内。

1. 触觉

服饰生理学的触觉，包括了体感和手感，即全身对外部刺激所引起的感觉与感受。它并非单纯依靠手指尖部末梢神经的感觉传达给大脑，而是通过全身，包括皮肤和肢体的触觉、压觉、暖觉、冷觉和痛觉来表达。因为服饰穿戴在人身上以后，冷、暖感觉是会因时、因人、因体质、因环境而异的，所以触觉、压觉、痛觉也会在不同人的身上有不同的反映。

就人本身来讲，着装者希望所穿戴的服饰，重量适中，不给人产生负重感；质料细密（最好有一定弹性）平滑，使之与皮肤接触时，人体表层感受舒适；造型适体，不给静止或运动中的人体带来疲劳或紧束感。

人对服饰的触觉感受是相当敏锐而挑剔的。当着装者穿上刺人的粗糙衣服或戴上沉重的配饰时，心里很不情愿，因为这从根本上违背了人的生理快感，甚至包括最起码的安定感。有时候，就因为毛衣里扎着一根极不易被发觉的刺，会搅扰得着装者寝食不安。这正是人在服饰触觉感受中的真实反应，不夹杂社会学和哲学、美学因素在内的人本体和人本质的自然表现。

2. 视觉

对于服饰形象的确立，对于服饰的感受来说，视觉仅次于触觉。因为除了着装者亲身体验服饰之外，便是着装者和着装形象受众同时接收服饰所传递给视神经的形、色等信息。人们日常所讲

亲肤柔和的莫代尔家居

表面具有自然肌理的麻织物，在夏季尤其为消费者所青睐

红白相间的立体装饰物，带给人的是视觉上的享受

纯度极高的黄色上衣与热裤，加上奇特的帽子，无形中给人以视觉上的震撼

服饰“美与不美”，首先是突出人的视觉快感，即看上去美不美。视神经对于服饰所提供的信息，可以有远近之分，即模糊或清晰。信息本身可以传达到大脑中枢，而触觉、听觉、嗅觉、味觉等，则会因服饰距离的远近决定信息波的长短或信息波是否存在。例如，空阔地带的视觉感受系统能够捕捉到远距离的服饰形象，即使几十米之外，基本色相也不变。

视觉在对服饰形象的认知上是非常重要的，几乎可以说，没有视觉感受系统的搜集与综合，服饰形象几乎不可能成立。服饰形象的悦目，就是生理反应上的视觉快感。

3. 听觉

服饰上的声音虽然有一定的韵律但却没有旋律，这些美妙的声音在它还没有上升到音乐创作的时候，只是纯属为了满足人们悦耳的生理需求。当人们听到服饰品在相互碰撞的过程中发出带有节奏或是清脆的声音时，人们的听觉感官受到适度的刺激，因而感到满足。在这里我们涉及“适度”这个概念，因为有时候一些化纤面料的服装在穿着中发出频率高而且单调的摩擦声，这种刺耳的声音会引起听觉感官的疲劳，导致人感到神经系统被骚扰。所以在进行服装设计时一定要注意把握好这个尺度。

4. 嗅觉

使服饰香气怡人的做法并非起源于现代。早在帝国时期的埃及人就已经发现并且重视服饰的嗅觉效果。每逢节日庆典，所有宾客的头上都饰有一个圆锥形的花球，花球里面装满膏状的香料。当活动气氛越来越热烈时，香料便慢慢溶化，徐徐溢出，流过额头，渐渐扩散到服装和皮肤的表面，散发出浓郁的芳香。

我国楚人也有散发香气的服饰，屈原在《离骚》中写道："灵偃蹇兮娇服，芳菲菲兮满堂……浴兰汤兮沐芳，华采衣兮若英。"后来每个朝代用薰衣草或香木屑熏衣的做法数不胜数。西汉末年，长安有位能工巧匠曾经制作出卧褥香炉，可使炉体保持恒常水平，既可放置在被褥之中，也可系在衣服的里面或外面。到了唐代，这种在香炉内安装万向支架的做法就相当普遍了。

在也门，燃香料熏衣是最隆重的待客礼仪。客人来访，主人会请客人先站起来，然后撩开外衣，把燃香的香笼放置在衣服里面，使客人可以一直闻着扑鼻的香气直到告辞。另外，各地的人们还有佩戴鲜花的习俗，这也和人的嗅觉器官的生理需求有关。

印花服装所传递出的花香味道

5. 味觉

如果我们把触觉、视觉和听觉划分为物理感觉的话，那么味觉和嗅觉就属于化学感觉了。

味觉设计在童装设计中的运用

你大概会奇怪，味觉和服饰之间能产生什么联系呢？其实不然。与味觉有关的服饰，虽然没有前面所谈到的服饰那么普遍，但它仍旧有存在和研究的价值。

婴儿服应该是与味觉关系最为密切的，也是童装设计师最为关注的。婴儿服的领口、前胸、袖口是婴儿经常而且是最容易咀嚼的服装部位。这并非是婴儿患有异物症，而是属于人类的本能活动。当代世界已有不少科学家开始关注这个问题，怎样使婴儿服饰的面料没有异味？怎样避免引起婴儿生理上的不良反应？这些才是研究和解决问题的关键。

另外，近年来，日本科学家用优质的偏碱性蛋白质、氨基酸、果酱等，辅以适量的铁、镁、钙等人体所需的多种微量元素，制成一种可食服装，专门提供给野外勘探、登山探险和远洋航海的人员穿用。一旦遇到断粮的恶劣情况，就可以把可食的服装吃掉。

二、流行现象中的着装心理因素

对于着装心理，绝大多数人都有自己的内心感受和深刻的情绪体验。除了那些完全裸体的部族以外，每个着装者都会产生或多或少、或肤浅或深刻的，试图通过自身所穿服饰来更完美地塑造自我形象的心理活动。

虽然服饰是一种物质，只是由具象的面料和抽象的色彩、造型所构成，根本谈

在个性另类的装束中感受自信带来的乐趣

色彩明快的红、绿搭配，足以带来更高的回头率

不上语言和动作的表现力，但是在一个人选择着装的整个心理过程中，却可以囊括所有的个人意识，并通过服饰与人构成的着装形象而将其较为准确地表现出来。由于服饰无法直接表述着装者的思想，所以着装者在采用服饰来塑造自我形象、完成个性行为时，总是充分利用服饰的暗示功能。社会心理学将暗示归纳为“符号暗示”“行为暗示”“表情暗示”“语言暗示”等。它们专门指的是以含蓄的方式，通过语言、行动等刺激手段，对他人的心理和行为产生影响，使他人接受某一观念或按某一方式进行活动。服饰心理学的暗示，主要是以服饰的色彩、款式、面料、纹样及整体着装方式，对着装形象受众的心理产生影响，进而使着装形象在其受众的心理中形成一种由着装者预先设想出的印象。这个印象无疑是有利于着装者在社会生活中确定其地位或是达到其目的的。暗示是服饰心理学中着装者心理活动的一个普遍手段。除此之外，人的着装心理变化多端，瞬息万变，很难全部把握。着装者在每时每刻、每个时期、每种心境下都有不同的心理活动，这么复杂的服饰心理活动我们无法一一道来，只能挑选一些带有普遍性的典型实例，从中探究一下其基本规律。

1. 区别原我

在日常生活中，人们对已经拥有的服饰渐渐地会不喜欢。这里存在着两种心态：一种是喜新厌旧的心理，对原有的已经司空见惯，不需要花费精力去寻求，再也没有新鲜感和吸引力了；另一种心态是受到大环境的影响，从服装流行的趋势着眼或者说被迫于服装的快速变化，使得人们不得不抛弃原来的整体着装形象。或许没有这种自发力和驱动力，就不会有灿烂的服饰发展史。

按照普通心理学的动物实验结果来看，大白鼠都会对已经熟悉的物体反应迟钝，更何况人呢？人作为具有丰富感情的高级物种，想方设法去创造一个崭新的自我行为是显而易见的本能，人的天性之一就是不满足原有的形态和达到的高度，甚至不满足原来所拥有的一切。在诗人的眼里，太阳每天都是新的，为什么人不能去创造和确立一种新的着装形象呢?

2. 表现自我

在服饰中表现自我也是显示个性的一种十分有效的方法。个性在心理学中指的是在一定的社会历史条件下的个人所具有的意识倾向性，以及经常出现的、较稳定的心理特征的总和。欧洲心理学学者把个性称为“人格”，对“人格”不止下了50种定义。“人格”一词来源于拉丁文的“面具”，把“面具”定义为人格，实际上说明了两层意思：一层是一个人在生活舞台上演出的种种行为；另一层是一个人真实的自我。

3. 趋同心理

人类的趋同心理是在漫长的生物进化过程中，通过不间断的生存实践过渡而逐步形成的一种心理需求的沉淀形式。它的存在有着生理性和社会性的双重基因，由于人类心理上的这种趋势，造就了人们在社会生活中心理需求的趋同倾向。严格地说，这是一种潜在的功利主义的表现，是人类共同的心理特性。这种心理对服装流行的产生起到了巨大的促进作用。

在人类日常生活的行为规范里，这种行为往往具有害怕孤独而产生统一步调的表现形式，这在服装流行的人类行为中显现得格外突出。从视觉形式看，假如一个人的装束背离群体的行为准则，那样势必会引起社会群体的注意，容易招致非议和责难。如若他的行为不为世人所理解，则可能在感情上被拒之众人之外，造成严重的孤独感和失落感，从而出现不安全的心理倾向。心理上的安全感是人类需求的因素之一。因此，人类的趋同心理对服装流行的产生具有极大的作用。

此外，人类除了害怕孤独的心理能够导致行为上的统一以外，还有一种崇尚心理。这种心理发展到一定程度之后，则产生出相应的模仿行为，这从另一个侧面展示了心理需求上的趋同性。这种心理需求的特点，主要是为了自尊和他尊。它是人类心理基本需求的高级层次。但是，这种需求仍然具有保持心理平衡的特点，这是造成服装流行心理的又一种趋同形式，是人类趋同心理的又一个重要特征。

男性服装中的线条

4. 逆反心理

生理学和心理学的研究都认为，人可分为若干种性格和气质。这种性格和气质上的差别与人的理性因素的多少有一定的关系。理性因素少的人，在服装现象产生和发展的过程中，总是处在敏感的地位；而理性因素多的人，在这个行为过程中，则总是处在稳健和滞后的地位。其中着装心理中的逆反心理则表现为较强的感性因素，显示出激进的、敏感的着装方式，朋克族的流行美学正是这种心理的代表。

20世纪70年代，穿着打扮最激进的莫过于朋克了：他们光头、文身，或是在身体某个部位穿孔戴环，穿着邋遢不堪的圆领衫、廉价的皮衣、印有豹皮纹样面料的上衣……凡是当时社会认为是最低品位的、最恶俗的穿着，他们就拿来穿。20世纪60年代的口号是“爱与和平”，而朋克的口号是“性和暴力”。60年代人们主张崇尚面料，如棉布、羊毛、亚麻等服装材料，而朋克族非要用化纤材料和塑料。他们不是剃光头，就剃叫“美洲莫希干人式”的发型，仅仅在头顶中间留一排好像鸡冠的头发，染成红色或者绿色，怒气冲冲，脖子上戴着厕所抽水马桶的链子，链子上挂一些完全不相干的玩意儿作为装饰，如安全别针、骷髅饰件等，穿着从商店买的那些

紧身胸衣与流苏式的毛条设计，带有一丝朋克风貌

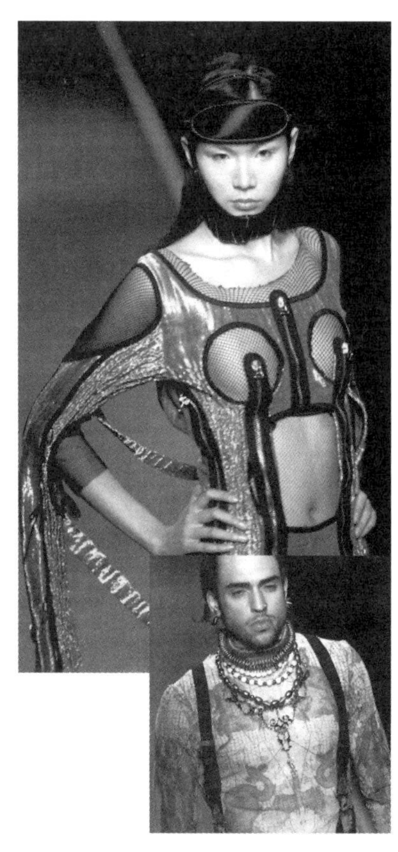

法国设计师让·保罗·高缇耶（Jean Paul Gaultier）设计的朋克时装，前卫怪诞

独特的饰品彰显野性

挑逗性的内衣。这种极端的穿着打扮有时候使人想起达达艺术。

在1977年的夏天，朋克的服装与徽章可以通过邮购的方式取得。而且在同年9月，世界主义者举办了一场盛会，回顾珊朵拉·罗德（Zandra Rhodes）最新收集的女装界荒唐的杰作，其中包括各种以朋克为主题的服装。

在1980年早期，法国设计师让·保罗·高缇耶（Jean Paul Gaultier）将朋克美学视为整个流行概念的次要版本。他用来点缀时装的东西，是用在各种体型都有的真人模特上。她们将内衣（或束腹）穿在外面，或者组合各种在传统上不相匹配的外观元件。同样，英国设计师维维安·韦斯特伍德（Vivienne Westwood）在1970年晚期所设计出来的朋克造型，反映出她的想法。什么事情都可能发生，而且似乎所有不协调的配件都可以被她组合在一起。因此开司米羊毛可以和塑胶制品搭配，复古的形式也可以蔚然流行，短袜可以折起来，就连胸罩也可以穿在洋装外面。然而更广泛地说，它们是促使广大的后现代文化质疑与传统意识形态平行的美学符号。在这个过程中，我们穿着衣服的方式以及用来在日常生活中塑造现实的各种方法产生了变化。

由此可见，虽然寻求刺激的逆反心理在服装流行现象中所占的比重不大，然而却具有较大的影响力和发展上升的趋势。这种逆反心理产生的变化发展到一定阶段时，会与正常的社会行为规范差距过大，从而演变成着装者向某种畸形的方向发展。

三、社会环境状态对服装流行心理的影响

对于着装心理的影响，社会环境状态起着决定性的作用。

社会环境状态是指人们生存及活动范围内的社会物质以及精神条件的总和。从广义上讲，其包括整个社会经济文化体系，如生产力、生产关系、社会制度、社会意识和社会文化。狭义上讲，社会环境状态仅指人们生活的直接环境，如家庭、劳动组织、学习条件和其他集体性社团等。社会环境对人的形成和发展进化起着重要的作用，同时人们的活动给予了社会环境以深刻的影响，而人们本身在适应和改造社会环境的过程中也在不断变化着。

服装给人们带来的美丽不言而喻

社会环境状态的构成因素是众多也是复杂的，在这种复杂变化的状态下对人的心理影响也会发生变化。这种变化会影响人们对流行理解的程度和方向。

例如，在我国20世纪60年代，物质生活极为匮乏，体现在衣着上，这句“新三年，旧三年，缝缝补补又三年”十分形象地描述出当时的情景。大改小、旧翻新，如把退色的卡其衣裤、棉袄翻一个面，又是一件很好的衣服；衬衫的领子和袖口破了，换一条新领子再补一补袖口，又可穿一段时间；裤脚破了就改成短裤，长袖破了改成短袖；裤脚短了可以加长，等等。

四、宗教信仰对服装流行心理的影响

宗教信仰是一种意识形态领域的活动，它作为一种精神风俗，是极其复杂的，与人类的生产、生活、工作和学习等各个方面有着千丝万缕的联系。

宗教信仰对人的精神起到一定的制约性，同时也会影响人们的心理。举例来说，拜占庭时期的服装样式除了显示华丽外，也深受基督教教义的影响。基督教提倡端庄正派，于是男女服装都将

服装设计中的宗教元素

时装设计中宗教符号的运用

身体裹得严严实实，女子还要遮住面部和手，而男子在长袍里面还要穿短裤。在拜占庭时代几乎所有的纹样都有其象征意义，如圆象征无穷，羊是基督教的象征物，鸽子表示神圣的精神，十字形表示对基督教的信仰。色彩也被赋予宗教的含义，如白色象征纯洁，蓝色象征神圣，红色象征基督的血和神之爱，紫色象征高贵和威严，绿色象征青春，黄色象征善行等。

所以，在有宗教信仰的国家和地区，宗教信仰对人们的服装流行心理产生了很大的影响，这一点值得我们注意。

五、民族生活习俗对服装流行的心理影响

各民族在长期的历史发展过程中，形成了不同的风俗习惯，具有浓郁的民族特色和民族性格。这种特性在服装流

中式风格上衣与前卫饰品的搭配，新奇而刺激

行的心理现象中，值得我们关注。

在全世界范围内，不同的民族特点诞生了不同的服装。随着国际交往方式迅速扩大到民间，了解服装的民族特色，发现并在服装流行中融入具有民族特色的设计理念，也是服装流行不可或缺的重要内容。

1. 不同民族特性下诞生的不同服装

（1）设计大胆的法国时装。人们常说，法国人天性浪漫且充满骑士风度，于是诞生了极具法国特点的时装——女装的浪漫典雅、男装的绅士素雅。法国时装，一是选料精良，二是设计大胆。时装大师们对生活的观察深刻，对人们的需求敏感，敢于标新立异，使法兰西民族的时装走在了世界服装行业的前列，成为世界时装的橱窗。

（2）风靡全球的美国牛仔。美国人崇尚个性自由和独立，喜好随意舒适的生活方式，于是美国着装的随意性便举世闻名。其中，美国最有代表性的服装当数牛仔裤。这种被誉为“20世纪伟大发明”的服装，早年在美国的淘金者中流行，后传至欧洲，现已风靡世界。当然，美国人的穿衣随便但并非不讲规矩，他们的着装习俗呈现出向舒适、多样化发展的趋势，对世界着装风潮有着不容小觑的影响。

（3）深爱和服的日本民族。和服是日本民族最珍爱的传统服装。它在造型上有其规范化的特点，不受时装的影响，14世纪以来式样几乎一直没有变化。到今天，日本人在婚礼、庆典、传统花道、茶道，以及其他隆重的社交场合，和服仍是公认的必穿礼服。于是设计师顺应这一特点，将和服的结构运用在成衣当中，向世界宣传日本“味道”。

（4）掩盖体态缺陷的印度沙丽。印度沙丽具有悠久的历史和不凡的艺术魅力。用印度丝绸制作的沙丽一般长5.5米，宽1.25米，两侧有滚边，上面有刺绣。沙丽通常围在妇女长及足踝的衬裙上，先从腰部围到脚跟成筒裙状，然后将末端下摆披搭在左肩或右肩。妇女穿沙丽不仅舒适凉爽，而且能掩盖其体态缺陷，突出其内在魅力。

（5）男士也爱的苏格兰短裙。被苏格兰人推崇的男子短裙，虽然平时已很少有人穿着，但到节日或喜庆的日子，男人们依然会穿上它翩翩起舞，连王室成员也不例外。这毕竟是最具苏格兰特色的服装标志。这一装扮在当今世界时装界也起到了一定的引领作用。

2. 中国少数民族服装的特点

中国是一个统一的、多民族的国家，民族服饰格外丰富。

我国少数民族种类繁多，分布广阔。在这些少数民族中，有些民族还具有众多的支系，如苗族分为红苗、黑苗、白苗、青苗、花苗五大类，其中的花苗又包括了大头苗、独角苗、蒙纱苗、花脚苗等，民族或支系间皆以不同的服饰进行划分。如此一来，不但不同的民族具有不同的服饰，仅是同一民族内也因支系的不同而具有不同的服饰，使得我国少数民族的服饰显得格外丰富。另外，广大少数民族地区长期以来交通不便，相互交流困难，因而民族服饰特点保留完整、多姿多彩，有取之不尽的服饰资源。

中国的自然条件南北迥异：北方严寒多风雪，森林草原宽阔，点状分布其间的北方少数民族多靠狩猎、畜牧为生；南方温热多雨，山地岖岭相间，生活在其间的少数民族多从事农耕。不同的自然环境、生产方式和生活方式，造就了不同的民族心理和民族性格，也形成了不同的服饰特点和服饰风格。生活在高原草场并从事畜牧业的蒙古族、藏族、哈萨克族、柯尔克孜族、塔吉克族、裕固族、土家族等少数民族，穿着多取之于牲畜皮毛，用羊皮缝制的衣、裤、大氅多为光板，有的在衣领、袖口、衣襟、下摆镶以色布或细毛皮。他们服装的风格是宽袍大袖、厚实庄重。南方少数民族地区宜于植麻种棉，自织麻布和土布是衣裙的主要用料。所用工具多十分简陋，但织物精美，花纹奇丽。因天气湿热，需要袒胸露臂，衣裙也就多短窄轻薄，其风格生动活泼，式样繁多，各不雷同。

各民族服装在用料、色彩、装饰、工艺等方面都具有独特性，在如此多样化的服装中提取元素，会使熟知它的人感到亲切，令对它陌生的人感到新奇。

3. 取自民族习俗的流行服装对着装者的心理影响

（1）熟知者的亲切感。每个民族的生活习惯都是在长期的历史发展过程中形成的，在这种习惯中赋予了本民族特殊的情感。当熟悉的本民族元素被运用在服装设计中时，人们从情感上较容易接受，易从中找到亲切感。

设计师马克·雅各布为路易·威登（Louis Vuitton）品牌的2011年春夏系列所设计的这些鬼魅、闪烁的新装，都有着浓郁的中国特色，是装饰艺术、新艺术和东方风情相融合的一个系列，更仿佛是专为讨好富有的中国顾客而设计的。

秀场被布置成人造大理石的T台和金色、黑色的流苏帷幔，还有旁边三个巨大的仿真老虎。本系列的服装包括了上面缀有流苏的旗袍；用卢勒克斯金银线制成的袒肩露背的上装与绣上“LV”字母的蕾丝半裙的组合；从腰部到臀部均饰有小亮片装饰的金属感连衣裙；印着长颈鹿、老虎、斑马以及中国国宝大熊猫的印花图案的毛衣、礼服等。整场秀由旗袍、马褂、折扇、盘扣等充满中国旧上海风情的细节来表现主题，整场发布会充满着奢华的东方意味。不得不说，得到展现的中国风的确让人惊叹其独特的魅力所在。

（2）陌生者的新奇感。时尚源于生活，这是百年不变的定律。当时尚来源于你

路易·威登在2011年春夏时装周上通过旗袍演绎旧上海风情

的生活时，你会产生亲切感，反之，则会因为陌生而产生新奇感。

作为东亚民族特色服装的代表，斗笠这种古老的挡雨遮阳的器具在2011年春夏也被刻意拿来大做文章，手法毫不夸张却又极尽女性化的美感，尖尖的顶部和大大的帽檐淳朴实用，宣扬出斗笠的盛世。发布会充满了中西合璧的韵味，给西方的观众带来了一场新奇的视觉体验。

美国自然哲理（Philosophy）品牌、乔治·阿玛尼展现东南亚民族风情

六、社会地位与经济状况对服装流行的心理影响

衣着，虽然仅是一层包装，却将人的自我形象和自我价值彰显于最外层，不但会影响他人对我们的主观印象和社会地位、经济状况、个人价值的判断，也会在心理学上影响到穿着者的自我激励和自我肯定。所以，当人的社会地位和经济状况有所不同时，人们对服装流行的需求也会随之变化。我们不可忽略这一问题对服装流行的心理影响。

西方有句俗语："你就是你所穿的！"这也是人类无法改变的天性。在远古时代，服装最基本的功能是御寒，遮体是它作为人类走向文明的标志，在有了阶级的社会里，尤其在现代社会，服装的最大功能是自我展示和表现成就的工具。这也是为什么很多成功人士不惜花费大量的时间和金钱去选择那些能让他们展现出最佳风姿和成就感的服装。服装在无声地帮助你交流、沟通，传递你的信息，告诉人们你的社会地位、个性、职业、收入、教养、品位、发展前途等。

在美国的一次形象设计的调查中，76%的人根据外表来判断人，60%的人认为外表和服装反映了一个人的社会地位。毫无疑问，服装能够在视觉上传递出你所属的社会阶层的信息，它也能够帮助人们建立自己的社会地位。在大部分社交场所，想要成为看起来就属于这个阶层的人，那么就必须穿得像这个阶层的人。正因如此，很多豪华高贵的国际品牌的服装，虽然价格高得惊人，却不乏追捧的消费者。人们把优秀的服装与优质的人、不菲的收入、高贵的社会地位、一定的权威、高雅的文化品位等相关联，穿着出色、昂贵、高质地的服装就意味着事业上取得了卓越的成就。

服装的最大功能是能帮助人们建立自信，帮助穿着者沉稳自如、优雅得体地表现，保持在各种场合下镇定自若的心态。据社会心理学家估计，第一印象的93%是由服装、外表修饰和非语言的信息组成，服饰是社会人用来传送语言无法传递的信息的一个有力工具，是文明社会人们交流沟通的重要手段。优秀的服装能够增加着装人的成就感，它让你表现得自信、沉着、优雅、出众。

虽然大部分人都认为人们不应该根据外表来评判一个人，但是心理学家发现，一个人外表有无魅力，不但决定了别人对他的态度，也影响这个人对自己的态度。如果你穿着那种粗制滥造和裁剪不得体的服装，它们会无时无刻不在提醒你："我就如同我所穿的，无所谓。"一套2000元的西服和一套200元的西服，改变的是穿着者的自我感觉。服装成为人们展现社会地位与经济实力的重要手段之一。

讨论题

举例说明，自上而下和自下而上的流行传播形式。

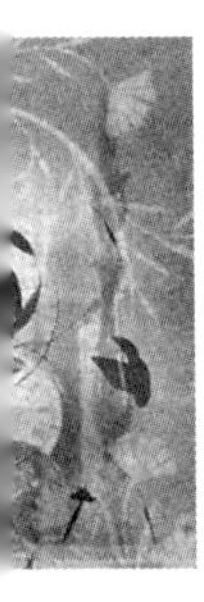

专业理论及专业知识

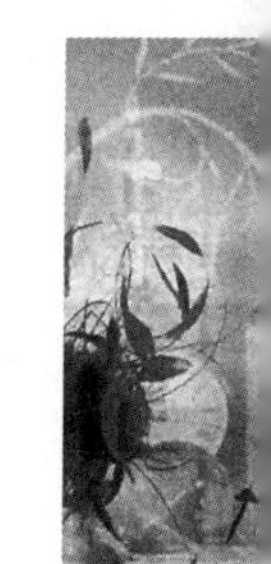

第三章　服装流行性与传统性

- 第一节　服装与时装
- 第二节　流行与时尚
- 第三节　流行对传统服装与民族服饰的影响
- 第四节　流行与现代服装
- 实践题

教学目的： 通过本章的学习，使学生学会区分流行与时尚，了解流行对传统服装和民族服饰以及现代服装设计的影响。

教学方式： 课堂讲授、案例分析

课时安排： 2课时

教学要求： 1.要求学生课前搜集时装、高级成衣、高级时装的信息，分析它们对流行的运用方式。

2.课堂上要求学生能运用所学知识把握服装设计中的传统和流行。

3.针对所学的基础理论知识，分别设计带有传统韵味的流行服装，实践时装、高级成衣、高级时装对传统和流行的不同运用方式。

3

从表面上看，流行性与传统性是相反的概念，其实这两者之间有着千丝万缕的联系，是相对而言的两个概念，包含了很多有关服装设计的理论，如时装与服装、流行与时尚等。

第一节　服装与时装

服装在人类生活中占有很重要的地位，从衣食住行就可以看出来。在不同的时期，服装以不同的形式作用于人类，成为人类生活的一个重要的组成部分。服装的出现是人类区别于其他动物的一个重要属性，它强调了人作为社会成员的精神需求和物质需求，是人类摆脱一般意义上的生物体属性而向更高层次的生存方式进化的

颇具时效性、创新性的服装设计

服装配以与之呼应的发型

结果。

在原始社会中，服装是用来遮身护体的最基本的生活资料；在阶级社会里，服装成为划分社会等级、权力和尊严的标志；在现代社会中，服装则是物质文明和精神文明程度的标志之一。社会历史文化的变迁直接影响着服装的变化，每个历史时期的社会制度、经济基础、科学艺术、审美倾向等，都会从那个时代的服装中反映出来。

一、服装

从一般意义上讲，服装是指遮着人体的织物，是一种纯物质的存在，不涉及人的因素，衣服的美是一种物质的美。另外，人们习惯上把那些流行倾向不大明显（指创新程度），在相当长的时间内穿用都不过时的常规性衣服或成衣称作“服装”，以区别于“时装”。服装成衣则指按一定规格、号型标准成批量生产的成品衣服，是相对于在裁缝店里单件制作的和自家制作的衣服而出现的一个概念。在很多人的头脑里，服装就是衣服的一种代名词。目前，这个名称正在被时装所代替。

模特那种颓废茫然的表情，更好地诠释了半嬉皮服装风格的内涵，使得人与服装得到统一

既有地域风情，又渗透着时尚气息的非洲地区妇女装扮

服装又是指人与衣服的总和，是人在着衣以后所形成的一种状态。换言之，即这种状态是由人（着装者）、衣服（包括饰物）和着装方式三个基本因素构成的，而这三个基本因素又都是可变的。任何一个因素的变化，都会形成不同的着装状态。因此，同样的衣服变换不同的穿法就会产生截然不同的着装效果。我们平时讲的“衣服美”与“服装美”不同，衣服美，只是一种“物”的美；而服装美则是包含着人的精神状态在内的人与物的高度统一、协调所形成的“状态美”。服装的美是一种状态的美，它是处在一定空间或环境的活动对象，服装与环境之间应该是一种相互共融的协调统一关系，共同创造出一种和谐的美感。同时服装需要一定的装饰配件来陪衬，服装与装饰配件之间是一种有序的、合理的搭配关系，同时又是一种互补的、协调的整体关系。因此，服装是一种被物化了的社会文化载体，是沟通人与自然、人与社会、人与环境的重要媒体。

服装的发生可分为自然发生、人为设定和外来移植三种类型。

1. 服装的自然发生

在人类群居生活中，有些服装是以人类生理和心理的共同欲求为基础，在其生活环境下自然发展形成的。这里的生活环境包括自然环境和社会环境。就自然环境而言，特别是气候条件，直接关系着服装的自然发生，产生出那个地域的独特服饰。而社会环境是人在社会群居生活中产生的对他意识（性别意识、社交意识、敌对意识、对神灵的崇拜等）以及顺应生活的需求。促使服装创立的因素是政治、经济、科学、宗教、思想以及其他各种文化现象。

具有时代感与流行点的运动服装设计

2. 服装的人为设定

与自然发生相对的是在特殊企图下人为地创立的服装。这种服装或为了保持集团生活的秩序，或为了使生活行动更有效率，或为了促使社交友谊，使生活更加愉快、舒适、合理，或者为了表现出真善美的风貌，有计划地考虑设计服装的形式和用法。一般多伴随着某些规定、规则等产生。按其目标和效果可分为以下几种情况。

（1）伴随着法律制度产生的服务。这是国家一类的社会集团作为法律制度来规定服饰的种类、形式、色彩、纹样和用法等。这种服饰制度以显示服用者的身份、阶层、任务、行为为目的来设定服装，如公安、税务制服等均属此类。

（2）因某种规则产生的服装。某种团体、学校、公司等社会集团为了达到自己的目的，设定具有一定效果的制服。这种制服明确了所属这个团体的人的标志类别，虽然没有法定的强制力，但作为这个集团的一员就必须穿这种统一制作的服装，例如宾馆、酒店、企业、铁路等制服。

（3）因习俗性的协定产生的服装。在地域性的仪式、社交、风俗等群体生活中，服装具备一定的社会性约束，具有规律性和普遍性。这也是一个民族、一个地方、一个村落，感情融合的社会集团所常见的。它形成了那个群体的风貌，如各地的民族服装和民俗服装。

（4）因商业性的指定而产生的服装。在商业性的计划下，通过服装设计作品发布、服装表演、服装展销以及报刊宣传等手段，向人们推行新设计的产品，并使多数人能够接受，引起购买行为和穿着行为，如流行性服装。

流行性服装

有着流行元素的内衣设计

时髦的短款夹克

3. 服装的外来移植

某种既成的服装从其他的地域传播过来，移植于该地，形成新的固定的服装。这种外来的服装与那个地域自然产生的服装不同，其成长和发展明显受到环境的影响，如唐装传入日本以及西洋服传入我国都是如此。

二、时装

时装是指最富于时代感的、时兴的、时尚的服装，是对于历史服装和在一定历史时期内相对定型的常规性服装而言的、变化较为明显的新颖装束。其特征是流行性和周期性。时装的“时”含有时空背景的界定范围，因此，时装并非特指现代服装，因为每一历史时期内所产生的最新的服装相对于那个历史时期来讲都可以称为时装。时装可分为以下三个层次。

1. 时式

时式的概念是相对于前卫性时装而言的。作为服饰用语，专指欧洲高级时装店的设计师的作品。必须由专门雇用的设计师设计（有的店主本人就是设计师）作品，由专门的裁制师和缝制师在设计师的监督指导之下制作完成，这些流行的先驱作品，才能被称为时式。这些作品的特点是艺术性浓烈、个性强，是设计师对流行的个人见解和主张的集中体现。因此，很大程度带有尝试和先驱性，对流行有指导作用。一批作品完成之后，要邀请时装新闻记者、高级顾客、成衣制造厂商等有关人士到店里来参观欣赏，即“新作品发布会”，也称“高级时装发布会”。自1981年以来，原本分散于各店里的发布会集中到罗浮宫美术馆库尔·卡雷展示场举行。成衣厂商从这些时式中选择能代表时代精神、能引起流行款式或根据这种趋向进行设计，以批量生产。当厂商的新产品投放市场时，即可引起流行。时式包含着一种尝试的心情，是一种创作，必须是新式的、前所未有的。其特点是审美大于实用，强调并夸张了其特征，艺术效果强烈，是设计师创造的。而流行则是由大众创造的，它经过一个时期的流行，一定的服装造型就固定下来，这是一种固定的服装造型款式，称为“样式”。

“永不退色”的牛仔时尚

2. 时髦

时髦是流行期中最引人注目的新鲜事物，还包含风行一时的影视明星、名流

范思哲采用罗纱设计的半透明高级时装，时尚、自然又有着一丝性感

迪奥饰有细绳的紧身上衣设计，时髦而野性

等。作为服饰用语，时髦与时式是相对的，是指大批量投产、出售的成衣或其流行的状态。一个新的时式成为某个时代的流行，其中要经过社会生活的很多层次。因此，从一开始就把新创作出来的样式定为时髦或流行是不可取的，因为流行是靠消费者的选择而形成的，不是企业家和设计师随便造出来的，设计师和企业家只不过给流行提供了材料而已。成衣制造商从那些对时髦有指导意义的时式中，选择认为能代表时代精神和流行倾向的样式，或根据这些倾向进行再设计，大批量投产。与此同时，新闻界运用各种宣传将这些流行信息广为传播，上流社会的权贵们穿着这些最新的时髦样式出现于各种显赫的高级社交场合，使时式由一种倾向变为一种趋势，当批量生产的新产品投放市场时，即可引起流行。从这个意义上讲，时髦是设计师创造的一种个性很强的个别现象。

3. 样式

“样式”一词源于拉丁语“Stilus”，被译为“样式”“式样”，用来表现人物的姿态、风度、造型等。当某种事物具有一定的共同性质和代表性时，被称为“样式”。作为服饰用语，样式是继时式和流行之后的用语。时式是服饰流行之前的样板，这种样板作为那个时代的样式，具有普遍性的代表意义，被固定下来时，就被称为“样式”。

总之，时式是流行的先驱，带有一种尝试性；时髦是流行中最具有引导意义的，并且不是所有的时式都能成为流行；流行是大众化的普及，是流行的高潮；样式则是流行过后固定的形式。

奢华的皮草彰显野性美

三、高级时装

1. 高级时装

高级时装是法语“Haute-Couture”的意译，其中“Haute”是高级的意思，“Couture”是裁缝的意思，特指巴黎19世纪中叶由设计师查尔斯·费雷德里克·沃斯创立的以上层社会的贵夫人为目标顾客的高级女装店及其设计制作的高级手工女装。查尔斯·费雷德里克·沃斯以拿破仑三世的皇后以及当时宫廷妇人为顾客，制作自己设计的衣服，成为高级时装店的奠基人，为后来高级时装店的产生和兴盛打下了基础；同一时期，由于时装样本的普及和缝纫机的改良，人们对于服装设计的热情高涨，时装店数目骤增。

高级时装是由高级的材料、高级的设计、高级的做工、高昂的价格、高级的服用者和高级的使用场合等要素构成的。其中，高级的服用对象可以说是高级时装产生并存在的社会依据，换言之，没有高级顾客层的存在，就不会有高级时装和高级时装业。自20世纪60年代以来，由于人们价值观、审美观的转变，高级顾客数量急剧减少，因此，巴黎的高级时装业也濒临灭绝的境地。需要指出的是，这里的高级时装不同于我国市场上所常见的“高档时装”或“新潮时装”等概念，尽管“高档时装”的用料、做工、售价很可能在同类产品中档次较高，“新潮时装”的样式、色彩很可能十分新颖时髦，但仍不能称为“高级时装”。高级时装作品发布会在每年1月份（春夏季）和7月份（秋冬季）举办两次，届时世界各地的高级顾客、时装记者和高级时装店设计师以及有业务关系的厂商都云集发布现场，向各地时装店订货（定制选中的衣服）或捕捉流行信息。

2. 高级时装店

高级时装店在法国有自己的组织——高级时装店协会（Chambre Syndicaledela Couture Parisienne）。这个协会创立于1868年，最初是为防止剽窃其成员作品而成立的。1911年改组，1973年以后，该协会在业务上统括了一些著名的高级成衣店，形成了现在的“法兰西高级时装联盟”，又译为“法国时装设计师集团”。高级时装、高级时装店及高级时装设计师不是自封的，而是受法律保护，由该行业认定的。法律规定，只有经法国工业协调部根据立法机关所制定的标准正式批准的时装店，才有权使用“高级时装”这一称号。

高级时装店与一般的女装店和成衣商店不同，最根本的区别，是其能够在一流的设计师的指导下，用最高档的材料、高超的裁剪技术和缝制手段，制作出最完美的服装。尤其是这些服装完全由该店独创。各店的裁剪师（多是这个店的店主、经营者，他们的技术权威，具有很

夏奈尔的镶有花边与金片的绢丝绸紧身裙装

瓦伦蒂诺设计的立领，饰有珠宝及采用金线绣花及树叶图案的珠罗纱时装

高的鉴赏力，有很多人也同时兼任设计师）和专属于这个店的设计师都是世界上最优秀的、有个性的技术权威，在他们下面是还设有实现设计师设计方案和意图的设计师。由于这里从设计到制作以及所使用的材料全都是高档的，所以完成的衣服价格也非常昂贵。其雇主自然也就只限于上流阶层、富豪和艺术家中的一部分人。

巴黎的高级时装店历史悠久，其时装本身也可以说是一种艺术，这种艺术性很强的衣服在感觉和技术上具有世界最高的权威和信誉。无论从哪方面看，它都处于指导世界服装潮流的地位，成为每年服装流行的发源地。在为数众多的巴黎服装店中，可以成为“高级时装店”的，几乎都是巴黎服装店协会的成员。要想成为高级时装店，必须符合以下条件：作品必须是店主或者专雇的设计师的创作，是在自己的工作室制作出来的涂鸦作品,定期让模特穿上在巴黎表演；当有人订购这些作品时，要使作品符合订购者的尺寸，要进行一次到数次的试样过程，不得进行系列化、规格化的大批量生产,不得从外部购入作品出售。但是从1966年开始，有很多店离开协会，进行个人创作，举办时装发布会。

高级时装店的服装和大批量生产的成衣相比，前者几乎全是用手工缝制的，缝纫机的作用还不到整个工作的十分之一。而且，假缝也是先用一半的布做出半身，然后再到整身，接着用面料假缝，最后进行总的假缝，这样至少分 4 次进行，必要时还有反复10次之多。用这样复杂的工序制作的衣服，价格可想而知。即使是简单的套装、连衣裙、大衣，一般也要花350~1200美元，甚至更高。能购买如此高档服装的，自然也是极少数人。所以，近年来，随着时代的变化，以更多的阶层为对象，制作和出售高级成衣的店渐渐多了起来。其经营状态也在发生变化，既经营女装也经营男装的店也不少，还有些店与国外的百货商店合作，向他们出售作品和技术。

四、高级成衣

高级成衣与一般的成衣不同，这里指高级时装设计师以中产阶层为消费对象，从前一年发布的高级时装中选择便于成衣化的设计，在一定程度上运用高级时装的制作技术，小批量生产的高档成衣。本来这是高级时装店的副业，并未受到重视。自20世纪60年代以来，由于消费观念的转变，高级时装业不景气，经营高级成衣才受到重视，涉足这一领域的高级时装店越来越多，而且出现了高级时装店这个圈子以外的、从一开始就专门经营高级成衣的设计师和服装公司。高级成衣不再是高级时装的副产品，而是完全独立于高级时装业以外的一种重要产业。60年代初，法国服装业成立了自己的组织——法国高级成衣协会，定于每年的3月举办秋冬季作品发布会，10月举办春夏季作品发布会。现在“高级成衣”这一概念，泛指制作精良、设计风格独特、价格高于大批量生产的一般成衣的高档成衣。高级成衣的崛起，不仅在观念上和组织形式上有别于高级时装，而且设计师这个称呼在这两个领域也不一样，高级时装设计师法语称作“Couturier”

有着田园风格的服装设计

镶有珍珠亮片的船形领罗纱裙

马鞍式造型的紧身胸衣在服装设计中频频出现

（女性称Couturiere），而高级成衣设计师则称作“Styliste Maison”，时装店这个词也只限用于高级时装店，高级成衣店称作“Boutique”。

第二节　流行与时尚

身处流行中的人往往会疑惑：流行究竟是什么？流行就是这样，靠想象力和没有理性的激情。它像空中的风筝，飞得摇摆不定；它像缕缕青烟，去得形影无踪；它像天上的流星，一现即逝；它喜欢即兴表演，因为它没有过去与未来，你根本就来不及琢磨。如果稍有半点迟疑，它就会“春风忽来花如海”了。流行总是新的，总是能闪亮，因为那些流传下来的经典正是源自曾经的流行；你或许可以说流行是富于才情的，因为它们总是不厌倦地做着最前沿的尝试。

而时尚是什么样子的呢？金色的头发很时尚，但时尚绝不是金色的头发。漂染彩发是为了追求与众不同，所以这里的时尚是“个性化”——时尚是时代带来的，工业和科技发展的时代使人们越来越崇尚个性化。计算机用50年的时间改变了这个世界，网络又用了不到10年的时间再次改变了这个世界。时尚是对一个时代的传达，所以时尚不是靠个别天才就能在奇思异想中诞生的，而是一个时代人们心里吹出的风，它不是形式，而是内容。

流行，一方面反映了具有相当数量人群的意愿和行动需求，同时还体现了整个

中性色调与中性着装的流行，使街头到处弥漫着“邻家男孩”的气息

时代的精神风貌。就服装的本身来讲，几乎每一个人都在不断地寻求一种新的式样、一种新的视觉形象，以满足人们心理上的需要。但是，另一方面人们又会受到社会的习俗、观念、生活进程等影响而产生种种制约。这样，某些服装式样、色彩等往往在人们的个性表现和社会规范（即制约）之间起着平衡协调的作用，而流行则正是在不同时期、不同条件下对这一特征的充分反映。因此当人们谈到流行的时候，总是会将它与一些流行概念相仿的俗语联系起来，如风尚、时髦、时兴、时尚等，尤其是与时尚联系在一起。

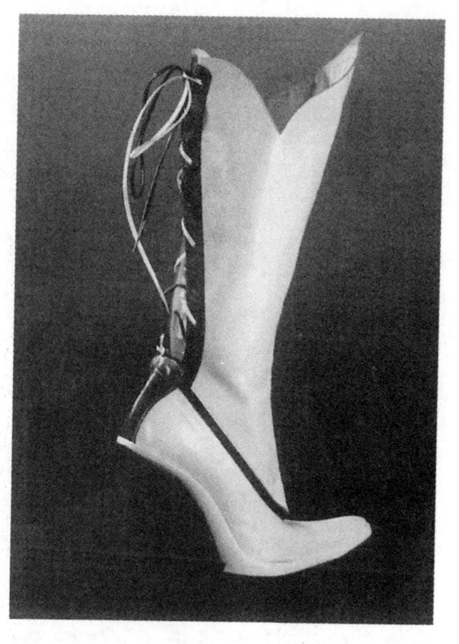

时尚、雅致的长靴设计，为时髦女性所喜爱

一、流行

流行，是指某一事物在某一时期、某一地区为广大群众所接受、所喜爱，并带有倾向性色彩的社会现象。服装的流行定义同样具有这些特点，并有非常明显的时间性和地域性，它必然是随着时代潮流和社会发展而产生的，它设计和体现着人们心理上的满足感、刺激感、新鲜感和愉悦感。流行已经成为当代人类生活的一个基本特征，这一点在服装样式造型（包括色彩）上面的表现尤为突出。流行服装是人们穿着的一种新潮流，是时新的时装样式，是时装作品中被人们普遍接受的服装，是流行服装的高潮。如欧洲每年的高级时装发布会，其中成衣制造商从发布会上发现和选择认为符合时尚潮流的、能够引起流行的服装信息，即风格特点和造型特征、材质的选择、流行色的运用、配件的搭配等，经过提炼、概括和简化，进行再设计，制作出不同批量的适合市场需求的成衣，作为新的流行款式投放市场，从而构成一定规模的流行。

满足人们审美要求的紧身长裙设计

每一种新颖服装能否迅速流行，进入流行圈，这里既包括设计者本身的主观因素，也有穿着者的客观因素，其中，客观因素起着主导作用。因此，只有当设计者的主观创新能力恰当地符合穿着者的客观需要的时候，其设计才会受到欢迎，所设计的服装才会在社会上开始流行，进而形成一种流行趋势。流行好比青春，非常短暂，但却能给人们留下美丽而又难忘的记忆。崇尚流行、热爱流行，在某种程度上说明追逐流行者的心灵深处蕴藏着对青春的渴望和眷恋。从某种程度上讲，因为有了流行，生命才充满憧憬、希望和朝气。

二、时尚

时尚为流行、时髦的意思。在服装流行中往往被理解为最流行的新样式，具有尝试的意思，在某种程度上，是指那些比时式还要领先的最新倾向的作品。

时尚发起于社会知名人士和具有影响力的人物之中，他们的共同目的是不断引起公众的注目，以此来进一步提高他们的知名度和社会地位。时尚透过新闻等宣传媒体，在国内外传播后马上就会有人进行模仿，并投向市场，于是时尚就失去了其原有的目的，这样引发时尚的人们很快就会行动起来去追寻新的时尚。所以一种时尚被仿效得越快，它的寿命也就越短，变化也就越快。

在细节中品味时尚

低腰休闲直筒裤的流行度有增无减

古色古香的传统风韵

三、流行与时尚的关系

镶有传统云纹图案的织锦缎鱼尾长裙

流行和时尚之间有着密切的联系，流行比时尚所延续的时间要长，而且影响的人较多，响应面广泛而深远，它不仅对个人起作用，而且对整个社会有较大的影响。如第二次世界大战结束后，人们沉浸在胜利的喜悦中，对衣着要求有了新的向往。法国著名的时装大师迪奥正是顺应了这一思潮，设计出“新风貌”时装，一举成名，风靡全球，以至于流行整个20世纪40~60年代。“新风貌”时装几乎可以称为第二次世界大战后时装史上的划时代作品，可见影响之大、之深。而时尚只是一时的，延续时间很短，只作用于少数人。追求时尚的人随时寻求新的刺激，并且无时不在设法引起别人的注意，制造出新的时尚源向外传播。一些知名人士，其中包括政治风云人物、电影明星、歌星、节目主持人等便是缔造时尚源的代表人士。如英国已故王妃戴安娜以其高雅的气质和时装模特般的身材，使得她的服饰打扮很快成为一种时尚，成为一些人相继模仿的对象。好莱坞电影明星的服饰，也能很快成为一种时尚。

21世纪盛产流行，时尚之风刮得更猛、更狂。到处是流行的泡沫，不停地变幻。有些时尚模仿的人多了，便会形成流行，这种成为流行的时尚可以看作是最前沿的流行，而创造这些时尚的人又会去制造新的时尚源。

第三节　流行对传统服装与民族服饰的影响

一、流行对传统服装的影响

在历史的长河中，每个时期都有流行的代表性服装。纵观中华民族服饰的发展史，商周服饰流行质朴淳厚的风格，隋唐衣冠盛行雍容华贵的气质，明清穿戴则更讲究富丽细腻的韵味，这些都可以称为我国传统服装的精华。

传统是历史的积淀，不同的民族，因为时空状态的不同，就会形成一定时期的不同心态、不同的意识和不同的文化，相对后人来说就是传统。传统是历史的痕迹，而流行则是时代中某个较短时期的烙印。

以我国传统女子裙装的沿革为例。在我国，女性上襦下裙的着装形式，自战国时期到五四运动，历时两千余年而不衰，其间虽然款式变化很多，造型有长短、宽窄之别，但是，整体造型始终保持着上襦下裙的形式。魏晋南北朝时期，女子十分

传统图案的应用

传统与现代的结合（全国第十届美展艺术设计金奖作品）

重视装饰品的作用，更注意到服饰的整体美感。唐朝时，裙子开始成为女子的专用服装，“裙钗”即成为女子的代名词。唐代妇女裙装的造型和款式，较前代有很大不同，从整体上看，线条长而弯曲，有较多的褶裥，显得更为华丽。同时，唐代女子注意到人体的自然美，有的不穿内衣，仅以纱罗制作的襦裙蔽体。这些反映出这一时期在繁荣的文化艺术影响下，人们的审美能力已达到相当高的水准，导致唐代女子裙装比前代的风格有较大的突破，成为我国封建社会服装发展的最高峰。宋朝时期女子裙装变化不大。到了明朝末期，女子开始穿着一种领子左右对称直立于颈部、袖子宽大的对襟长衫裙，此种衫裙将上襦下裙融为一体，有较明显的轮廓感，从其造型、领型、袖子等来看，可以说是旗袍的前身。这种演变是对传统襦裙的创新和发展，为后来的旗袍奠定了基础。清朝时的旗袍正是吸收了汉族服装的特点，才逐步形成了立领、大襟、宽身、箭袖的筒式旗袍。它是汉、满民族传统交融的产物，至此，上襦下裙制被旗袍所代替。到20世纪初叶，由于西方文化的影响和新文化运动的兴起，人们逐渐认识到女性的曲线体型是十分优美的，于是产生了较贴体合身的、具有修长感的立领短衣同黑色长裙相配的“文明新装”。以后，又吸取了满族宽大旗袍的某些特征，最后演变成轮廓清晰、曲线优美，能充分显示东方魅力的现代旗袍。

由此可见，传统总是在对既有传统不断突破中求得前进与发展，是在取人之长、补己之短、扬己之长中求得新生。每当一个传统形成的同时，又孕育着更新的流行

传统与现代的结合（全国第十届美展艺术设计银奖作品）

改良后的旗袍式样仍然妩媚动人

来突破其身。在传统前行的过程中，流行为其注入了全新的生命力，使传统服装不断地发展变化。同时，基于服装流行的周期性特点，在几年、几十年乃至更为久远年代前流行过的传统服装，也许会重新拉开流行的序幕。然而这次的亮相，绝不是以前的翻版，它是以一种崭新的姿态，并注入新的流行气息，重新走向服装舞台的。这也许就是流行对传统服装最深刻的影响。

二、流行对民族服饰的影响

民族服饰即蕴含着某种民族神韵的、表达某一民族特征的服饰。民族性是一个民族在历史长河中，由自然条件（种族、地理、气候）、精神状态（风俗习惯和时代精神）、经济水准、历史环境等因素，相互影响、相互作用而形成的民族的永久特性。服装的民族性，也就是服装形态中所包含的这种特性，随着时空条件的不断转变，这种特性也会不

融合了异域民俗元素的服装设计

身着民族元素服饰的明星

断地变化、丰富和发展。就中国旗袍而论，它是我国优秀民族服饰之一。它并非中华民族几千年的传统衣装，而仅是那个特定时代的宠儿。在清末时期，男的穿长袍、马褂，女的穿旗袍。随着时代的进步，男长袍因不适应逐步加快的劳动节奏和先进的生产方式而被时代淘汰。旗袍在三百多年的演变中紧扣时代节拍而进化，在20世纪由于旗袍适应中国妇女“曲线美”的审美意识而广泛流传，并且基本定型。新的服装材料以及高跟鞋、现代的裁剪和缝制工艺，使旗袍更添生气。到了20世纪30年代完全脱离了原满族旗袍的雏形而成为中华民族的代表作。可见，旗袍这枝富有生命力的民族之花是在时代审美意识的雨露滋润下茁壮成长的。

单纯地表述本地民族特色的服装是民族服装，而纯粹民族的东西是不会广泛流行于世界的。中国的旗袍、日本的和服、印度的沙丽等是最典型的例子，这些服装的流行范围只限于在本民族和本地区，离开了本民族和本地区，它很难找到长久的立足之地。当某一民族的服装一旦具有流行的意识或注入时代的气息时，其魅力是难以估量的。日本著名服装设计大师君岛一郎，在设计一套女装时采用了中国的织锦缎，前片是传统旗袍式样，但背后全部裸露，制作了两条精致的带子。这套女装既有浓郁的东方民族风味，又不失巴黎高档时装的情趣，成为巴黎的高档晚礼服。

不可否认，民族化自身就具有时代精神（或时代感）的深刻内涵，因为时代是“以历史上的经济、政治、文化等状况为依据而划分的某个时期，如果民族化完全不考虑所处的经济、政治、文化等诸多条件相制约的社会，民族化只能是古老民族

具有欧洲古典风格的复古风格服装

在现代服装设计中，中国旗袍的影子出现在国际时尚舞台上，屡见不鲜

和传统的再现”。时代感就是一个民族在当今时代的民族性所显现的特征，也就是民族在特定历史时期，由民族所处的特定状态所形成的时代风尚。

这里所说的传统服装和民族服饰其实是相通的，传统服装是纵向的概念，民族服饰是相对于其他国家或民族横向比较的概念。传统服装和民族服装都会受到流行因素的影响，是现代流行服装设计取之不尽、用之不竭的源泉，同时也反作用于流行潮流。国际时装中心的潮流并不是尽善尽美的，也受到他们各自民族特征的局限，这些时装中心的潮流在风格上就有很大的区别，如法国时装的瑰丽、英国时装的典雅、中国时装的含蓄等，这正是由于自身民族特性所产生的不同。

第四节　流行与现代服装

德国社会学家F.特尼斯（F.Tonnies 1855—1936）和美国社会学家W.G.萨姆纳（W.G.Summer 1840~1910）把习惯与流行统一起来，认为流行是流动着的习惯。有的社会学家则认为流行与习惯是相对立的。尽管有这样的分歧，但都认为流行是与习惯同样重要的社会因素。人们一方面在习惯中寻求安定的惯性心理，另一方面又受到喜新厌旧的求变心理的支配，在两种心理倾向的互相作用下，调和了社会的固定化和流动化。在现代服装的发展中，流行满足了人们日益高涨的求变心理，推动了社会的流动化进程。

一、追随流行

街头流行的服装式样

现代服装的流行过程可分为三个阶段：狂热追随阶段、理性追随阶段和从众追随阶段。

狂热追随阶段多是些求变心理较强的人，是狂热的流行追随者，他们不仅对流行十分敏感，而且还毫不批判地盲目模仿和追随，也正是因为这样，许多流行只在这些人当中被模仿后很快就消失了。

面对狂热追随阶段的人们的这种盲目的模仿和过激的行为，从众心理的人们是绝对无法接受的，他们不会理会这些“奇装异服”。但在这两种人中间，有一批较为理性的流行追随者，他们往往采取一种积

牛仔已经成为一种精神的象征，并为人们所认可

极的态度，冷静地用自己的价值观对新的流行现象加以批判，肯定流行的新形式及表现，过滤其脱离现实的过激成分，在充分比较和权衡的基础上，进行改造性的模仿。由于这些人的着装状态较狂热者接近生活实际，又比从众追随者有新意，因此会在短时间内得到广泛响应，模仿规模迅速增大，流行就此展开，进入“理性追随阶段”。可以看出一个新的流行能否在大众中普及，很大程度上在于这些理性追随者的积极参与，因此可以说流行的钥匙掌握在理性追随者的手中。

从众追随阶段是在“不要落伍”的从众心理支配下产生的，从众追随者参与着

服装流行式样的多样性

被理性追随者扩大的流行，他们是被动的、消极的模仿者。他们的着装毫无新意，他们的参与使流行得到最大限度的普及，进入第三个阶段，流行因此而失去其新鲜的魅力和刺激性，走到“穷途末路”。流行中的某些东西开始常规化，被相对固定于生活中，成为传统的一部分。

二、流行信息

流行信息在社会生活中占有非常重要的地位，由于流行信息的传递和反馈，使现代服装出现了十分活跃的局面。服装流行的周期越来越短，在一个季节内甚至出现几个流行周期。作为一个服装设计工作者，要在这多变的服装市场中掌握规律，要想领导现代服装的时尚，一定要紧紧地把握住时代的流行信息。

服装式样的形成主要受两方面的制约：一是社会的政治、经济、文化状况；二是服装造型的承上启下。社会的生活观念、审美情趣及伦理道德等对服装式样的构成起着重要的影响和作用，而服装造型的承上启下又将形成独特的民族风格。服装设计工作者设计和制作的服装成品，是为了最大限度地满足穿着者的需要，而庞大的服装消费市场是由不同层次的消费结构所组成的，因此便产生了不同的信息源。

1. 激进型

激进型群体大都由年轻人所组成，并有以下特点：经济宽裕，文化艺术素养较高，有自己独特的审美观。他们对服装的理解首先以表现美的艺术享受为主，其次才是保暖和实用性。所以他们在选择服装时，对式样、色彩、面料质感特别挑剔，要求服装的造型能标新立异，力求个性化。

2. 现代型

现代型群体主要由中青年所组成。他们经济宽裕，有一定的文化知识，但缺乏艺术鉴赏力，对服装美的理解较为模糊，并缺乏主见，往往喜欢模仿和紧跟激进型。他们选择服装的心理特点是从众心理。

3. 稳定型

稳定型群体主要由中老年人

朴素大方、不张扬的稳定型服装

组成。这是服装消费市场不可忽视的一个群体，他们不赶潮流，自觉地顺应循序渐进的服装发展趋势。他们追求的服装造型具有典型的民族性，但缺乏时代感，款式上力求含蓄、朴素大方，价格上要求经济实惠。

4. 节约型

节约型群体大都由经济比较拮据的人所组成。他们对服装的式样往往抱着无所谓的态度，在选择服装时首先考虑的是价格和实用。不过，当他们的经济一旦发生变化，便会立即向稳定型和现代型靠近。

颈间丝巾的妙用，打破了职业套装的古板，使之与时尚结缘

通过以上分析可以了解到，没有第一层次的开拓，就不会有第二层次的紧跟；没有第二层次的普及，就不能带动第三层次的进化。这种递进形式便是现今信息社会传递的一个信息链。服装设计工作者应该时刻注意和掌握这个动向，走在潮流的前面，领导服装潮流的不断创新。

三、流行对现代服装的影响

伴随着工业化的进程，现代社会是以生产的集约化、组织形式的军事化和生活方式的标准化为特色的。在这个大背景下，流行与以往不同的鲜明特色是浓厚的商业化。因此，流行对现代服装的影响属于流行史的第三个阶段（现代社会的流行）范畴内的研究内容。

随着大众传媒手段的发达和工业生产的高速发展，流行作为大量生产到大量销售之间的重要桥梁发挥着不可或缺的社会作用，流行不再是局限于某一国度、某一民族、某一社会阶层之间的小规模模仿现象，而朝着跨越地域界限，无视阶层局限的大规模、广范围、高速度、短周期的方向加速发展。流行也不再是过去那种单一的自上而下的传播，而出现水平流动和自下而上等多元化的流行动向。流行的领导权也不再是只由高级时装设计师来掌握，而是由消费者的选择来决定的。特别是20世纪60年代的“反体制思潮”对传统文化的否定，增强了人们的自我意识，使现代的流行更加复杂化。总之，现代流行是由新流行创造者的新鲜感觉，服饰产业部门和商业买手的慧眼、魄力、雄厚的经济实力，宣传媒体的推波助澜，以及广大消费者宽容的、巨大的接受能力、消费能力等诸多因素的有机组合后才形成的。

现代设计中再现“束腰”装

低腰七分裤的流行

流行对现代服装的影响主要分为三种类型。

1. 回归型流行的影响

由于求变心理和习惯心理的交替支配，人们几乎每天都在重复着同样的行动，周期性地安排着自己的生活。流行便是如此，一个流行诞生后逐渐成长，为越来越多的人所接受，很快达到极盛期，接着就沿着衰落的道路下滑，最后消失或转化成另一种新的流行。而且流行总是朝着其有特色的方向发展，如大是特色，就会越来越大，长是特色，就会越来越长，直到出现不经济、不卫生、不方便的局面，才又朝着原来的方向回归。紧身的衣服逐渐变得宽松，然后又回到合体；当年的喇叭裤曾风靡一时，转眼又回到直筒裤，然后又出现上大下小的萝卜裤、直筒裤，又有小喇叭裤……这种不断反复的现象在流行史上屡见不鲜。这就是回归型的流行，是有周期变化规律可循的一种流行。

2. 不规则型流行的影响

服装是文化的表征之一，是社会的镜子，服装流行直接、鲜明地反映着时代的精神与风貌，因此，服装的流行并非都那么循规蹈矩。每当战争开始、硝烟弥漫的时候，卡其色就会流行；社会学家也曾指出，女性味强的设计的流行，是文化颓废

带有金属质感装饰的华贵风格礼服

不对称设计带来的跳跃感

期的共同现象。例如不同时期女性裙长的变动，好似经济兴衰的晴雨表。政治、经济、文化思潮的变动，战乱、和平的影响都会及时表现于流行之中，这种受其他社会因素的影响而产生的流行叫作不规则型的流行。但这样的流行并非无规律可循，只要密切关注社会中政治、经济形势的动向，就可预测未来的流行。

中性上装与迷你褶裙的搭配，活泼而时尚，在年轻女孩群体中有着较高的流行指数

3. 人为创造型流行的影响

在现代社会里，每个消费者出于各种目的（为了赶时髦，为了不落伍于时代，为了提高生活质量，为了增加生活乐趣等），对流行给予相当的关心。但由于生活节奏的加快和工种的细分造成的工作领域的局限，绝大多数人都无暇静下心来研究和预测流行，他们只能通过发达的现代传媒工具（广播、电视、报纸、杂志、计算机网络）来掌握有关流行的各种信息。这就为现代商业带来了很多机会，最大限度地利用各种宣传媒介，人为地发布流行趋势，引导人们按照既定的方向去消费。尽管现代消费者有很强的自我意识，但毕竟能够“独立思考”的人还属少数，大多数人仍然习惯于随波逐流，这就是每年的流行趋势发布的社会依据。这样形成的流行即人为创造的流行。但必须指出，人为创造的流行并非凭空臆造的，而是在深入研究国内外流行情报和过去的流行规律的基础上，针对目标市场之所需，科学地、适时地推出。

总之，服装的流行是与社会的变革、经济的兴衰以及人们的审美情趣、消费心理和文化艺术素养等密切相关的。服装的流行一般都经过发生期、上升期、加速期、普及期、衰退期和淘汰期。在这几个时期内，服装流行对传统服装与民族服饰加以发扬，式样不断变化，产生新的流行，反映着社会的进步。

实践题

结合服装的流行性和传统性，设计一条牛仔裤，使之既传统又不失流行。

专业理论及专业知识

第四章 服装流行的层次性与传播性

- 第一节 服装流行的层次性
- 第二节 服装流行的传播
- 第三节 服装流行趋势的发布形式
- 第四节 流行色发布的形式
- 实践题

教学目的： 通过本章的学习，使学生了解服装流行的传播途径，了解服装流行的趋势和流行色的发布形式，以及这种发布形式带来的作用。

教学方式： 课堂讲授、分组讨论

课时安排： 4课时

教学要求： 1.要求学生课前搜集服装流行传播的案例。

2.通过课堂讲解，了解服装流行趋势的发布形式，并掌握选择流行信息的方式。

服装是有生命的人与无生命的衣的结合物，它既是物质产品，又是精神产品，这种双重性决定了服装体系的构成不同于其他产业体系的构成。随着全球经济一体化的发展，各民族文化空前地碰撞交融，使当前人们对于服装的心理需求重于生理需求，个性展现重于社会表征。流行的循环周期越来越快，流行趋势中相互冲突的情况也越来越常见。“喜新厌旧”不再是服装消费领域的定律，流行预测工作显得十分重要且繁复，但又因为其具有层次性与传播性，使流行预测仍有一定的规律可循。

第一节 服装流行的层次性

服装流行不是设计师的个人行为，它是一个极其复杂的过程，是对时代文明的理性认同。它不单纯只流行于某种款式的服装，也不单纯由某一种人参与流行，更不是以某一传播方式以同一速度进行传播，服装的流行具有一定的层次性，并且是不以人们的意志为转移地客观存在着。

一、流行风格的层次性

流行是一种盛行于任何人类团体之间的衣着习惯或风格。它是一种现行的风格，可能持续一年、两年或更长的时间。这说明流行只是社会穿着习惯与风格的一种主流，在不同阶层中有不同的流行风貌，有保守的服装，也有加入微量创意成分的新式服装，还有混合各种精选风格的时兴服装，更有充满幻想、彻底推翻传统的前卫服装。因此根据不同流行服饰的风格，服装大致可分为四类。

1. 大众市场的保守服装

保守服装的特点是：适时出现的主要流行趋势，具有一定的设计水平和制作工艺；服装裁剪合体入时，配色协调且具有相应功能；既不会落伍，也不过于大胆前卫；就穿着而言很舒适，就投资而言很可靠。这类服装对社会各阶层都有着深远的影响，在客观上也具有良好的社会效果，它拥有着极稳定的消费群。

绚丽配件的出现及蕾丝的反常规应用，并没有破坏整套服装的稳重之感，只是为其增加了几分时尚指数与流行感

运动风格的针织紧身连衣裙，深受年轻人的钟爱

2. 被称为“维新服装”的新式服装

“维新服装”的突出特点是新颖而不古怪，端庄而不呆板，活泼而不庸俗。在主流风格中加入一些细部、色彩、材质或者外形的变化。也就是说如果色彩是前所未有的主流色彩，那么就得采用基本的材料和外形；如果造型有所创新，就应该引用大家已经熟悉的色彩和材料。这类服装受到追求创新但非鲁莽勇进的消费者的青睐。

3. 时兴服装（简称为时装）

这种服装混合了各种精选风格，在款式和色彩搭配上都有较大的突破，新颖、别致、不落俗套且价格不菲，被作为流行服饰中独具特色的典型。这种服装通常有固定的消费群，追赶流行、希望提高自身品位且愿意率先体验时尚的年轻人，往往会加入到这个行列之中。

4. 前卫服装（或称幻想服装）

前卫服装的设计理念奇特、诡异、怪诞、疯狂，彻底推翻传统。这种服装着眼于各种未经尝试的流行，充满另类的想法，它的消费群以年轻人为主。20世纪70年代的“嬉皮”和80年代的“朋克”使得这种服装在流行界掀起了轩然大波。很多设计师都曾在他们的作品中加入幻想成分，以引起媒体的注意，创造出另一种有别于主流文化的流行趋势。其中以英国设计师维维安·韦斯特伍德为代表，她的

诡异、怪诞，具有戏剧性的朋克服装

奇特的设计理念造就的奇特服装造型

稀奇古怪、离经叛道的设计思想对当今的服装界，特别是传统服装给予了极大的影响和冲击。

这几种不同风格的服装同时并存，有着不同的社会效果，风格虽然大相径庭，但只要是好的设计，终将被保持下来。“时间所掌握的只有流行，而不包括风格”。

二、地域流行的层次性

一个时期内的流行会成为社会群体广泛追求的目标，但由于受到不同地理环境、气候条件、风俗习惯、生活方式、宗教信仰等条件的影响，不同地域或地区的人的着装风格和流行程度也是不尽相同的。大体上来说，生活水平高、生产力发达的地区比生活水平较低、生产力欠发达的地区接受流行的速度要快一些，对流行的执行力度也更强一些。

流行风首先从欧洲吹起，欧洲向来是传统的流行领导者。巴黎时装是高品位、艺术化、精细奥妙的化身，最大限度地体现了服装美。高质与高价、时尚的外形、柔软的质地、精良的做工构成了巴黎的服装风格，代表最高设计水平的是巴黎的高级女装。

同时，米兰的流行自成一格，朝着与巴黎不同的方向发展，鲜明的特征便是将高级时装平民化、成衣化。

英国伦敦的设计师更有创造力、更前卫，而且也更能吸引特定的顾客，他们打破传统的设计理念，将各种材料运用到服装中，并且掀起新的着装方式。

欧洲以外的地区同样也形成了不同的地域流行特点。在日本，流行融合了日本艺术与美国风格，并且巧妙地结合了古典传统与现代元素即日本的功能主义。它的时装风格不强调合体、曲线，宽松肥大的非构筑式设计取代了西方传统的构筑式窄衣结构，并对面料与人的关系做了新的阐释：把人体视作一个特定物体，将面料作为包装材料，从而创造出美好的服装视觉效果。

用普通衣着来颠覆传统的“新新人类”

融合日本艺术与美国风格的服装设计

有着日本艺术设计风格特征的宽松服装上的抽褶设计

而美国式的流行则与美国的国民精神一样，讲究实用为第一风格。在他们看来，巴黎的高级时装过于贵族化，并不适合美国的女性消费者，所以纽约的设计师能够设计出风格轻松、功能性强、打破年龄藩篱的服装，而且将运动服装提高到流行的层次，也将流行服饰落实到日常生活中。

随着世界局势的不稳定性和经济发展的不平衡性，曾经是流行界独裁者的法国，现在却必须与欧洲其他流行重镇以及美国、日本等地分享主导流行的权利，从而导致地域流行的层次性凸显。

未来派风格的艺术必将成为流行中的佼佼者

三、个人风格的层次性

由于受文化素养、审美情趣、生活方式等主客观因素的影响，不同地区、不同层次的人所接受的流行会有所不同，对于服装和色彩的喜好可以说是千差万别，既有积极追求流行时尚的人，也有长期保持传统习惯的人。在积极追求流行时尚的人们当中，既有对流行非常敏感、站在流行时装前列的人，也有不甘落后、念念不忘实行服装更新换代的人。

不同的人对流行的感受程度是不同的，由此形成了个人风格的层次性。个人风格是指一种穿着上的个性表现，不但表现在你穿什么服装，更重要的表现在你的穿法上以及着装以后举手投足的姿态。具有个人风格的消费者不一定是流行趋势的跟随者，也不一定是创造者或标新立异的人。有风格的着装不一定是昂贵的。个人风格不是用钱可以买到的，最要紧的是知道穿什么使你看上去最美以及怎样穿才能显出人体与服饰交融混合的美。一位真正能感受各种风格的女性，可以依照自己的特点安排各种穿着方式。她懂得如何结合平价服饰与高级服饰，炫目的流行与静谧的传统，前卫新潮与典雅传统，创造出自己独有的个人风格。流行作家马里莱茵·伯森写道："个人风格是一种罕有的天赋，某些人就是有办法利用完全新奇的方式搭配组合各种服饰配件。她们就好像配备了雷达一样，可以观察到某些其他人无法发现的共同的特色。"

第二节 服装流行的传播

服装之所以能在不同的地域和不同的人身上有其特定的流行方式，是因为服装流行的传播所起的作用。传播是服装流行的重要手段和方式，如果没有传播就没有流行，也就不可能呈现出如此多样的着装风格。

一、大众传播媒体

所谓“大众传播媒体”是指一些机构（服装设计研究中心、服装设计师协会、服装研究所等）通过传播媒介，向为数众多、各不相同而又分布广泛的公众传播服装的流行信息，使服装的流行传递给有关企业、个人，并且快速渗入到大众生活中去。这种传播方式可以让更多的、各种层次的人关心和了解服装流行趋势的发展新

国内流行趋势发布会上的模特

在成衣博览会上，必须注重上下服装色彩的搭配、配饰的应用以及不可忽略的展位设计

变化。具体地说，这些技术手段主要表现为以下两种形式。

1. 电视传播业

在现代社会里，人们即使足不出户也可以知道全球每个角落所发生的事情，这应当归功于电视传播业的发展。当然，它也是服装流行的一个重要传播手段。

不管在国家电视台还是地方电视台，都有和服装、流行、时尚有关的专栏节目，它们主要的内容就是介绍时尚、引导流行。通过转播服装赛事，邀请社会名人或服装界专业人士参与节目，进行指导。早在1993年中央电视台开播的《东方时尚》就是主要关注服装流行与资讯传播的一档时尚栏目。它每一期都直播、转播各种服装界赛事，国内外最新流行发布；介绍下一季将流行的服饰、色彩，指导消费；推出一位设计师，介绍他的生活、设计作品等。从这些赛事中人们可以大概了解到今后的服装流行及审美趋势。

电视媒介这种形式使尽可能多的人花较少的时间、资金就可以感受到流行，享受到流行。

2. 出版物

出版物是流行传播中覆盖面最广、最有效的手段之一。自从它诞生以来，流行业的每个层次都在不断努力，创办出了各种在同业间或对消费者发生影响的出版物。

《服饰与美容》封面

这些出版物包括期刊、报纸、书籍、幻灯片、影片和录像带等。

国外出版物是获取流行的最佳途径，它们虽然昂贵却物超所值，尤其当你无法亲自参与国外的时装贸易展示会时更是如此。世界上最早的一本时装杂志是1586年德国法兰克福市一位画家出版的一组手印时装画。一个世纪后，法国才出版了第二本时装书。目前，世界上著名的时装杂志《哈泼芭莎》(*HARPER'S BAZAAR*)、《时尚》(*VOGUE*)等，都有多个国家的版本，内容也不完全相同，但都是以宣传高级时装的最新信息为主，这些精致的消费者流行刊物，也是提供完整信息的一种来源。通过他们可以研究流行市场，解释流行时尚的内幕，了解最新流行的时装以及最有效率的穿着方式，产生流行创意和设计灵感。在国内专门登载服装、纺织品流行信息的刊物也很多，如《服装设计师》《国际服装动态》《国际纺织品流行趋势》，都以大量的图片和文字信息记述了当前的和下一季的流行趋势、流行色的预测等。

《世界时装之苑》封面

二、广告宣传

呢绒西服与格子衬衫、牛仔短裤的搭配给人极其干练的感觉

除了定期出版的刊物，各种海报、招贴、宣传画也是流行传播媒介。各大商场门前或外部都有巨幅的时装海报，而繁华街区的道路两边各种服装广告灯箱比比皆是，再如地铁站、公共汽车站、火车站或机场等地，也是绝佳的信息来源地。不同国籍、年龄与社会阶层的人在此交集，这些服装信息对他们都

产生了或多或少的影响。

博览会中的展示设计有助于服装品牌形象的推广与提升

在广告业发达的今天，对商品广告的整体策划，是宣传产品、树立企业形象的一个重要手段。从传播服装流行信息的角度来看，流行的主题是十分抽象的。而真正的趋势是要通过服装面料、款式、色彩来传达，让纺织厂、印染厂、成衣生产商和批发商根据这些流行趋势来组织生产，也让消费者知道下一季的新时尚，指导他们购买。其中德国依格多时装公司组办的CPD博览会就是世界上最大的服装博览会，其主体为CPD专业女装博览会，同期还举行CPD沙滩内衣展和CPD面料展以及形式多样的专题研讨会，给人们提供了众多真实的信息和指导性的帮助，这些研讨会采用先进的多媒体器材，有国际著名的流行趋势分析专家为听众提供最新的流行趋势，让参观商得以互换信息，共同获益。

其中的主要内容就是展示设计，即博览会中展位的设计、店面的设计，包括商店的橱窗和内部陈设、灯光等设计，这些都影响到购物环境的好坏，而购物环境又直接影响消费者的购买欲望。对商店和橱窗及购物环境的布置来说，越是别致、与众不同，越是能体现服装的品位，就越会对消费者具有吸引力。这方面的最佳代表是CPD博览会。“呼吸这新鲜的空气，走入时尚的未来”，这是CPD的口号。CPD的组织严而有序，形象新鲜而轻松，充满国际化与时尚感，轻松的形象让参展商和参观商拥有了轻松的心情，而舒适的环境更让他们忘记了商务压力。展馆由伦敦著名环境设计机构统一创意，最吸引眼球的是巨大的电视墙和从天花板垂下的巨幅广告画，它们将CPD的环境之美发挥到极致。随着时装流行信息不断地受到人们的重视，任何从商业街区走过的人，即使他对时装漠不关心，即使他一路上不进商店，也会自然而然地留下什么是新时装的印象，并会在不自觉中提高审美能力。

三、时装表演

服装流行作为一种社会文化现象，是通过具体的服装来展示文化的。时装表演

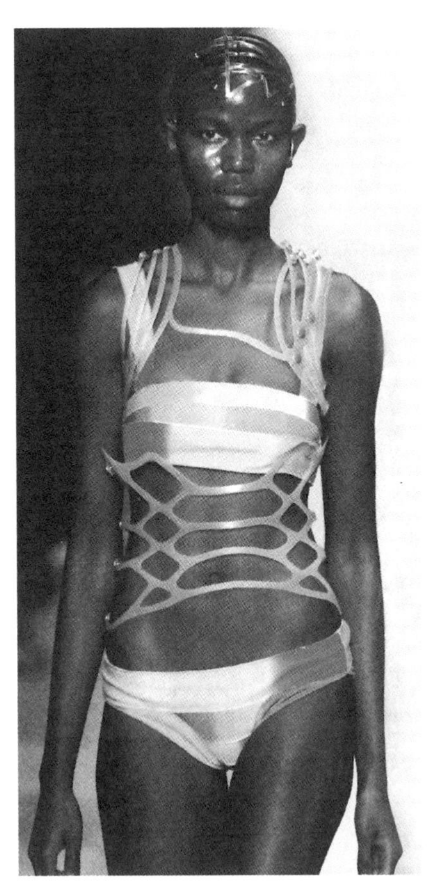

时装表演有助于消费者对流行趋势的直观了解

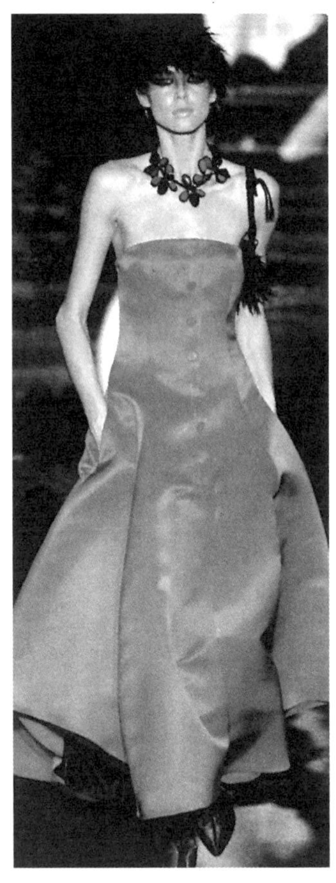

时装表演中，身穿抹胸式礼服裙的模特

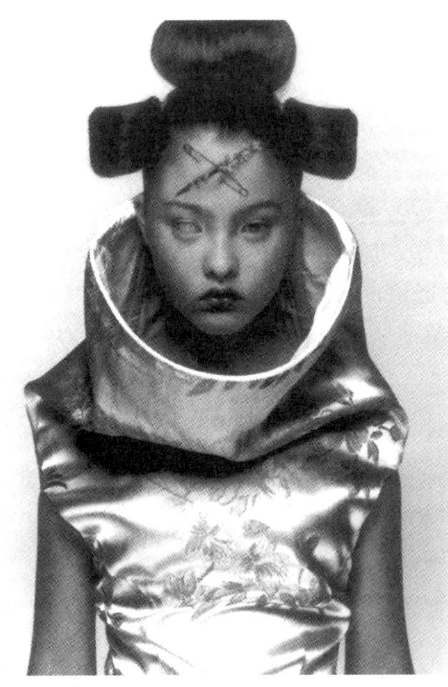

具有后现代主义设计风格的作品

是服装流行传播的手段之一，消费者通过观赏时装表演，能够对将要流行的服装趋势和特征有一种直观的了解，使服装流行的文化内涵与消费者的审美观念产生应有的共鸣。

时装表演是在特定的环境下，通过着装模特的姿态和表演来体现服装整体效果的一种展示形式。它起源于西欧，1852年巴黎高级时装的创始人沃斯在布匹商卡杰的建议下，由妻子玛丽和年轻的女店员穿着他新制作的服装进行展示，获得了良好的经济效益。随着经营品种和范围的不断扩大，沃斯又雇用了一些年轻美貌的法国女郎来做模特，为顾客进行服饰展示，这就是最早的时装表演。1906年以后，西欧的一些著名时装店相继成立了时装表演队。巴黎高级时装店协会创始人之一保罗·佩莱特（Paul Paired）曾率领9名时装模特到欧洲各国首都巡回演出，引起了很大的轰动，尽管当时的时装表演既没有灯光也没有音乐。由于时装业的蓬勃发展，模特才成为“淑女的职业”。伴随着时代艺术思潮和服装审美观念的变革，时装表演从玩偶模型表演及单纯的服装展示发展到综合性的T型舞台表演艺术，并且日趋成熟。目前的时装表演模式是昂·克雷杰（A.Courage）时装店在20世纪70年代首次采用的，以动态打破空间和以瞬间千变万化的色彩图案而延续时间，在舞台、灯光、音乐的配合下给人一种独特的美的享受。

现代时装表演可分为两大类：一类是流行导向型表演（Collection）；另一类是商业性销售表演（Fashion Show）。

1. 流行导向型表演

“流行导向型表演”作为服饰术语，是指每个流行期收集由高级时装店的设计师创作发表的作品发布会。这种发布会通常每年举行两次，每次都在巴黎、米兰、纽约、东京等地的T台上表演，汇集来自世界各地的著名设计师的新作，并通过成衣商、服装评论家、新闻记者等迅速向世界各地报道和传播，以形成新的服装流行趋势，同时又通过每年两次的成衣博览会，进一步推广和扩大服装的这种流行趋势。

具有流行导向性的服装表演

2. 商业性销售表演

商业性的销售表演，原意是流行的展示或发布会，是以推销服装产品为目的而举行的商业性的服装表演。其展示地点多在产品的销售现场或租用的有关场所，主要是将服装的造型特征、穿着对象及服用功能等，明确清晰地展示给消费者，以此来引起消费者的青睐，促进服装的流行与生产。

四、名人效应

具有商业销售性质的服装表演

社会名流由于其显赫的社会地位使得人们对他们的着装打扮分外注意，他们在公众场合的打扮很容易起到广告宣传的作用。从另一个角度讲，正因为他们是社会名流，出席各种社会活动的机会较多，为了尊重自己的崇拜者和追随者，他们需要用入时的服装打扮自己，以求完美的形象，因此他们也就自然地成为服装流行的传播者和倡导者。他们之中具有个性的人物，经常会在流行界展示出非凡的影响力。例如里根夫人钟情于红色系列，穿出了属于自己的风格；杰奎琳·欧纳西斯最令人印象深刻的地方，就是其保守的工作服——宽松的长裤、衬衫和战壕外套；迈克·杰克逊这位天赋异秉的流行歌手，将全世界观众的眼球吸引于他的流行手套、裸踝裤中。此外，英国戴安娜王妃虽然已经去世，但她一直是世界上最受瞩目的女性之一，她的服饰也一直是电视、报刊以及街头巷尾茶余饭后的话题。人们认为她的着装风格独具一格、不同凡响，世界各地都有她的崇拜者。

夸张的帽子带给人们联想

五、影视艺术

电视、电影是一种娱乐载体，同时也是传播服装流行的有力工具，它以动态的方式演绎着各种风格的流行服饰，以强大的视觉冲击力和感染力影响着我们的感受能力，并间接地影响着人们选择商品时的决定，尤其当电影或电视中的艺术形象令人觉得愉快、震撼时更是如此。

十几年前，在国际电影展上大放异彩的电影《花样年华》，剧中人物纷繁多变的旗袍造型令观众目不暇接，充分勾勒出女性的曼妙身姿。影片中，身着旗袍的张曼玉亦柔亦忧，举手投足间东方女子的婉约被展现得淋漓尽致。一时间，中式服装、旗袍和影片中的配饰令时尚女性纷纷效仿，各种改良后的旗袍风靡一时。

向经典致敬——英国超模Agyness Deyn的迈克尔·杰克逊造型

随着电视的普及，电视剧以其亲切自然的艺术形式和强大的阵容征服了群众，特别是近十几年来，日韩偶像剧大量进入我国，剧中人物靓丽的外形和时尚的服装在青年人中引起震动。这些电视剧的人物服装不再像早期的正式风格：男士西装革履，女士礼服套裙，而是着装简洁、自然、休闲，注重颜色、款式的搭配，合乎现代大多数年轻人的审美标准。尤其在很多电视剧结尾都注有服装赞助商的名称，如果这部电视剧收视率很高的话，那么这个品牌的服装也必定会热销。

影视服装之所以具有如此大的号召力，不仅是因为影视艺术是最贴近生活的大众艺术形式之一，而且影视明星在人们心目中有一定的位置，特别是对于那些年轻的追星族来说，明星是他们崇拜的偶像和理想的化身，他们在服装上更是不遗余力地追求和效仿。因此，影视服装的艺术审美价值，在一定程度上也具有服装流行的导向性。

时装电影《穿普拉达的女王》剧照

第三节　服装流行趋势的发布形式

在服装设计、成衣生产发展到一定程度，人们的服装消费趋于饱和的状态下，服装流行趋势的预测更显得尤为重要。服装流行趋势研究的目的在于有序地发展服装生产，引导服装消费，从而使服装运行机制与国际市场保持步调一致。随着社会经济的发展，服装市场的竞争也日益激烈，因而非常有必要从服装的生产、色彩、纤维、面料、辅料、配件、销售等各环节的相互衔接出发，提前一年或更长时间，进行有关服装诸多要素的流行趋势预测，以便在国际服装舞台上争取主动，充分发挥自身的优势，从而立于不败之地。

一、服装流行趋势的发布

流行趋势由街头向上移至上流社会，从富商名流向下传往市井小民，或是水平传播。预测工作者像侦探一样地探测大众的兴趣，为业界提供各种答案，不是本能也不是第六感觉。成功的预测结果必然依赖全面而周详的研究，必须能够消化各种资料，才可编撰出一份完整的报告。

1. 国外流行趋势的发布

在西欧服装工业发达的国家中，对于服装流行的预测和研究早在20世纪50年代就开始了。经历了以服装设计师、服装企业家、服装研究专家为主的预测研究，以本国的专门机构为主向国际组织互通情报，共同预测发展过程。同时，在预测方法上，经历了从以专家的定性为主的预测，到以现代预测学为基础的计算机应用的预测过程，形成了一整套现代化的服装预测理论。

欧洲的不论是纱线还是衣料的行业协调组织，都是以最终产品作为自己研究流行趋势的主线。在纱线、衣料博览会上，也都是以成衣流行趋势作为流行的主要内容进行宣传。

在世界范围内，较有影响的纱线博览会有英国的纱线展；衣料博览会则以德国的杜塞尔多夫的依格多成衣博览会（分女装、男装、童装、运动装博览会）最为著名；成衣博览会主要有法国巴黎的成衣博览会等。上述各协调组织一般拥有众多的成员。如法国的女装协会和男装协会，除了拥有本国的成员外，还有欧洲其他国家及美国、加拿大、日本等国的成员，成员的增多使行业协调组织的权威性也大大提高，预测流行趋势的准确性也不断增加。

（1）法国。法国的纺织业、成衣业之间的关系比较融洽。这与他们近几十年来

秀场图片

成立的各种协调机构有着密切的关系。20世纪50年代，法国纺织业、成衣业互不通气，中间似隔着一堵墙，生产始终不协调，难以衔接，后来相继成立了法国女装协会、法国男装协调委员会及罗纳尔维协会等组织。这些众多的协调组织，在纺织、服装与商界之间搭起了许多桥梁，使下游企业能及时了解上游企业的生产及新产品的开发情况，上游行业则能迅速掌握市场及消费者的需求变化。

法国的服装流行趋势的研究和预测工作，主要由这些协调机构进行。由协调机构组成的下属部门进行社会调查、消费调查、市场信息分析。在此基础上再对服装的流行趋势进行研究、预测、宣传。大概提前24个月，首先由协调组织向纺纱厂提供有关流行色、纱线信息。纤维原料企业向纺纱厂提供新的纺纱原料，然后由协调机构举办纱线博览会，会上主要介绍织物的流行趋势，同时织造厂通过博览会，了解新的纱线特点及将要流行的面料趋势，并进行一些订货活动。纱线博览会一般提前18个月举行，半年之后，即提前12个月举办衣料博览会，让服装企业了解一年半后的流行趋势及流行衣料，同时服装企业向织造企业订货。再过6个月，即提前半年，由协调机构举办成衣博览会。成衣博览会是针对商界和消费者的，它将

维克多＆洛甫从女人的闺房中获取灵感的设计

从建筑中获取设计灵感

告诉商业部门和消费者，半年后将流行什么服装，以便商店、零售商们向成衣企业订货。但近几年来，国际上的纺织服装专业展会竞争非常激烈，每年大大小小的区域性和国际性展会多达几百个，有的展会就缩短了间隔时间，一年举办两次发布会。

（2）美国。美国主要通过商业情报机构如国际色彩权威机构（专门从事纺织品流行色研究的机构），提前24个月发布色彩的流行趋势。这些流行信息，主要针对纺织印染行业。美国的纺织上游企业根据这些流行情报及市场销售信息，提前13个月生产出一年后将要流行的面料，主动提供给下游企业——成衣制造业的设计师。而设计师设计一年后的款式时，第一灵感来自面料商提供的面料。在这些面料中，一方面让服装设计师们进行挑选，同时面料商也根据市场信息做一些适当的调整，还为设计师进行一条龙服务。

除了国际色彩权威机构以外，美国还有本土的流行趋势预测机构即美国棉花公司。美棉主要对服饰及家居流行的趋势做长期预测，它的流行市场服务的全面性在所有公司中算是一绝，这些奠定了其在色彩与织布等方面的权威地位。美棉协会的成员将全部精力投注在三个主要领域上：销售理念，每年定期举行两次正式的服饰研讨会；色彩预测；棉花工业建立永久性的织物图书馆及设计研讨中心。

美国的一些成衣博览会和发布会是针对批发商、零售商和消费者的，它向商界和消费者宣布下一季将会流行何种服装。总之，美国是通过专门的商业情报对纺织品、服装的流行趋势进行研究、预测，帮助上、下游企业自行协调生产。

（3）日本。日本是一个化纤工业特别发达的国家，这使日本以一种独特的方式

从日本“山本耀司”服装流行发布的广告宣传画中便可触摸到流行信息

进行服装流行趋势的研究预测。在日本较有实力的纺织株式会社（如钟纺、商人、东洋纺、旭化成、东丽等公司）都专门设有流行研究所和服装研究所。这些研究所的任务就是研究市场、研究消费者、研究人们生活方式的变化、分析欧洲的流行信息，并根据流行色协会的色彩信息，研究出综合的成衣流行趋势。这些纺织公司得出衣料流行趋势的主题后，便在公司内部及业务关系中的中、小型上游企业进行宣传，并生产出面料，再举行本公司的衣料博览会，或参加日本的衣料博览会，如东京斯道夫（Tokyostoff）、京都的IDR国际衣料展，宣传成衣流行趋势，并向成衣企业推荐各种新面料，接收服装企业的订货。服装企业则根据信息生产各类成衣，再通过日本东京成衣展或大阪国际时装展向市场和消费者提供流行时装。

2. 国内流行趋势的发布

随着我国成衣业的迅猛发展，服装流行趋势的研究更显得重要。我国的服装流行趋势研究已进行二十多年，对推动我国服装业的发展、引导文明而适度的衣着消费，发挥了积极的作用。在基本符合国际运作模式的前提下，我国服装流行趋势的研究已积累了相当的经验，建立了一套既适合我国服装业发展现状，又与国际流行趋势相一致的，具有中国特色的预测方法和理论体系。其主要内容包括以下四个系统。

（1）预测系统。预测系统主要包括定性分析、定量参考、交流探索、定性判断等环节。定性分析是预测的第一步，它主要要求有关专家运用多思维和创造性思维去体会和分析。为了能随时对流行做出最佳的预测，最好能从各种层次的流行入口（少数特定到一般大众）了解，评估他们对流行趋势的接受情况，并按照当时的宏观背景（审美倾向、生活方式、消费观念等）、微观环境（服装相关行业的流行变化、科技新成果、以往服装流行的形态等）做出综合考虑，研究其流行趋势。

流行具有一定的周期性，因此研究其引发和导致流行的前因后果是流行性预测中的重要问题。它包括对过去流行的客观认识、对当今流行的正确判断、对国际流行趋势的综合评价。在此基础上，对市场进行深入分析，调研得出初步意向，再经过纵向、横向服装流通的有关机构进行综合的分析和研讨。

我国流行趋势预测具体的工作流程为：

10月（第一年）：收集当季秋冬市场情报并与上一次秋冬发布会进行比较，同时收集世界各国流行趋势发布的作品。

11月：提出提案，组织专家委员会论证、分析及主题研讨，确定流行主题。

12月：流行主题的视觉化，如概念形象、色彩设计、款式设计、纺样设计、面料组织等。

1月（第二年）：样品开发、样衣制作。

2月：继续样品开发、样衣制作。设计师考察PV及各种衣料博览会，获得第二年春夏色彩、面料信息及其他信息，并逐步将有关信息传递给面料特约生产企业，引导企业进行产品开发生产。

3月：举办秋冬流行趋势发布会、专业委员会会议、第二年春夏（色彩、面料）流行信息传达会。

①核心小组报告国际流行信息。

②国际流行面料小样及国内企业自行开发的新产品。

③由服装和面料类研究员共同分析，进一步确定符合中国服装流行趋势的面料，并落实开发方案。

④提出第二年春夏流行趋势草案并进行讨论。

4月：收集当季春夏流行市场情报，并与上一季春夏发布的信息进行比较，同时收集世界各国流行趋势发布的作品。

5月：提出提案，组织专业委员会论证、分析及主题研讨，最终确定流行主题。

6月：提出主题的视觉化——概念形象、色彩设计、款式设计、纺样设计、面料组织设计等。

7月：样品开发、样衣制作。

8月：继续样品开发、样衣制作。设计师考察衣料博览会，获得第二年秋冬色彩、面料信息及其他信息，并逐步将有关信息传递给面料特约生产企业，引导企业进行开发生产。

9月：举办春夏流行趋势发布会、专题委员会会员大会、第二年春夏（色彩、面料）流行信息传达会。

①核心小组报告国际流行信息。

服装发布会中模特的造型风格，对消费者个人风格的形成有一定的影响

各个国家和地区的时装发布会，都会通过电视或网络传播媒介，在第一时间把信息传播给大众

网眼织物设计的视觉直观化

服装面料上的流线形线条设计增加了服装的视觉性

②国际流行面料小样及国内企业自行开发的新产品。

③由服装和面料类研究员共同分析，进一步确定符合中国服装流行趋势的面料并落实开发方案。

④ 提出第二年秋冬流行趋势草案并进行讨论。

10月：收集当季秋冬市场情报并与上一季秋冬市场情报进行比较，同时收集世界各地流行趋势发布的作品。

国内的流行预测小组通过以上流程吸取合理因素和相对一致因素，从设计素材和具体的造型风格出发，确立其设计主题，根据主题和各要素确定服装产品的造型设计、结构设计、工艺流程设计等。

在流行趋势发布中，粗线编织的毛衣系列一直是春秋流行服装中的中坚分子之一

（2）传播系统。服装流行传播系统包括宣传媒体传播系统和推广应用传播系统两种类型。宣传媒体传播系统一般包括以下几个方面。

时装发布会，包括在法国巴黎每年两度的高级时装发布会和其他国家各自的、带有流行导向性的发布会；

服装博览会、交易会、产品洽谈及展示会；

电视服装专栏节目、录像、新闻媒体及有关国际互联网络媒体；

服装流行画报，服装杂志、报纸及有关资料；

服装流行趋势指导和有关研讨会；

信息网络各地辐射传播。

如果说宣传媒体是服装流行的间接方式的话，那么应用传播则是服装流行的直接手段。推广应用传播一般包括如下几种形式。

服装博览会、交易会、展销会及订货会；

流行服装设计比赛和流行服装设计交流；

各地服装辐射的推广应用；

服装面料、辅料的联合开发；

新产品销售方式及其指导。

（3）协调滚动系统。为确保服装流行趋势的发布与推广，协调滚动系统推出了一个中心、两个衔接、三段发布、四个工作环节，其具体含义如下。

某流行服装设计比赛中的服装设计效果图

一个中心：以推行新的流行服装风格为中心，避免服装的上、中、下三个工业部门脱节，服装要素应围绕新的服装流行和着装风貌的实施来进行。

两个衔接：主要是指成衣流行趋势的两个时装季节（春夏和秋冬），与人们实际着装季节的衔接；两个成衣时装季节和服装工业的服装发布会、订货会的衔接。

三段发布：采取发布和展销相组合的形式，即色彩、纱线、衣料及服装分为三个阶段进行发布和展销，始终以流行为中心协调衔接。

四个工作环节："流行预测—设计发布—流行宣传—流行推广"四个环节之间的相互协调和衔接循环往复，不断前进。

服装是综合性行业，其中新产品的完成需要纵向的上、中、下游工业部门和横向的一系列相关行业的相互配合。在形成新的流行趋势的同时，纵向涉及色彩、纱线、织物、服装，横向涉及辅料、饰物、发型、化妆等，因此只有围绕流行趋势而实行纵向和横向的全方位的协调滚动，才能共同创造出新的着装风貌。

（4）支持系统。支持系统是服装流行预测的有力保障，它除了一般支持系统的知识库、数据库之外，还包括中外服装史料、录像、影视资料、照片、设计效果图及世界各民族服饰、历届博览会、订货会、洽谈会的展示资料等，只有具备了丰富、完备的支持系统，服装流行预测研究才会更完善，预测才会更具规范性和科学性。

二、服装流行趋势的发布条件

服装流行趋势的发布是服装流行研究的核心和最终目标，是满足社会需要、繁荣经济的重要手段。作为一种商业行为的前期预报，它直接服务于服装的生产、流行、流通和消费。由于地域环境、经济水平、文化背景、生产及科技能力等方面的差异，服装流行信息的发布往往只代表一种主导倾向，而不是一成不变的，更不具有严格的约束性。为了追求商业利益和经济效益的一致性，各个国家和地区在流行发布中，尽管存在着很多不同，但在研究方法和发布手段上基本一致。这种共同目标表现在以下两个方面。

①对服装流行性的研究与发布是对社会、经济、消费心理、价值观念等因素调查研究的评价。

②服装流行信息的研究与发布旨在指导企业、设计师和消费者维护共同利益，使需求与供给得到最佳的结合。

以下对流行趋势发布的步骤逐一进行分析。

1. 综合调查分析

综合调查分析是对构成服装流行各要素的系统性了解和科学性分析，其所包含的要素很多，概括起来，主要有以下五种。

（1）自然条件的分析。地理位置、地形特征：区域、环境、地貌结构、高山、平原、盆地等。

气候条件：季节特点、常年温湿度、气流速度、大气压力、粉尘密度等。

概念性服装设计有助于对流行趋势的把握

服装秀场上的发型

服装秀场上的配饰

交通状况：道路、河流、铁路、航空。

（2）社会状况调查。人员结构：人口构成、阶层构造、服装消费类型等。

消费条件：市场环境、文化环境、市场容量、消费行为意向、价值观念等。

科技发展状况：服装行业的生产技术及工业发展的历史、现状和未来；相关行业的现状及发展的可能性、新技术的特点和工艺倾向等。

（3）经济状况的调查。市场情况：产品价格的历史水平、适宜价格水平、附加值的确定、消费承受程度、竞争的可能性等。

销售方法：销售分布范围、销售结算方式、销售服务态度、货场橱窗布置、产品使用效果、产品配套条件等。

经济倾向：国民收入情况、消费水平的变化、市场商品的供求状况。

（4）文化方面的调查。审美倾向：艺术、道德、法律、宗教、心理需求、受教育程度等。

生活方式：民族传统、风俗、服饰习惯、交通方式、居住形式、饮食等。

（5）不同地域的流行因素的调查。国内流行因素：历史流行的分析、上层流行的追踪；销售情况、服装消费与收入的比例、外来文化的影响情况等。

国外流行因素：不同国情的文化传统习惯、贸易法规、条例制度、自然环境、社会条件等。

2. 流行趋势的发布分析

流行趋势的发布，不是由个别消费者主观愿望所决定的，它是根据综合调查的材料，采用科学的方法经过系统的分析研究而发布的服装流行信息，对指导服装生产的超前性和流通的合理性都具有深远的战略意义。它要求预测具有相当的精确度，所以流行预测者必须具有以下几点。

（1）非凡的洞察力。非凡的洞察力指能贯穿表面直达问题核心的理解能力。“洞察力”不同于直觉，它能清楚地划分各种模糊的界限，进而带来一些跨越年龄、时代、季节、尺寸、价格、阶层或性别藩篱的商品。

（2）良好的诠释力。良好的诠释力即能通过一些渠道和方法解决发生的问题，并且具有对看似模糊的关系及效果加以解释的能力。预测工作者要从各种信息来源推测未来趋势，并指明其中的共同要素。

（3）客观的态度。预测工作者必须具备感知各种人、事、物的能力，并能不受个人预测结果的影响。由于流行对所有人而言都关系着自己的个人特色与魅力，因此评判的能力必须超越自我与个人的观察。客观的态度是预测工作者的必备条件。

印度服饰

审美取向的不同，对选择流行服装的侧重点也有所不同，因此需做大量的市场调研工作

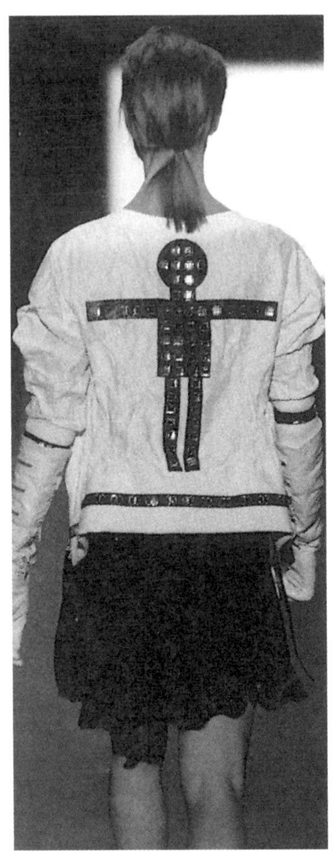

色彩、造型、面料、图案等当前流行信息的分析与整理，为预测工作者做好下次预测工作提供了帮助

3. 系统反馈分析

在流行趋势预测中，如果不能确定流行发布会的效果如何，则需要通过进一步的调查和比较，并假定一种流行趋势发布的效果，把可能出现的各种利弊因素进行反复比较，充分发挥系统反馈的作用，使流行趋势发布在复杂的环境中做出最优的选择。在流行趋势预测发布之后，还要及时收集发布后的各种社会反映，以便通过信息反馈迅速做出调查，为进一步的流行趋势预测研究积累重要的经验和论证的依据。

三、服装流行趋势发布的作用

人有所谓的“先知先觉”“后知后觉”“不知不觉”。然而在服装界，先知先觉是许多人的责任，如最重要的角色——流行预测专家。虽然我们说流行是由消费者产生的，可是流行预测专家是带动服装未来趋势走向成熟的最重要的催化剂。他们除了具备将知识、经验和前瞻性融入商品之中的能力之外，他们本身就是消费者大潮中的一员。

流行色中的经典——黑色

1. 服装流行趋势发布对服装业的影响

服装业如果缺乏正确而可靠的预测信息将功亏一篑。有了它，整个服饰世界才能发挥出旺盛的生命力和创造力。

在服饰零售业和制造业中，如何以敏锐的判断力确保更高的投资报酬率？良好的效益将促使更大的投入，但是如何才能取得更好的效益？怎样才能超越去年、上一季甚至是昨天的成绩？除了赢得数字上的成功之外，我们还得满足消费者最感兴趣和最需要的要求。这不应该是表面的东西，有时候打折的标签和强有力的促销手段非但无法引起顾客的购买欲，反而会让人更不想买新衣服。所以，在关键时刻，流行预测专家发布的流行趋势信息显得非常重要。

今天的消费者比起以往任何时代都具有更高的教育程度，也更能深谋远虑。经济的萧条，让他们处处精打细算，让他们要求物美价廉。在决定消费前他们会先考虑：我需要它吗？我为什么想买它？没有它我能过得很快乐吗？消息灵通的流行预测专家一定能了解这些想法，从而制订出完全反映他们生活需求的流行趋势报告，使得服装业各个环节的工作有的放矢。

2. 服装流行趋势发布对消费者的作用

新一代的消费者好比流行拾荒者，怀揣着一颗自由自在的心到处满足自己的需求。无论是属于哪一个经济阶层，在购买东西时都一样的随心所欲。他们不会对任何一家商店或任何一位设计师始终忠诚，完全依照自己选择的时间、地点和方式来进行消费。但是有时候他们需要有向导来指导如何把握各种流行契机。

为了精准地掌握消费者的心理，反映消费者因生活所需和压力所产生对服装的要求，服装流行趋势发布时要求预测专家必须具备不断前进的觉察力和感受力。近年来，服饰不断地进行革新，但是敏锐的流行预测专家、设计师、销售人员不应该仅仅专注于此，更重要的是密切地观察新时代的脉搏，从中激发出新的设计灵感。

第四节　流行色发布的形式

一、流行色

流行色是在一定时期和地区内，产品受到消费者普遍欢迎的几种或几组色彩和色调。它是以若干组群的形式出现的，因此又被称为“时尚的色彩”。在法语中常用

弥漫着纯真古典气息的红色礼服

黑色被认可为流行色中的“保险色”

出席晚宴或重大社交场合，黑色礼服仍是名媛首选

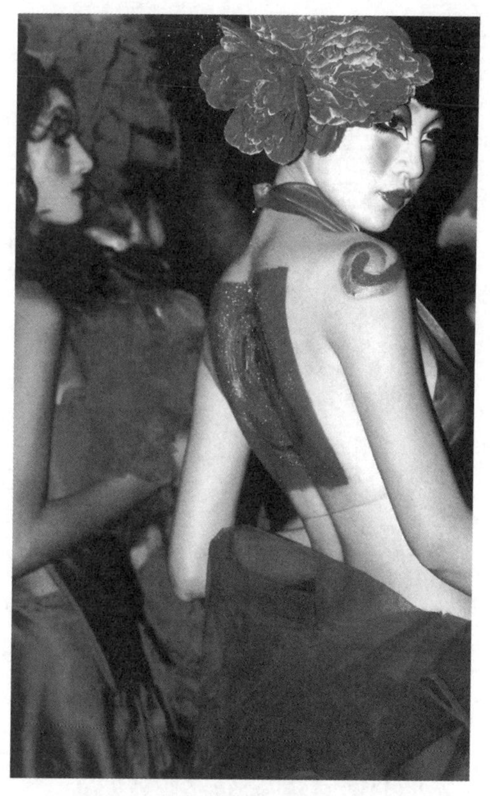

传统喜庆的“中国红”在时尚舞台上占有一席之地

“Tendance”一词来表达所谓流行趋势的意思。在色彩中“Tendance”就是流行色，它与英语中的“Fashion Colour”（时髦色、合乎时尚色彩）是同义词。今天我们所用的“流行色”一词，其实是近代日本面料设计师的术语，后传入我国，被人们所接受而沿用。

流行色是一个过程性很强的色彩，它是与常用色相对而言的。一个国家或地区，都有自己相对稳定的传统色彩，当传统色彩发生转变时，就可能上升为流行色。从产品营销角度来看待“流行色”，是指表现在市场上的一种新形态的色彩流行现象，并且造成相当规模的传播，这就是“流行色”现象。在这个变化趋势中的颜色群，就是“流行色群”。

二、流行色的形成

流行色的产生与变化，不由个人所决定，它的产生受到社会经济、地域条件、消费心理、色彩规律等多种因素的影响与制约。

变化丰富的色彩在服装上的表现

1. 流行色产生的原因

随着经济的发展和人们社会交往的扩大化，作为人的身份象征的服装与色彩，已经纳入到了人们审美评价的范畴，于是对当前服饰及其用品色彩的趋同现象便逐渐形成，加上媒介与商业广告的推波助澜，更加强了人们对某种色彩美的确认。于是当前最时尚（意味着最美的）的色彩标准就形成了。再加上人们年龄的递增、情绪波动、生活状态变化、职业和生活类型的形成，导致了人们按照某种理想的模式对每天生活中不可或缺的衣食住行的用具色彩进行选择。这种人类生理趋同的认知现象，就成为流行色产生的主要原因。

2. 流行色产生的基础

（1）自然基础。一年四季，昼夜晨昏，由于季节、气候、温度、日照等构成的自然环境因素不停变化；同时，人处在不同的社会环境中，扮演着不同的社会角色而不停地变换着自身的服饰，以适应变化的环境。这两大环境与背景都导致了色彩必然要发生变化，而这种变化并不能由某些个人意志所改变，它是由自然和社会两个方面的运动规律所决定的。

（2）社会环境基础。随着人类社会现代化进程的不断加快，科学技术飞速发展，物质更加丰富，促进商品经济进一步繁荣；人类的审美水平日益提高，消费者对产品的审美价值越来越重视，要求产品更新换代的周期也越来越短。而流行色作为现代生活的节奏和审美形式，就必然会从服装、纺织等产品的附加值中灵敏地反映出来，因而经济、文化发达的国家和地区比落后、贫困的国家和地区更能体现流行色的存在与变化。

（3）生理和心理需求的基础。当人们在较长的一段时间内，只接受某一种色调或者某一领域色彩群的刺激时，会因为相同的刺激造成视觉感知系统麻木而使人生厌，因而使人渴望新的刺激，这种刺激来自视觉感观方面的需求。

流行色的产生主要是因为人的心理需求。人的从众、求新等心理是流行色形成的基础，追求时髦是流行色现象产生的导火线。人们的这种最初的或者潜在的萌动，经过商业促销手段的运作、渲染和催化，使人产生了强烈的甚至是不可抗拒的占有欲和购买欲。

（4）工业基础。一旦某种新产品、新材料、新技术、新工艺，以及化工工业的新色素的诞生，凡是能够引起视觉反应的因素都会成为流行色新趋势开端的契机。

3. 流行色形成的条件

（1）时间条件。时间性是呈现流行色的基础，是流行的重要概念，它表明了所谓的“流行色”不是恒久的色彩，它具有一种动态的、暂时的、流变的属性。它只属于某一个历史阶段。但是，流行色在属于它的历史阶段中却占据着极其重要的地位，离开了特定的阶段，它所具有的特殊价值就逐渐消失。根据国内外流行色演变的实际情况分析，流行色的变化周期包括四个阶段：始发期、上升期、高潮期、消退期。整个周期过程大致经历5~7年，其中高潮期内的黄金销售期为1~2年。周期变化的时间长短，则由市场及其环境的改变而改变。不仅如此，同一时期流行的若干色彩、各自的周期也不尽相同。

（2）地域条件。地域的概念表明，“流行色”不是全方位遍布的概念，它是一种适应特定地区当前社会人群状况的色彩。因为在流行色传播的地区，流行色必须与该地区民众当前的审美期望

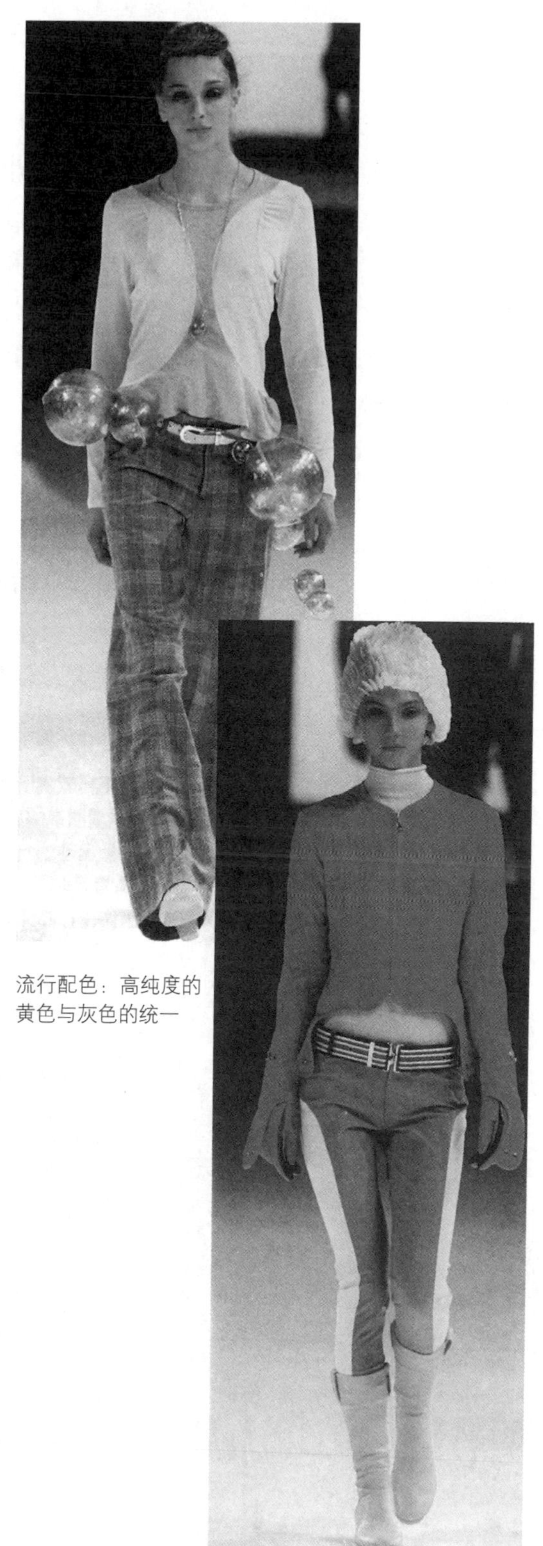

流行配色：高纯度的黄色与灰色的统一

流行配色：湖蓝色、黄色与灰色之间的协调

相联系，同时还要与这个地区民族文化发生关系。而每个民族、国家由于经济发展水平的不同，习俗、文化、历史发展的差异性决定了流行色不可能是统一的。通常是发达国家的周期变化快，发展中国家周期变化慢，某些贫穷落后的国家和地区甚至没有明显的变化。即使是同一个色相、同一个时期，在不同的国家或者在不同地区的市场反应也不可能完全一致，因此必然会有适度的变化。除了文化环境差异之外，还有色彩存在地区的背景色和日照强度的差异等都将导致色彩发生变化。

（3）载体条件。流行色是一种时尚观念的驱动，要使这种观念得到落实就必须找到合适的载体，也就是产品。人们在日常生活中，衣食住行的用具是最具体的载体，其中衣着是变化最大、最快的载体，而且类型多样，组合方式灵活，最适合施加色彩。因此，流行色最早出现在服装领域。流行色不是孤立存在的，它还必须与产品的款式、局部和整体的合理搭配、材料肌理感等，有机地结合在一起才能够发挥出它的力量。流行色既然具有传播属性，那么，一组流行色必然会从一个领域向另外一个领域蔓延。例如，服装领域的色彩会向室内纺织品领域的色彩蔓延。室内纺织品领域的色彩也会影响室内色彩的变化，于是又会向家电领域渗透。在蔓延的过程中，流行色的倾向性会发生某些程度的变化。

（4）宣传条件。宣传的概念表明，流行色并非是纯粹自然状态下的产物，而是人为运作而成的。尽管有自然的基础，但在现实社会中，消费者总是由不同年龄段的男女老少、工农商学兵各种行业人员所组成。每一个年龄段、每一种性格

2007年春夏中国纺织面料流行色趋势发布主题一：婉约。优雅是整组色彩的基调，清澈的水绿和松石蓝，曼妙的猩红与紫罗兰色，在柔和的对比中营造出整体轻盈、柔美的感觉

2007年春夏中国纺织面料流行色趋势发布主题二：自然。宁静、舒缓的一组淡雅色调，给予身心彻底的放松；粉红、粉绿与灰调的冰蓝色搭配，对比微妙，色彩节奏缓慢

类型、每一个审美类型的人群都有自己喜好的流行色，所以它的传播通过传媒的渲染、形象的烘托、观念的冲击、新旧的对比，通过对民众的多样化、全方位的耳濡目染的影响，彻底“摧毁”人们保守的心理防线，使之积极加入时尚族群的行列。

2007年春夏中国纺织面料流行色趋势发布主题三：能量。富有层次感的蓝色调成为该主题的主流，橙黄、荧光绿与胭脂红的对比增强精彩的跃动感，银色使整组色彩趋于平衡

三、流行色的发布形式

服装是人们日常生活中消费量最大的用品，由于季节转换和服装款式的变化，人们会不断地更新衣着，因而对流行色也特别敏感。不管在国内还是国际市场，服装是否具有流行色，其价格相差很大，具有流行色彩的服装虽然价格很高但却热卖，反之则乏人问津。因此，流行色的研究、预测工作对生产、消费起着十分重要的指导作用。

1. 流行色的预测

如何准确预测流行色，以取得良好的效益，对经营者来说是个至关重要的问题。流行色的预测是由工商业人员和色彩专家、色彩研究机构等多方面共同进行的。

（1）预测准备工作。预测前必须深入研究色彩学的色彩要素及秩序特征，并充分认识色彩变化对人的生理、心理作用。同时，对各个国家、地区的风俗习惯以及消费者的色彩喜恶状况做广泛、深入、细致的调查研究。总结国家历年色彩的流行情况及发展趋势，掌握近期内详尽、确切的市场动态及销售统计数字。

（2）预测注意要点。预测选定的色彩，要使生产、经营者和消费者双方的要求都能得到适当满足，既要考虑流行色系的延续性，也要有推陈出新的感觉，为使不同国家多层次的消费者有选择余地，测定的流行色要有相对宽广的辐射面和覆盖面。

2. 流行色的发布

20世纪60年代，世界各国为了进一步加强合作，扩大观察调研的视野，由法国、日本、瑞士等国发起成立了国际流行色协会，在促进流行色信息交流、扩展、发布范围等方面，起到了很大的作用。以意大利、美国等为中心的地域性流行色组织，

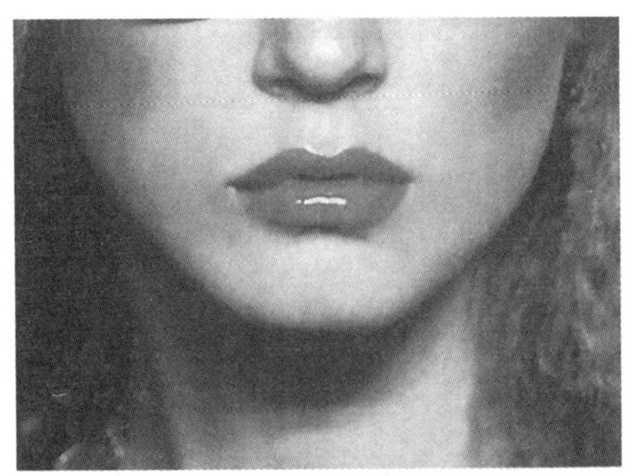

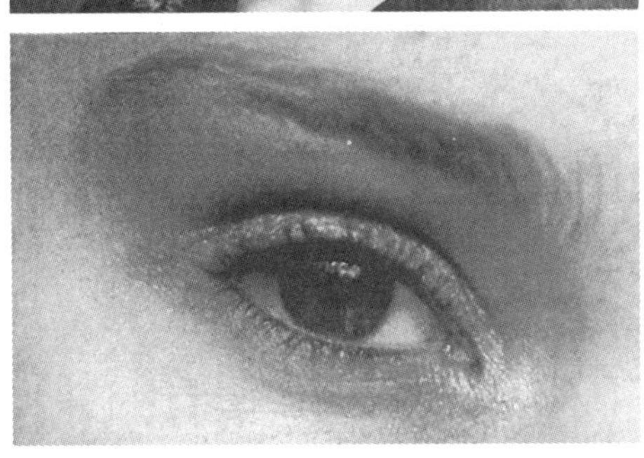
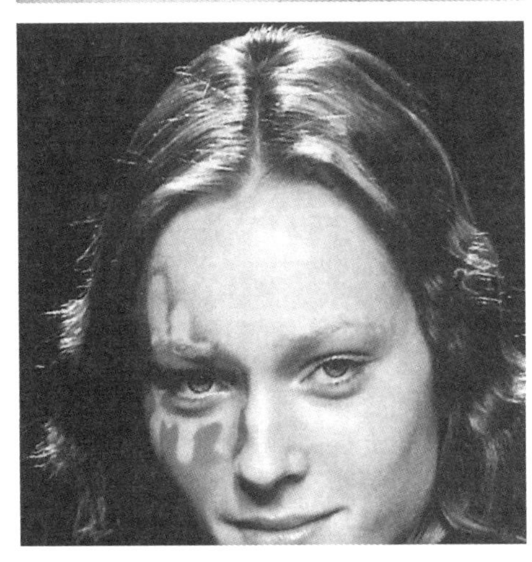

面部妆容的色彩也能反映出色彩的流行趋势

都各自发布相应的流行色卡，对色彩流行的主潮流进行补充和延伸。

现代流行色的产生与发布主要根据市场色彩的动向与流行色专家的灵感预测，以大量科学的调查研究工作为基础。以国际流行色协会为例，国际流行色协会每年分春夏和秋冬，召集两次国际流行色协会成员国的专家来选定未来18个月的流行色概念组。这里主要做两件事情：一是归纳与综合各成员国对未来时期流行色预测提案的精神，提出本届国际流行色主导趋势的理论依据；二是选定未来时期流行色主导概念的色谱。

到会时，首先由各国代表将本国预测的18个月后的流行色卡与说明分发给与会代表。会议开始后，根据会议主席所定程序，由各国代表逐一向大家介绍本国提案的详细情况，并展示色卡，加以形象化，而后由与会代表推选出大家比较认同的提案为蓝本，各国代表可以加以补充、完善，形成比较完整的色彩体系。然后由代表们表决，只要有半数通过，便能入选。最后分组讨论，对色彩进行分组，决定流行方案，以法国和德国的代表为专家组的核心人物，经过反复磋商，流行色方案便诞生了。为保证流行色发布的准确性，大会当场把各种有色纤维按色卡的标准分发给各国代表，供他们回国后复制使用。由于国际流行色协会不再另外发行流行色卡，与会各国就此获得了第一手资料，并采取相应的保护措施：半年内不得将该色卡在公开的书报、杂志上发表。半年后，各国以此为基础，再征求设计师、销售人员和面料生产商的意见，提前一年半发布

"能给消费者新鲜感的流行色"。

国内流行色的研究机构和组织，在发表流行色卡时，依照国际流行色协会的工作程序和方法，大致情况基本相同，只是新的流行色卡产生后，马上大量复制，色卡均用染色纤维制成传递到有关用户手中，并且通过电台、电视、报纸杂志等传媒进行宣传。

3. 流行色研究和发布机构

（1）国际流行色协会。国际流行色协会是国际上具有权威性的研究纺织品及服装流行色的专门机构，全称为"国际时装与纺织品流行色委员会"（International Commission for Color in Fashion and Textlies），简称"Inter Color"。该协会于1963年由法国、瑞士、日本发起而成立，总部设在法国巴黎。协会成员有日本、中国和韩国三个亚洲国家。另外，还有一些以观察员身份参加的组织。该协会每年2月和7月各举行一次发布会，各成员国可由2名专家参加预测并发布18个月后的流行色。

解构设计方式下互补色的运用

（2）《国际色彩权威》。《国际色彩权威》全名为"International Color Autliorty"，简称"I.C.A"。该协会由美国的《美国纺织》（*AT*）、英国的《英国纺织》（*BT*）、荷兰的《国家纺织》（*IT*）三家出版社机构联合研究出版。每年发布21个月以后的色彩，春夏及秋冬各一次。其发布的色卡配有与之相协调的重点色调，便于实际应用。

（3）国际纤维协会。国际纤维协会全称"International Fiber Association"，简称"I.F.A"。由美国ICI公司、杜邦公司等组织构成。

（4）国际羊毛局。国际羊毛局全称"International Wool Secretariate"，简称"I.W.S"。男装部设在英国伦敦，女装部设在法国巴黎，并与国际流行色协会联合推测色卡，比较适用

拉格菲尔德采用统一流行的紫红色设计的服装

季节的变化会影响人们对色彩的喜好

甜美，略带俏皮味道的糖果粉色，运用在连衣裙和休闲装当中

透明感、清凉感的薄荷绿带动了近年来春夏的清新主题

于纺织品及服装。

（5）国际棉业协会。国际棉业协会全称“International Institute for Cotton”，简称“I.I.C”，专门研究与发布适用于棉织物的流行色。

（6）德国法兰克福英特斯道夫国际衣料博览会。德国法兰克福英特斯道夫国际衣料博览会每年举行两次，与国际流行色协会所预测的色彩趋向基本一致。

（7）中国流行色协会。中国流行色协会1989年成立，总部设在北京。协会每年召开两次年会，预测及发布春夏及秋冬两季的流行色卡；公开发行的刊物有《流行色》。

国际流行色协会成员国一览表。

国际流行色协会成员国一览表

成员国	成员国流行色的组织名称	成员国	成员国流行色的组织名称
法国	法兰西流行色委员会、法兰西时装工业协调委员会	芬兰	芬兰纺织整理工程协会
瑞士	瑞士纺织时装协会	保加利亚	保加利亚时装及商品情报中心
日本	日本流行色协会	波兰	波兰时装流行色中心
德国	德意志时装研究所	匈牙利	匈牙利时装研究所
英国	不列颠纺织品流行色集团	罗马尼亚	罗马尼亚轻工业品美术中心
奥地利	奥地利时装中心	捷克斯洛伐克	U.B.O.K
比利时	比利时时装中心	中国	中国流行色协会
西班牙	西班牙时装研究所	意大利	意大利时装中心
荷兰	荷兰时装研究所	韩国	韩国流行色中心

注 因为法国是东道主，且主持委员会组织工作，所以参加了两个组织。

四、流行色应用的形式与分析

在设计过程中，色彩是首先要考虑的因素。色彩常常是使一个设计作品被关注的首要因素，它影响着人们怎样看待你的服装。色彩通常是设计过程的开始。每一季的流行趋势色彩，各大品牌几乎都出现惊人的一致性。下面我们以一组春夏季优雅浪漫的女装色彩情调来分析流行色应用的特点。

珊瑚橙：珊瑚色是一种经典的色彩，常常扮演季节间转换过渡的角色。珊瑚色与橙色混合出或淡或深的暖色调，焕发出令人兴奋的动人色彩，完美体现出夏季浪漫而欢愉的度假气氛。

阳光黄：阳光般的黄色调体现出乐观、灿烂的色彩情调，从清新的迎春花的黄色到柔和的奶酪色，还有略带酸味的柠檬黄色。在光滑的缎子和柔软的丝绸上，阳光黄色被释放得清新透亮，即使是纯度稍低的淡黄色也透出莹润剔透的质感。

糖果粉：绝对女性化的色调，就好比看到加了一层甜霜般的泡泡糖一样让人爱不释手。年轻、甜美，略带俏皮味道的糖果粉色，运用在连衣裙和休闲装中，与酸橙色、柠檬黄或紫罗兰搭配创意出新的霓虹色的视觉效果。

薄荷绿：透明、清凉感的薄荷绿色带动了近年来春夏的清新主题。包括冷暖变化微妙的水绿色和植物绿色，还有偏黄色调的酸绿色，组成了优美写意的清凉之夏。

水族蓝：延续了克莱因蓝的热潮，与整个季节流行的细腻、微妙风格交相呼应。水族蓝色呈现出更加丰富的色调，如同被过滤、冲淡或冷冻的各色的蓝色系，清脆、

深色调的墨蓝是新的流行重点

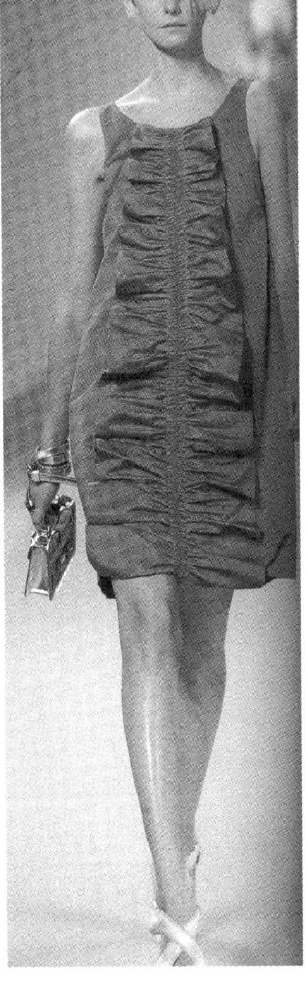

与整个季节流行的细腻、微妙风格交相呼应，水族蓝色呈现出更加丰富的特色

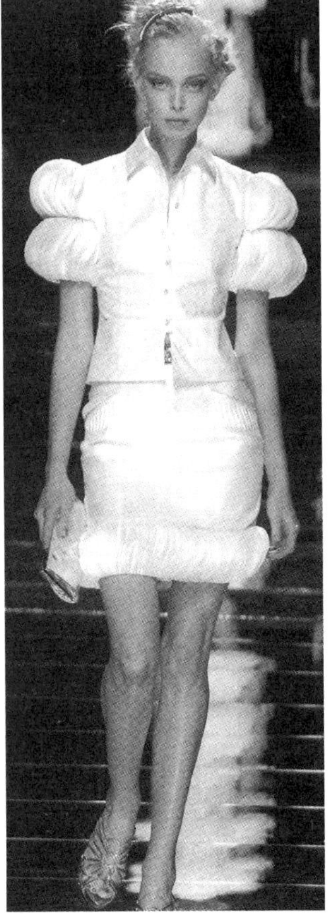

自由灰：像被笼罩在一层阴影下的无彩色系列，或冷或暖的灰以及单纯的灰色，在表面闪烁效果的面料肌理衬托下，呈现出自由自在的高雅气质

肉肤色：雅致的蛋壳色、肉色、米黄色和浅粉红色，这些与皮肤接近的颜色穿在身上轻薄且透明，轻松优雅中透着隐约的性感，肤色系从2006年春夏开始流行，一直延续至今

透明、由浅至深，与光泽感材料结合更显蓝色的神秘魅力。深色调的墨蓝是新的流行重点，甚至有取代黑色系的趋势。

肌理白：白色永远是夏季的宠儿，肌理白由内自外散发出冷静又悠然的知性气质，并借助于光泽、坚实、透明等多变的质地来打破以往给人单纯而乏味的印象。

自由灰：像被笼罩在一层阴影下的无彩色系列，或冷或暖以及单纯的灰色，在表面闪烁效果的面料肌理衬托下，呈现出自由自在的高雅气质。

肉肤色：雅致的蛋壳色、肉色、米黄色和浅粉红色，这些与皮肤接近的颜色穿在身上轻薄且透明，轻松优雅中透露出隐约的性感。肤色系从2006年春夏开始流行，一直延续至今。

在对下一季度进行流行预测时，通常要确定系列主题。确定主题的目的是启发和引导设计师为不同规格档次的市场进行设计。通常情况下，主题都要命名，名字既要能煽情和制造氛围，还要能反映主题的内容。一个主题可能对一个或者更多档次的市场产生吸引力，这就要求设计者准确解读主题，设计出适合某一特定档次市场的服装。流行预测公司通常会给设计师提供有助于他们拓展主题的咨询和建议。

流行预测的主题名称本质上不能脱离其字面的含义，但重要的是视觉形象符号要明显，让不同的人看了以后都会有基本一致的理解。现如今，主题名称的字面意义小了很多，更保险的做法是把不同的想法融合在一起产生令人耳目一新的意义。生活方式越来越重要，主题名称也要相应地放在一个有感染力、有助于产生恰当氛围的背景中来考虑。

实践题

通过资料收集，来说明服装流行传播层次和传播方式之间的关系？

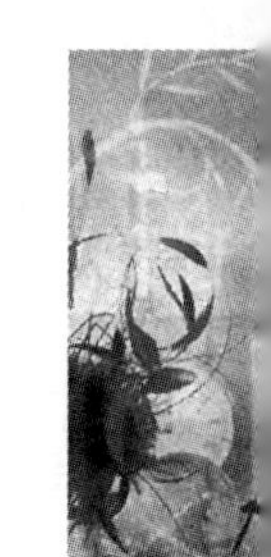

专业理论及专业知识

第五章 服装流行与市场

- 第一节 流行与市场的关系
- 第二节 流行趋势与服装品牌
- 第三节 品牌策划与市场流行
- 第四节 流行服装与消费心理
- 实践题

教学目的： 通过本章的学习，使学生理解流行与市场、流行与服装品牌之间的关系，以及了解在品牌策划过程中如何关注和分析市场流行趋势。针对服装的流行，熟悉消费者的认知和产生情感的过程，了解消费者的购买动机和购买决策过程，并把握影响消费者购买流行服装的心理因素以及消费者的性格差异、兴趣差异对消费行为的影响，为服装流行的个性化营销提供依据。

教学方式： 课堂讲授、案例讨论

课时安排： 8课时

教学要求： 1.课前要求学生观察服装流行趋势，思考流行对市场带来哪些影响。

2.讲解过程中，要求学生能理解流行，并运用所学知识解释生活中的服装流行现象。

3.课后针对生活中服装的购买过程，掌握消费者性格差异、消费兴趣不同等对消费行为的影响。

第一节　流行与市场的关系

由于国际时尚风格的影响，我们的服饰观由犹豫、兴奋、狂热、盲目，向冷静、选择、思考不断地转移。注重衣冠礼仪的国人，从起初害怕露富发展到了开始讲究衣装，营造时尚的形象。进入20世纪90年代，现代文化激流给人们带来了思维方式、生活方式、审美方式的重新审视，使人们在服饰上摆脱种种羁绊，具有独创勇气的个性化服饰日渐成为时尚。市场形式的多样化更满足了不同层次、不同需求、不同特点的消费群的需要。

一、流行对市场的作用

“流”于你我之间，“行”于市场之上，此为流行。可见，流行与市场有着密不

时尚的装扮

可分的关系。流行产生的原因和形式多种多样，以下用一个较典型的例子来说明流行对市场的作用。

随着某部电视剧的热播，剧中男女主人公的爱情故事已成了人们茶余饭后的主要话题。他们所穿的服装更成了爱美一族追求的目标。一些颇有眼力的服装企业抓住这一时机，推出男女主人公所穿的服装。一时风靡全国，成为男女青年的最爱。

通过这个案例，我们可以看出以影视明星为偶像，通过电影、电视为传播工具的流行信息具有影响力度大、面积广、时间短的特点，在较短的时间内就已经得到大多数人的认可。在其上市之前，人们心理上已经形成了一种潜在的穿着趣味。这时候，就需要市场做出最快的反应来满足人们的需要。一旦市场推出这种产品会立刻得到强烈反响，流行也就随着市场面的扩大逐渐蔓延开来。这种流行的特点往往来势迅猛，影响面非常大，但持续时间短。随着其他新形象的诞生，人们会逐渐淡忘原来这一执着的追求和爱好，随之而来的是市场的急剧萎缩，最后彻底地退出市场。

有人说流行像一个善变的情人，在爱情的初期，热情的火焰能将你吞噬，可“她”又那么快地喜新厌旧，移情别恋，全然不顾原来的“情人”还没能接受她的善变，就毫不留恋地离开了，去追逐她的新欢，重觅她的最爱。

二、多元化的流行带来的市场反映

随着社会经济的发展，服装业也有了长足的进步，竞争和经济的发展以及人类的文明进步导致了流行的多元化。像以前那种对某一种款式痴迷的现象现在已经很难出现。款式的多样化，流行的多样化，使得当今的服装呈现出多姿多彩的面貌。风格单一、主题明确的流行已经很难见到，取而代之的是不同品牌向你阐述着不同的风格，色彩斑斓、形式多样、各具特色。

引导型的消费越来越为人们所接受，一些有组织的、系统的流行预测，一年两季的发布会成了流行的发动机。有实力的服装企业或设计师竞相推出自己每一季的最新产品，通过各种媒体，如影视明星、歌星、名人的形象代言以及发布会、专营店等形式，向人们推出他们的产品，创造引导了流行。由于竞争，市场被一再细分，每个品牌都在展示着自我的特点，不断寻求新的风格，以期能抓住消费者的心。于是我们看到在不同的市场存在着类似的流行。品牌的专卖店，营造统一、整体的设计风格；时装店五花八门的服装款式无一不在向你提供着流行的最新消息，引诱你打开钱包，将这些时尚的衣物据为己有。

特定的专门机构进行的下一季的流行趋势预测，为服装设计师以及生产厂家提供专业信息。设计者、生产者根据各自的认识和理解，设计、生产出新的时尚服装，并借助一些特殊手段将其推向市场，最终引导消费者接受新的流行并产生购买行为。

Valentino 2018年春夏高级定制发布，对引导消费有着积极作用

一旦某种流行得到大多数人的认可，新一轮的流行就在我们眼前蔓延开来。这时，更新一轮的流行又在市场之中孕育着，并蓄势待发。

三、市场消费者对流行的反映

不同时期总有一些爱美人士盲目地追求流行。流行的单一形式也使人们在一段时期内一窝蜂似地穿着同一款式的服装，不管高矮胖瘦、个性如何、工作环境怎样，都以一个标准为时尚。而今，靓丽的服饰已经弄花了我们的双眼。人们的选择越来越多，也越来越有头脑，自我意识的增强，强调个性化的风格决定了流行必然会向着多元化发展。不同动机、不同心理、不同年龄的购买行为，从众心理的追求，反潮流追求个性的服饰主张等，使消费者的需求日趋繁杂。市场的消费者反映了多元化的消费倾向。为了吸引消费者，其结果必然是给消费者提供更多可供选择的服装流行取向。

市场是服装的海洋，其内涵之丰富，容量之博大，有时并不能让人感到明确的流行趋势。但细心、敏感的设计师的专业眼光总能从中觅出流行的气息，在激烈的市场竞争中把握住市场消费者的动态。

自我意识的增强将导致市场上个性化服装的走俏

服装风格的多样化有助于满足不同消费者的需求

四、市场对流行的影响

时间就像一把快刀，将过时的东西无情地与现实切断，而市场就是握着这把刀的手。

市场是流行的载体，流行通过市场来表现它的存在、形式和内容，反过来市场又对流行起着一定的引导、传播和强化的作用。时尚的东西通常在一定时期内表现得比较超前，一旦时尚成为大众化的东西，就有了更广阔的市场，从而成为一种流行。市场对时尚的反映有时是同步的，有时是滞后的，但也不排除有超前的例子。

登喜路新概念精品专卖店

流行的形式多种多样，而有一定倾向性的流行趋势的形成是需要一个过程的。在这个过程中，市场所起的作用也随着流行的不同而有所变化，而且在不同时期、不同文化背景下，市场所起的作用也不尽相同。

服装设计师们会“季复一季”地伸出他们的触角，在市场的角落里探寻对他们有价值的讯息，回收各种有用的资料，以便决定新一季的流行趋势。与其说流行是专业人士预测出来的，不如说就蕴藏在市场之中，由勤奋的淘金者们将它挖掘整合，又重新呈现给了市场。

1. 服装市场构成分析

（1）百货公司。百货公司作为商业中心聚集着大量的消费者和供应商，但百货公司究竟是什么呢？就严格的定义来说，它应该具备各种商品与服务，包括高级服饰、家电、家具和日常用品等，应有尽有。此外，地点便利、服务完善和信誉卓著也是百货公司的必备条件。

最近几年，百货公司逐渐感受到来自超市、专卖店、设计师精品店、仓储和低价折扣商店的竞争压力。百货公司必须改变策略，才能抵抗这些外来的竞争。为了试图与专卖店对抗，百货公司在原本的商品类目下还新增了专柜和设计师精品区。

（2）专卖店。专卖店可以说是那些勤劳的小蜜蜂，不断地在业界往来穿梭，寻找自己商品定位的个体户，也可以说是数目众多、以价格取胜的中小型连锁店，或者是那些颇具战斗力的大型品牌连锁店。有些专卖店的特色是珍贵，有些是华丽，有的则是前卫。但不管规模大小与坐落地点如何，也不管它们是否连锁，它们的名字总是独一无二的，极具个人风格。专卖店提供了各种流行服饰集锦与限额的“相关配件”。为了搭配出适合每家专卖店消费族群的要求、品位与经济能力的特定外貌，必须慎选组合配件的种类与数目。各家专卖店都具有独到的眼光，可以从全球流行的时装作品中，再创造出自己独特的风格与成就。

登喜路专卖店中典雅的巧克力色

专卖店

所有专卖店都为百货公司带来消化不良的症状。而且根据预测指标显示，只要专卖店能维持对消费者需求的高度敏感性，它们将是最具优势与实力的一派。

（3）设计师精品店。随着欧洲高级时装的出现，巴黎设计师也开设店面供应他们自己设计的作品和相关配件。国内在近几年也出现了这种以设计师名字来吸引消费者的形式。设计师的公司或总部可能拥有这些精品店的所有权、控制权或经销权，

普拉达精品店中的陈列设计，浅棕色为男士专区，浅粉色为女士专区

而这些精品店可能是独立的，或者依附在专卖店或百货公司之中。

（4）商业街。随着人口的逐渐增加，全球各地购物中心的发展可以为人们带来更加便利的生活。这些商业街高楼林立，楼下几层通常包括大百货公司、专卖店、精品屋、餐馆、俱乐部、电影院等；楼上还有旅馆和办公楼层。商业街里的生活是完整的，应有尽有，这里是服饰的大聚会。

（5）杂货店。杂货店可以满足你生活上最细小、最繁杂的需求，大到各种生活日用品，小到针头线脑、内衣、袜子、毛线、拖鞋、卫生纸等。除了定价低廉而且流通率高的服饰，偶尔还有大商店因流行变迁淘汰下来的产品。因为可以同时买齐许多琐碎的日常用品，所以这里也是人们经常光顾的地方。

2. 服装市场对流行的影响

市场与流行具有密不可分的联系，流行要以市场作为桥梁，通过市场对消费者高

商业圈

商场

度敏感的反应度来抓住流行的消费者，使流行通过市场最大范围的波及与实施，扩大流行的影响面。

市场的销售信息是检验流行最直接的手段，不同层次的服装市场可以反馈出不同的流行认知度。服装设计者、服装销售商、服装生产者通过市场可以把握住流行的脉搏，通过市场的萌生、高涨、衰退的信息来掌握流行规律，并且能够适时地推出新的流行。

第二节 流行趋势与服装品牌

人们对流行趋势的把握往往停留在对色彩款式的单纯理解上，并由这种表层的理解引导消费者去认识品牌、了解设计师，建立对时装的鉴别能力才能由此追赶潮流。至于经典品牌本身，除了设计师的理念构思、面料的选择与裁剪的精雕细琢，更丰富、更含蓄的是品牌自身渊源的历史和文化。

一、流行与品牌

流行的车轮像是一股无形的力量推动着服装品牌周而复始地重复着一些动作。品牌的设计师们每一季都会大动脑筋，花样翻新地为人们提供着最时尚、最流行的服饰。每年的秋冬春夏两次的流行发布会后不久，街上的精品店、专卖店、大商场的专卖区就会为我们展示应季的时髦服装。几乎同时，一些不知名或根本没名的小零售店，也会挂出这样那样品质良莠不齐的流行服装来满足不同层次消费者的需要。追求品位的人们依然会到那些他们信赖的品牌专卖店去选购最新的服装，因为那里提供的不仅仅是时髦的服饰，还有周到细致的服务，更重要的是一种生活品位，一种文化内涵的象征。它往往能展示一个人更多层面的东西，而不仅仅是一两件衣服。21世纪是品牌的世纪，21世纪的市场竞争是品牌的竞争。好的品牌具有优良的品质，它是信誉的象征，是对企业和产品的知名度、美誉度、信赖度、忠诚度等的综合体现。对企业来说，成功的品牌是不可估量的无形资产。

服装品牌是指用以识别服装的某一名称、术语、符号、形象设计或它们的组合。其基本功能是区别其他产品，防止发生混淆，更重要的是它表达了产品的质量特征。每个品牌都有自己特有的风格特征，一味追求流行而失去固有风格将会给品牌造成致命伤害，因此两者结合是至关重要的，要让流行的元素跟自己品牌的固有风格融合起来。在追逐流行的同时，还要固守住品牌的特色。在现代服装企业的竞争中，竞争日益从单质、单项要素中脱胎换骨而逐渐进入系统的品牌竞争，品牌的系统性、个性化、持续性等都将成为现在乃至未来服装品牌竞争的焦点。只有审时度势、顺势而为，才能让品牌常变常新，茁壮成长。

1. 服装品牌的系统性

品牌是系统的三维综合体，包括产品功能要素（如用途、品质、价格、包装等）、厂家和产品的形象要素（如商标、图案、色彩等）、消费者的心理要素（如对企业及其产品和服务的认识、感受、态度、体验等）在内的综合系统。品牌作为系统有如下几大特征。

① 它是一个整体化合物，是产品、企业和消费者三者的有机结合和综合表达。

② 品牌系统的三个要素相互关联、相互影响。

③ 品牌具有目的性。品牌的存在、维持与延续是企业的生命力所在，是企业的生命载体。

④ 品牌与市场环境之间存在着相互作用关系，适者生存。

2. 服装品牌的动态性

服装品牌的动态性在于强调品牌绝不是在一个时空点上的静态成功，而应是动态与市场的同步成长，具体表现在以下三个方面。

① 与市场需求的动态相适应，特指与消费者需求变化的协调一致。服装品牌的经营应对国际市场上的流行趋势具有敏锐的预见及观察判断力，在结合当季流行趋势的同时，又不忘加入自己品牌的独特风格，使自己的产品与消费者的求购心理相吻合。

② 在与竞争对手品牌动态的较量中寻求生存空间，密切关注竞争品牌的变化，及时调整品牌应对之策，确立鲜明的品牌个性。服装消费是个人行为，除了人们常说的流行外，更关键的是其个性是否鲜明、突出，服装独特的风格是否适合一个消费群体各方面的需求。品牌的大敌就是雷同和重复。品牌代表着产品的独特性质，要从竞争产品中自我凸显，以鲜明的主题演绎时尚。

③ 与本企业发展状况相适应，以品牌优化整合企业资源，让品牌的成长拥有坚实的基础。

波司登羽绒服流行发布

迪奥最新推出的夏装活力四射，流行指数颇高

3. 服装品牌的文化个性

市场上服装品牌的发展和演化最终传达给人们的将是一种新的着装方式和生活理念。人们越来越意识到服装不仅是一种物质成果，更是一种文化载体，为市场注入了新的文化内涵。品牌真正的魅力与价值就是品牌内涵的文化。当然，品牌的文化特征是通过多方面构成的，包括响亮的名称、鲜明的标志、人物形象、生活方式等，而服装本身的形式与质量才是品牌文化具体的形象构成。好的品牌在于它自身所创造出的文化理念的极大感召力。消费者为一件名牌服装付出的价钱远远超出享受服装本身，它使着装者获得一种社会形象、一种文化价值及自我评价，从心理上得到群体归属感。这也许就是服装文化内涵的真谛。例如一套“阿玛尼”的套装表明了一位女企业家的身份、地位、修养和气质，而“GUESS”品牌的服装则表达出一种自由、开放、不羁与追求个性的生活方式，具有美国西部风格。

当然，服装的文化特征必须在差异中表现出来。个性化、差异化是国际名牌服装的侧重点。例如瓦伦蒂诺的风格优雅、迪奥的妩媚、夏奈尔的浪漫等都各具特色。品牌典型的文化特征与个性能令消费者产生具体的联想、深刻的感受，这也是品牌

尼古拉斯·加斯奎尔用面料制作的雕塑式时装为老品牌巴伦夏加注入了活力

迪奥2020春夏时装发布

获得青睐、赞誉的根源。寻求共性文化中的个性正是品牌的精髓。

4. 我国服装品牌经营的特征

与前几年相比，我国服装市场已走出低谷并在品牌概念上有了明显的进步。信息革命带来的最新最快的时尚信息、消费观念的更新变化，新崛起的品牌消费带来的市场面貌都使品牌的经营不断发生着本质的变化。

（1）时尚化。时尚化讲求整体概念的流行性、时代感，顺应市场潮流之变化是当今每个服装品牌所考虑的首要因素。无论是经典的、中庸的还是前卫的品牌都是如此，只不过每一个品牌从中所取的程度不同，流行度不同。品牌应具有敏锐的眼光来预见时尚。

（2）虚拟化。企业拥有品牌，从设计到面料选择、质量控制、管理、服务等环节，这些虚拟化经营服装品牌的方式在国内已取得相当不错的效果。随着加工业的市场化和明晰的分工，利用他人的优势和社会化的分工操作，使企业的精力、重心放在品牌的塑造上，包括设计、营销系统的健全和提升，以便更好地与国际接轨。

（3）规范化。规范化的品牌操作是缩小与国际品牌差距的重要因素。当今越来

夏奈尔的浪漫优雅

优雅的瓦伦蒂诺作品

简约、高贵的阿玛尼作品

越多的经营者已经开始重视在运作过程中的一系列方法、步骤和程序，从服装的流行预测到设计主题以至各种计划、统计性的操作都力求规范化。市场上一些成功的品牌实际上是这种科学态度的成功。

拥有品牌，仅仅是具备了理论上的成功可能，不断相时而动、与时俱进，让品牌动态与市场需求相依相存，才能使品牌之树常青，为企业的成长注入无尽的活力。

二、品牌服装的流行表现

任何一种品牌都有它自身的文化内涵，也有属于该品牌的特征，这些特征在流行面前所表现出来的是别具一格的风格。如此人们才会在流行与表面形式的背后体会到更深的、独有的品牌文化。就像我们熟悉的夏奈尔品牌服饰，历经多少流行趋势的风雨侵蚀，依然保留其独有的风格而成为一种象征，一种无论何时我们都能从流行的外衣上看到只属于其品牌的实质——优雅与简约，而这些内涵是任何别的东西所不能替代的。

一个品牌的成功与其格调和定位在某种程度上是密切相关的。品牌的特点，由产品的风格定位、价格定位、年龄定位以及地域定位四个方面组成，其中任何一方面的变动都会给品牌带来巨大的影响。服饰品牌要想在流行大潮中屹立不倒，就必

夏奈尔品牌风格延续至今

人造珠宝的应用已成为夏奈尔的典型标志特征之一

须找准自己的位置，也就是市场中的定位。建立独特的品牌文化，树起融汇流行和自身特点的大旗，方可在品牌时代的浪潮中旗帜招展，并始终掌握着流行动向而不是被流行牵着鼻子走。

三、品牌服装的流行运作

品牌服装依靠每一季新款的不断推出从而维持其品牌在消费者心目中的地位。而每一季的新款对于品牌运作来说必须注意几个方面的问题。

1. 找出潜在市场

新产品必须要研究市场的保障性，必须找出新产品确实存在的当前市场或者能够引发的潜在市场。

2. 分析竞争情况

认真分析现有市场同类产品的竞争情况，本品牌产品的特色、优势以及采取的相应对策，战胜竞争对手的可能性。

3. 把握本品牌主导思想

把握流行趋势，完美诠释本品牌的主导思想、一贯风格等。品牌讲究其形象的塑造及完整性，要考虑到新款是否与已经久负盛名的品牌风格相冲突。

4. 抓住最佳时机

抓住新款投放市场的最佳时机，不仅要“眼疾手快”，而且要恰到好处，否则就与流行相悖。

5. 预计新产品生命周期

对新款在市场的生命周期有一个充分的预计，并制订延长生命周期的方案。

第三节　品牌策划与市场流行

一位顶尖的时尚品牌策划人曾经这样描述自己的工作：“这里孕育着世界上最美的人和最美的事物”。如果你仔细了解其中的奥秘，就会发现，他其实并不是语出骄狂。真正的品牌总是包含很多有关时代、人文和艺术的信息，而且极端精美，让钟情于它的人们惊叹不已。

时尚文化专家告诉我们，品牌是建立在人们对生活的憧憬和期待之上的事物。它通过具体的材料、色彩、线条和造型，凝结有关社会潮流、时代风气、艺术成果、戏剧风格等元素，用一种恰当的形式把美好的梦想实现给人们看。生活的常识告诉我们，时间和市场会挑选出真正的好东西。那些为人们称道的品牌，其名声绝非轻易得来，必定因为它们确是时尚潮流中最精彩、最具代表性，同时又是最有价值的部分。

一、品牌策划

市场流行信息决定了服饰品牌的运作，而品牌不断运作必然离不开对流行趋势的深入研究。服装品牌的策划必然是在做了相当深入的市场调查后精心制订的。没有哪一个品牌的运作能脱离市场的需要，否则，它将是空中楼阁，缺乏现实意义。

品牌的策划应该是个多方面、多层次的问题。不同的人对品牌策划有不同的理解。广义的品牌策划包括品牌战略、品牌定位、品牌形象设计和CI设计。企业形象策划是品牌策划的一个方面，其内涵比较宽泛。狭义的品牌策划则认为，品牌设计

“天人合一”的品牌理念已融入天意的设计之中

主要指品牌名称、商标、商号、包装等方面的设计，基本上等同于企业的视觉系统设计。在此观念中，品牌策划是企业形象策划的一个方面。后一种品牌策划的定义过于狭窄，仅仅把品牌策划理解为对牌子的设计，不符合现代营销对品牌的理解，而前者更为全面地涵盖了品牌策划的内容。

品牌的打造是一项艰巨复杂的系统工程，经过仔细研究，总结了一套品牌打造的简要流程图。

下图是品牌打造的简要流程图，从图中可以看出，品牌的打造一般要经过对品牌相关内容的调研，制订品牌设计计划，主要包括品牌定位与设计、品牌推广、品牌效果评估等几个步骤。下面对这一简要流程图进行说明：

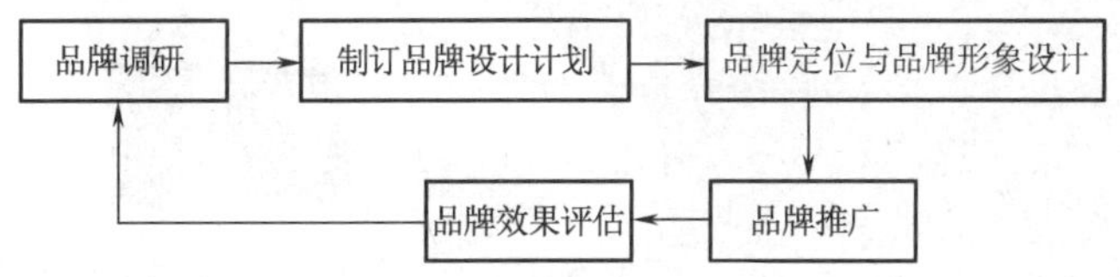

1. 品牌调研

品牌调研是指品牌策划的工作人员对企业的品牌现状进行了解，或者对企业计划树立的品牌相关内容资料的搜集。对于已有品牌的现状，主要是了解企业品牌的知名度、美誉度、代表意义等，其意义在于明确企业预期的状况及实际品牌所处的状态。另外还需要了解员工的品牌意识以及对该品牌的理解程度。而对于企业计划树立的品牌应了解其声誉、品牌产品或服务的质量性能以及其在同行业中的地位，目标受众对品牌的关注，何种因素对目标受众的品牌意识最具影响等。总之，品牌调研是发现品牌系统存在的问题或影响因素，并对其进行全面了解的过程。

2. 制订品牌设计计划

通过品牌调研掌握了大量的情报资料，确定了系统中存在的问题和影响因素之后，下一步的工作就是制订品牌设计计划。

品牌设计计划有长期战略计划、年度工作计划，也有品牌项目设计、工作计划。品牌设计计划的制订主要是确定品牌打造目标，设计打造方案，确立设计内容及评估预算。

店面的设计与商品的陈列是塑造品牌形象的必备条件

普拉达饰品专柜设计

品牌推广离不开“人性化”的店面设计与良好的购物环境

3. 品牌定位与品牌形象设计

品牌定位与品牌形象设计，就是依据品牌目标为品牌确定适当的位置，并进行具体设计。工作人员依据品牌设计计划开展工作，在综合考虑企业现状、竞争对手、社会公众等各种条件后设计品牌。设计品牌的主要内容包括品牌形象设计、品牌定位设计、品牌预期目标设定等。品牌设计一定要遵循科学原则，采用科学的方法，并结合企业近期目标、远期目标、企业形象等影响因素。

世界品牌迪奥通过服装展示会及媒体的中介作用来增加市场销量及巩固在目标市场中的时尚地位

4. 品牌推广

品牌设计完毕之后就要对品牌加以推广，品牌推广指综合运用广告、公关、媒介、名人、营销人员、品牌质量等多种要素，结合目标市场进行综合推广传播，以树立品牌形象。

在品牌推广中要善于利用广告、公关等宣传手段，也要善于利用名人、事件等推动因素，把握品牌质量、品牌服务，树立长远的发展战略思想。

5. 品牌效果评估

品牌效果评估与品牌调研这两个阶段的工作有着相同之处，要利用市场调研，收集资料，获取信息，要让这两个阶段的工作首尾相接。品牌效果评估的主要内容是了解品牌工作是否按期、按质地完成，是否达到了预期的效果。进行评估工作还要确定工作中存在的问题，是否需要对品牌进行二次锻造，是否开展二期工程。

上述品牌打造的简要流程图概括地介绍了品牌锻造的操作工序，其中有许多深入具体的工作还需要实际操作者自己体会、把握，并适当灵活运用。

二、品牌策划与市场流行

1. 品牌定位与市场流行

（1）品牌定位的概念。“定位”一词已经被人们广泛使用，关于品牌定位的概念，人们认为它是建立一个与目标市场有关的品牌形象的过程和结果，换言之，即指为某个特定品牌确定一个适当的市场位置。例如，一想到运动，要添置运动衣、运动鞋时，人们就会想到耐克。计划购置衣服时就会想到宝姿、金利来。这些品牌形象在消费者心目中留下了深刻印象，使消费者心里确立了其区别于其他品牌的特征，使商品在顾客心中占领一个位置。当某种需要一旦产生时，人们会先想到某一个品牌。

耐克的品牌定位已深入人心

如果说20世纪90年代以前是产品竞争的时代，那么90年代后世界已经是品牌竞争的世界。跨国公司在全世界范围内打造品牌王国时，首先张扬的就是品牌的旗帜。

这就是品牌的魅力所在，它会使人们在甚至还不了解产品的情况下，仅凭“牌子”而心甘情愿地掏腰包，因此正确的品牌定位是一切品牌成功的基础。

（2）品牌定位的标准。品牌定位如果成功，不但能使该市场的所有消费者充分了解品牌特性，而且会代为传达品牌特性。例如，全世界的消费者都知道巴黎的高级时装最为华丽高贵，其中的迪奥品牌更是物中极品。

决定品牌定位时一定要依照下列标准，才可能做出合适的品牌定位。对消费者而言定位必须能切身感受到，如果不能让消费者作为评定品牌的标准，定位便失去意义。

定位一定要以产品的真正优点为基础，如果信息与实际情形不一致，消费者不但不会购买，甚至会怀疑。企业不能只顾承诺，而要让作业人员实现这些承诺。

定位一定要能呈现竞争优势。如果与竞争者提出相同定位，而且产品本身没有任何区别的话，就会产生削价竞争的危险。

定位要清楚、明白。如果过于复杂，消费者不会轻易被说服。

2. 品牌形象策划与市场流行

品牌定位的成功只是企业打造品牌的第一步，是企业选定了通向成功的方向，对于一个有意于经营品牌的企业而言，能否创造一个吸引潜在顾客的品牌形象是制胜的关键。

随着同类产品差异性的日趋减少，品牌之间的同质化也在增大，消费者选择品牌时所运用的理性成分就越少，这样，品牌的形象诉求有时比具体功能特征还要重要。

迪奥高级时装的华丽高贵成为巴黎高级时装业的代表

借助于广告的力量，有助于品牌的推广与扩张

阿迪达斯品牌主张“领导街头流行”，它时尚、现代、够酷

形成一系列篮球服饰是“乔丹”品牌区别于其他运动服装品牌的最大特色

（1）品牌形象的含义。人们对品牌形象的认识是个由感性到理性的过程。早期的营销专家利维认为：品牌形象是存在于人们心理的关于品牌各要素的图像及概念的集合体，主要是品牌知识及人们对品牌的主要态度。

这些观点从不同层面描述了人们对品牌形象的认识，品牌形象是个综合性的概念，是品牌营销商渴望建立的受形象主体主观感受及感知方式、感知背景所影响，而在心理上形成的一个集合体。

品牌形象和品牌实力一起构成品牌的基石，是企业整体形象的根本。品牌实力决定和影响着品牌形象，仅有良好的形象而没有雄厚的实力，无法树立起坚实的品牌；同时品牌形象表现品牌实力，仅有雄厚的实力而没有良好的形象同样不能构造品牌的大厦。二者密切结合才能满足消费者的物质需求和心理需求，创造出一流的企业形象。

（2）品牌形象的构成要素。按照表现形式，品牌形象可以分为内在形象和外在形象。内在形象主要包括产品形象及文化形象；外在形象包括品牌标志系统形象与品牌在市场、消费者中表现的信誉。

产品形象是品牌形象的基础，是和品牌的功能性特征相关联的形象。潜在消费者对品牌的认知首先是通过对其产品功能的认知来体现的。

品牌文化形象是指社会公众、用户对品牌所体现在品牌文化上的认知和评价。企业文化是企业经营理念、价值观、道德规范、行为准则等企业行为的集中表现，也体现一个企业的精神风貌，对其消费群和员工产生着潜移默化的熏陶

意大利品牌Prada男装

作用。

品牌标准系统是指消费者及社会公众对品牌标志系统的认知与评价。品牌标志系统包括品牌名称、商标图案、标志字体、标准色以及包装装潢等产品和品牌的外观。社会公众对品牌的最初评价来自其视觉形象，是精致的还是粗糙的，温暖明朗的还是高贵神秘的……通过品牌标志系统把品牌形象传递给消费者是最直接和快速的途径。

（3）塑造品牌形象的必经之路——市场调研。“没有调查研究就没有发言权”。调研是一切营销活动的前提，也是树立品牌形象的前奏。品牌形象设计是一种高智商的活动，需要创意和思想的火花，但不是拍拍脑袋就行，必须踏踏实实地进行市场调查，充分掌握市场第一手信息，然后对调查结果进行分析，确定形象定位。

20世纪80年代，西服无可厚非的是“时尚”的代名词

第四节 流行服装与消费心理

生活的乐趣在于不断变化，体验新的感觉和刺激，喜新厌旧是人们在衣着上的消费心理，因此追求流行对消费者而言是一种正常的需求。服装市场在经历了20世纪80年代和90年代前期的高速成长后，开始进入了一个新的时期，品牌和产品特色竞争成为其重要特点之一。现今，服装消费大军对服装的需求已从量的满足转为质的追求和心理的满足，消费需求出现了多样化、差别化和个性化的趋势。作为能体现人格归属心理的品牌服装的消费日益被看好，因此，对消费者的着装心理、消费心理与行为的研究不容忽视。

随着我国加入WTO和网络信息的不断发展，流行资讯大量涌入，人们生活方式的变化使得消费观念和思想意识都在发生着巨大的改变和更新，人们在经济上和精神上追求独立自主，关注时尚潮流和流行服装的变化趋势，并在时尚潮流中凸显自我个性。市场也从纯物质的大众消费向感性消费、感觉消费过渡。服装消费的国际化、都市化、时尚化浪潮日盛。消费者对服装品牌的认识日益深化，随着服装感性消费群体的形成，一对一的营销服务、人性化的关怀服务等也逐渐博得消费者的青睐。

货比三家是消费者购物时的普遍心理

消费者购物时的精挑细选

一、消费者购买服装的认知过程

随着市场上的商品日趋丰富，消费者所接触的信息量不断增加，从而加大了消费者进行购买决策的难度。对于服装而言，流行周期相对会比较短，多数流行服装品牌也会根据市场需求不定期地推出新款来迎合消费者。面对市面上如此众多的品牌，琳琅满目的各式流行服装也会让众多消费者目不暇接。

1. 感知过程

消费者对服装商品的认识，首先从感觉开始。所谓“感觉”，是人脑对直接作用于感觉器官的当前客观事物个别属性的反映。任何消费者购买服装商品，都要通过自己的五官感觉（视觉、听觉、嗅觉、味觉和触觉），使他们感觉到服装商品的个别特性，从而产生感觉。感觉是最基本的心理现象。

消费者在对服装商品感觉的基础上，把感觉到的个别商品的特性有机地联系起来，形成对这种服装商品的整体反映，这就是对商品的知觉过程。

值得注意的是，消费者对服装商品的感觉和知觉，都是作用于他们感觉器官的反映，但感觉反映服装商品的个别特征，而知觉则反映服装商品的整体。消费者感觉到的服装商品个别特征越丰富，对服装商品的知觉也越完整。针对消费者对服装商品的感知过程，服装企业必须重视服装商品的外观、包装、陈列以及氛围营造等，以充分引起消费者的注意。

2. 注意过程

对服装商品的注意过程，是指消费者购买服装商品心理活动过程中对服装的集中性和指向性。因为消费者在同一时间内不能感知许多商品，而只能感知其中少数商品。所谓“消费者对商品的指向性”，是指消费者对服装商品的选择。所谓“消费者对商品的集中性”，则反映了消费者的心理活动较长久地保持在所选择的服装商品上。对服装商品的注意过程，强化了消费者对商品的认识过程。

针对消费者对服装商品的注意过程，服装企业必须注意商品橱窗的陈列，注意营销人员的仪表、风度、气质，以引起消费者的关注，并将商品列入考虑范围之内。

3. 思维过程

消费者认识和感觉到服装商品的客观存在时，并不能马上作出购买决定，他们还要根据自己掌握的知识经验和其他媒介，对注意到的商品进行分析、判断和概括，这就是对商品认识的思维过程。消费者通过思维过程，对服装商品的款式、色彩、价格、质量、功能等进行全面的认识，从感性阶段上升到理性阶段，这时消费者已接近得出购买与否的行动决定了。

针对消费者对服装商品的思维过程，启示服装企业既要重视商品质量，还要降低产品成本，注意服装产品的款式设计与外观造型。

二、消费者购买服装的情感过程

一般来说，消费者购买服装商品，都有一个从感性到理性的认识过程。但是，在现实生活中，并不是所有的购买行为都是理性思维的结果。恰恰相反，在许多场合则是情感在起关键性作用。

事实上，每个消费者可能都会把强烈的感情或情绪，如快乐、恐惧、爱、希望等与特定的商品联系在一起。例如，消费者在逛商店的时候，突然想起自己或者家人需要某种服装，又或是想起广告或其他信息而引发购买欲望。再如，消费者在根本不需要服装的情况下，受新颖服装的诱惑，或者以购物为情感发泄手段等而引发购物欲望。当消费者做出一种基本上是情绪性的购买决策时，他会更少地关注购买前的信息搜集，相反，则更多的是关注当前的心境和感觉。消费者的心境对服装的购买决策有着重要的影响。所谓“心境”是一种情绪状态，是消费者在“体验”一则广告、一个零售环境、一个品牌或一种商品之前就已经存在的事先心理状态。通常，处于积极心境中的消费者会比处于消极心境中的消费者回忆起更多的关于某一商品的信息。此时，如果消费者对服装商品采取肯定的态度，就会产生满意、喜欢、愉快的情绪。如果消费者对商品持否定态度时，就会产生不满意、不喜欢、不愉快甚至愤怒的情绪。也就是说，消费者对服装商品的情感直接影响了他们的购买行为。

针对消费者对服装商品的情绪过程，提示服装企业或流通部分不仅要提高产品质量，而且要讲究信誉，注意服务态度，给消费者留下良好的、深刻的印象，以情绪促使他们购买。

对流行的渴望是消费者选择具有流行特点的服装的直接目的

三、消费者购买服装的动机

所谓“动机”，是推动人们去从事某种活动、达到某种目的，并指引活动去实现目标的动力。任何动机都是在一定的需要基础上产生的。不同的消费者由于心理特征的差异，其消费需要也是多种多样、千差万别的。人们往往要求某一商品除了具备某种基本功能外，还要兼有其他的附属机能。例如，羽绒服首先是为了保暖，但人们也越来越注重它的款式、颜色、面料的变化。消费需要的差异性取决于消费者自身的主观状况和所处的消费环境等因素。每个消费者都会按照自身的需要选择和购买商品。例如，对于在高级写字楼里工作的白领女性而言，做工考究的名牌套装如宝姿等，则是她们的消费需求。随着科学技术的不断进步，各种新的消费意识、消费潮流不断涌现，并呈现出一系列新的消费需求趋势。在服装的购买中，驱使消费者的往往是情绪动机和情感动机，这是对流行的渴望，以追求商品的新颖、奇特和时髦为主要目的的购买动机或追求商品美感的购买动机。消费者对美学价值和艺术欣赏价值的要求较高时，会产生此类动机。

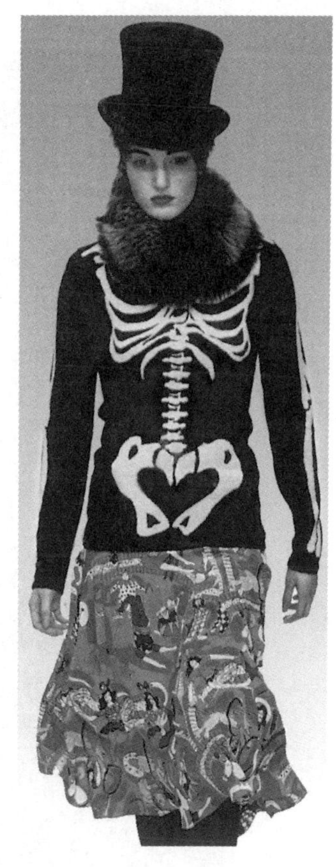
饰有人体骨骼图案的上衣比较符合求新、求异心理的消费者

1. 求新、求异心理动机

求新、求异心理动机是以追求商品的新颖、奇特、时髦为主要目的的购买动机，其核心是“时髦”和“奇特”。具有这种动机的消费者往往富于想象，渴望变化，喜欢创新，有强烈的好奇心。特别是在购买服装的过程中，他们更注重的是服装的款式是否新颖独特、是否符合当今时尚潮流等。新中求奇也是某些消费者的购买动机，他们往往在新款中寻找具有独特风格的流行服装，以体现自我个性。这类消费者经常凭一时兴趣，进行冲动式购买。

2. 慕名心理动机

在现代商战中，一些名牌产品及企业由于产品质量精良、声誉良好、市场竞争力强而备受消费者的青睐。许多消费者出于慕名心理而将品牌产品定为购买目标，或直接将某一品牌作为购买目标，其核心是“显名”和“夸耀”。我们都知道，名牌服装是地位、荣誉、财富的代言人，是成功人士身价的体现。消费者不

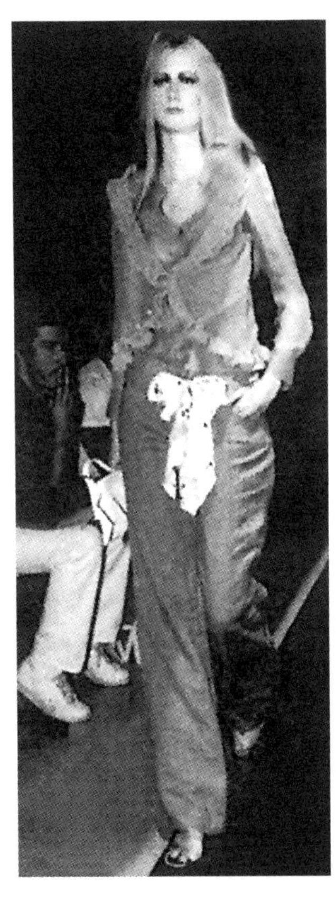

受消费者青睐的意大利著名品牌范思哲

衣身上铆钉装饰的图案既美观又时尚

再单纯追求商品的使用价值，更主要的是获得心理和精神上的满足，他们更注重的是商品的社会声誉和象征意义。求名购买动机不仅可以满足消费者追求名望的心理需要，而且能够降低购买风险，同时，名牌服装又会给人带来更多的自信，从而得到激励。

3. 求美心理动机

追求美好事物是人类的天性。体现在消费活动中，即表现为消费者对商品美学价值和艺术欣赏价值的要求与购买动机，其核心是“装饰”和“美化”。具有求美动机的消费者在挑选服装时，特别重视服装的款式造型、色彩、面料的质感及艺术品位等，希望通过购买格调高雅、制作精良的服装获得美的体验和享受，通过款式色彩和谐的服装、服饰搭配，美化自我形象，体现自我品位。这类消费者同时注重商品对人体和环境的美化作用以及对精神生活的陶冶作用。

4. 求廉购买动机

折扣商品能够引起消费者的购买热度

求廉购买动机是以注重商品价格低廉、希望以较少的支出获得较多利益为特征的购买动机。出于这种动机的消费者在选购商品时会对商品的价格进行仔细比较，在不同品牌或外观质量相似的同类产品中选择价格较低的商品。近年来，由于市场竞争日益激烈及新品牌的不断涌现，一些品牌服装经常进行不同幅度的打折降价活动，最大幅度甚至降至1~2折不等。例如，在百货商场经常能见到诸如艾格、巧帛等女装品牌特价打折的服装大卖场，总是人头攒动、络绎不绝。对于服装企业而言，一方面，是尽快处理掉当季的商品，以免款式过时而导致积压；另一方面，通过这种形式的促销可以更有利于品牌的宣传及销售。而对于消费者而言，能够花较少的钱，特别是比原价低的价格买到品牌服装，何乐而不为呢！这样一来，消费者常常会因价格有利而降低对商品质量的要求。

由于各种因素的影响，消费者表现出对服装价格的倾向也不同

因此，对于服装企业而言，应深入了解消费者形形色色的购买动机及心理，在准确把握消费者心理的同时又要保持品牌的独特风格，在紧跟潮流趋势的同时又兼备自我个性的突出，从不同方面满足消费者的需求。

四、消费者的购买决策过程

消费者的购买决策过程，是指消费者购买行为或购买活动的具体步骤和阶段。由于影响消费者购买行为的文化因素、社会因素、个人因素和心理因素在不同消费者之间的程度不同，也由于购买的商品性质、用途不同，因而消费者的购买决策过程也大相径庭。有的购买过程只需几分钟，而有的购买商品过程却需几个月甚至几年。消费者购买商品的决策过程，随其购买决策类型不同而有所变化，习惯性购买行为和复杂性购买行为是不相同的。一般来说，较为复杂和花费较多的购买行为往往凝结着购买者的反复权衡和众多参与者的介入。因此，复杂的购买决策可分为“确认需求—收集信息—判断选择—购买决策—购后评价”五个阶段。

1. 确认需求

确认需求是指消费者发现现实情况与其理想状况之间有一定的差距，从而意识到自己的消费需求。这种需求是购买决策的起点。

需求可由内在刺激或外在刺激，又或者两者相互作用而引起。例如，冬天的寒冷刺激消费者对保暖服装的需求；服装专卖店内漂亮的时装陈列和个人收入的提高会引起消费者强烈的购买欲望；广告中对特种功能面料的介绍刺激消费者选择使用该种面料制作的服装；消费者工作环境或者职位的变化会刺激消费者购买符合现阶段环境和职位要求的服装；亲戚朋友、邻居、同事等使用某产品后的好评常会唤起消费者的需求等。

服装营销者应该了解消费者存在哪些需求、产生需求的原因以及需求的满足程度，从而实施相应的营销策略，有目的地引导消费者的需求指向特定的服装产品。

2. 收集信息

当唤起的需求动机很强烈，而且可以满足的服装物品又易于购买时，消费者的需求就能很快得到满足。但在大多数情况下，需求不是立即能够得到满足，如想购买的服装在某地没有现货，或者服装的金额较高，或者市场上现有的服装不是非常满意等。在这种情况下，需求便被储存在记忆中，消费者时刻处于一种高度警觉的状态，对于需要的服装极其敏感，并可能会积极地通过多种渠道收集相关的服装信息，打听自己意欲购买服装的品牌、销售地点、价格、款式以及风格等。

消费者购买服装的信息主要来源于商业途径，如通过报纸、时装杂志、电视等大众传播媒介发布的广告以及政府机构发布的其他信息中获取，或者通过零售商、商品包装、服装展销会、商品目录或商品说明书、商品陈列等方面得到。另外，家庭成员、亲戚朋友、邻居及同事等提供的信息，与消费者自身对服装的观察、比较、试穿以及消费者本人以前购买使用或当前试用中获得的体验，也都是消费者值得信赖的信息来源。

针对消费者购买服装的信息来源，服装企业营销者应该寻找并收集消费者的信息来源渠道，并依据各渠道特点进行针对性的广告宣传、媒体选择、信息发布、商业推广等。

3. 判断选择

当消费者收集了服装的各类信息之后，就会对此加以整理和系统化，再通过对比分析和综合评价，以此作为最后购买决策的依据。任何一个消费者在购买服装时，不仅要考虑服装产品的质量优劣、价格高低，而且还要比较同类商品的不同属性以及属性的重要程度。

现实生活中，并非每一个产品的所有属性都是最理想化的，因此，消费者也并非对产品的所有属性都有兴趣了解，而只是对其中的几项属性感兴趣。通常，他们在对属性分析后可建立自己心目中的属性等级，对于服装也同样如此。

在服装的众多属性中，品牌、款式、色彩、面料、加工工艺、价格、售后服务等，不同的消费者有不同的关注点。有的消费者倾向购买物美价廉的服装，而有的消费者更注重服装的品位和象征意义，还有的消费者则看重服装的款式和个性表现等。就是对于同一个消费者，在不同时间、场合、收入条件下，购买不同种类的服装时所关注的因素也有所区别。例如，同一个消费者在收入较低的时候可能比较注重服装的价格，而当收入提高后就可能会将价格放在次要的位置。

品牌作为服装产品的重要属性之一，也是消费者在比较分析中需要重点考虑的因素。评估过程中，消费者会结合以往的经验，从所有服装品牌中选择已认知品牌中的认同品牌，形成选择组合，而不会选择未认知的品牌。对选择组合中不同品牌的风格、档次进行分析、比较和评估，从而形成对某一品牌特定的信念。例如，某品牌款式新颖，某品牌档次较高，某品牌比较适合自己的风格等。但值得注意的是，消费者在评估过程中所形成的品牌信念或品牌印象可能与产品的实际性能有一定的差距，但多数消费者在评选的过程中往往会将实际产品与自己理想中的产品进行比较。

因此，服装企业应该采取针对性的措施，以提高消费者选择本企业品牌的可能性。例如，按照目标顾客对服装产品属性关注的重要程度，重新修正产品的某些属性，使之更接近于消费者心目中的理想产品；通过广告宣传、产品推广等方式，改变消费者对某些品牌的偏见；通过比较性广告或其他方式，改变消费者对竞争品牌的信念，改变消费者对服装产品某一个或几个性能的重视程度，设法提高消费者对本企业品牌的重视程度，建立消费者对品牌的忠诚度。

4. 购买决策

购买决策是消费者购买行为过程中的关键性阶段。因为只有做出购买决策以后，才会产生实际的购买行动。消费者经过以上对备选服装的分析比较和评价之后，便对某种服装产品或品牌产生了购买意向。但消费者购买决策的最后确定，除了消费者自身的喜好外，还受其他因素的影响，如他人态度、预期环境因素、非预期环境因素。

（1）他人态度。他人态度是影响购买决策的因素之一。如妻子要买一条连衣裙，受到丈夫反对，她也许就会改变或放弃购买意愿。他人态度对消费者购买决策的影响程度，取决于他人反对态度的强度及他人劝告可接受的强度。

（2）预期环境因素。消费者购买决策要受到产品价格、产品的预期利益、本人的收入等因素的影响，这些影响是消费者可以预测到的，所以称为“预期环境因素”。

（3）非预期环境因素。消费者在购买决策过程中除了受到上述因素影响外，还要受到推销态度、广告促销、购买条件等因素的影响，这些影响因素是消费者不太可能预测到的，所以称为“非预期环境因素”。例如，消费者在购买服装的过程中，她原来准备购买某一品牌，后受到各种大众传播媒介的影响，改变了原来的态度。在消费者的购买决策阶段，消费者已经有了明确的购买意向，只是未能付诸实施。因此，营销人员一方面要向消费者提供更多的、更详细的有关产品的信息，便于消费者进行比较；另一方面则应通过各种销售服务，提供方便顾客的条件，加深其对企业及商品的良好印象，促使消费者做出购买本企业商品的决策。

5. 购后评价

购买行为并不意味着购买过程的结束。一般情况下，消费者购买服装产品后，往往会通过使用，通过家庭成员及亲友、同事的评判，对自己的购买选择进行判断和反省，以确定购买这种商品是否明智、效用是否理想等，进而产生满意或不满意的购后感觉。

满意的购后感受，则在客观上鼓动、引导其他人购买该商品，这就是西方企业家信奉的格言：“最好的广告是满意的顾客”的真谛所在。当消费者感觉不满意时，有时会采取行动。例如，向商店或者生产商投诉，不再购买该品牌的服装或者不再光顾该商店，告诫亲友、向政府机构投诉、采取法律行动等；有时也可能不采取行动，但这是一种对服装销售商非常不利的表现。

因此，服装企业的营销者不能仅仅将目光局限于消费者的购买决策阶段，而应该加强与消费者之间的联系，密切关注消费者使用产品后的反馈信息，努力做好售后服务工作，力争获得消费者对产品的良好的购后评价。

五、消费者购买服装的心理因素

1. 消费者的价格心理

在现代市场经济条件下，价格是影响消费者购买的最具刺激性和敏感性的因素之一。服装消费市场上的品牌层出不穷，商品琳琅满目。品牌、款式、质地不同，价格也不相同，即使是同一件服装也会因为季节变化而导致价格的变化。这种价格的差异和变动会直接引起消费者的需求和购买行为的变化。价格心理是消费者在购买过程中对价格刺激的各种心理反应及其表现，它是由消费者自身的个性心理和对价格的知觉判断共同构成的。

高档次的服装自然是做工精良、款式独特，但品牌的附加值却很高（夏奈尔）

（1）习惯心理。由于消费者重复购买某些商品及对价格的反复感知，形成了消费者对某些商品价格的心理习惯。消费者以在多次购买活动中逐步体验形成的价格习惯，去作为判断商品价格合理与否的标准，消费者往往从习惯价格中去联想和对比服装价格的高低。

在消费者心目中，多数商品的价格会有一个心理上限和心理下限。如某一商品的价格在消费者认定合理的范围内，他们就会乐于接受；超出了这一范围，则难以接受。许多令人喜爱的品牌，由于价格的原因，让人望价而却步。因为消费者对某些品牌的服装早已产生了价格习惯心理，而这种价格习惯心理一旦形成，在短时间内往往难以改变。

（2）倾向心理。倾向心理是消费者在购买商品过程中，对商品价格选择所表现出的倾向。对于流行服装而言，有高、中、低档之分，因此价格也会随之有高、中、低的区别。一般来说，高档次的服装首先是品牌的国际化和知名度，品牌的附加值很高，当然服装的做工精良、面料的质地、款式的独特等也都不言而喻。对于消费者而言，由于所处社会地位、文化水平、生活环境、经济收入等的差异，不同类型消费者在购买服装时会表现出不同的价格倾向。随着社会的进步与发展，消费者的消费心理明显地呈现出多元化的趋势，既有要求服装款式新颖时尚，高档名贵的求“新”、求“名”心理，又有追求经济实惠、价格低廉的求“实”、求“廉”心理，还有居于二者之间的求“中”心理等。不同的消费者往往会根据自己的身份对号入座。

2. 消费者的趋同心理

在人类心理需求中又一个重要的现象，即人的趋同心理，这种心理对服装流行的产生起到了巨大的促进作用。通常表现为模仿和从众两种形式，是人们相互作用

麦当娜身穿让·保罗·高缇耶为其量身打造的金属锥形胸套演出服，个性而前卫，成为其最为经典的造型

过程中一种外在的感性活动形式。当消费者对他人的消费行为认可并羡慕、向往时，便会产生仿效他人行为的倾向，形成消费模仿。例如，一些影视明星、社会名流们经常会出现在电视、报纸、杂志等各大媒体上，他们的着装无疑是走在流行最前沿的，势必会引来一些喜欢追随时尚潮流的消费者的模仿。连英国戴安娜王妃因怀孕而特地设计的一件底色鲜红夹着黑白色碎花的孕妇装也成为当时许多英国妇女效仿的流行服装。人类的趋同心理可能会给消费者带来愉悦、满足，在一定意义上推动着服装的流行发展，但这种形式上的流行往往带有较大的盲目性。

3. 消费者的品牌心理

消费者的消费水平、消费习惯以及他们的美学修养过多地影响着购买力。虽然服装品牌效应已成为影响消费者购买服装的重要因素，然而，由于消费观念、收入水平的不同，加上品牌地域属性的影响，使得不同地区的消费呈现出不同的特点。随着科技的进步和生活水平的提高，人们的消费需求已从低级的生理、安全需要上升为尊重、自我实现等高层次需要。而精神层面的高层次需要是要通过品牌消费来实现的。

（1）自我个性的表现。每个人内心深处都对自己有一个定位，或是穿着大胆时尚、引领潮流，或是穿着保守、款式单一等。正因如此，使得消费者在购买服装时，总是寻求那些能表现自我个性和自我形象的商品。现代都市新女性由于生活、经济上的独立，往往更加追求生活的品质。她们关注时尚潮流和时装流行趋势，选择适合自己并具有流行因素的品牌来充分彰显自我个性、展示自我魅力。

（2）自我价值的实现。消费者通过购买和使用商品，向外界表达自我，证明自我的价值。一位企业家通过一身“范思哲”西装来表明自己的社会身份。品牌所代表的与特定形象、身份、品位相联系的意义和内涵正迎合了某些消费者的心理需求。从一定意义上说，品牌是一种载体，是赋予消费者表达自我的一种手段。

（3）品牌的情感意义。品牌的情感意义来源于消费者的情感需要。情感对消费者的影响是长久和深远的。品牌的情感意义是在消费者心目中与品牌相联系的审美

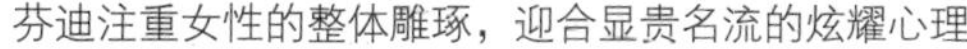

芬迪注重女性的整体雕琢，迎合显贵名流的炫耀心理

三宅一生的设计充满了浓郁的东方情调和品位，从这个品牌中能寻觅到服装的意境之美、神韵之美

性、情感性文化意蕴。它巧妙地构建了一种生活格调、一种文化氛围和一种精神世界，引导人们在消费中找到自我，获得情感上的寄托和心理共鸣。“品牌的背后是文化”，品牌的文化价值使品牌具有人格化的魅力，从而使消费者对其产生了情感共鸣。随着现代消费趋于感性化和个性化，人们在消费时不再局限于商品最原始的功能，而是要求商品具有一定的情感色彩、体现个人情趣等。品牌服装所拥有的象征意义、表现能力和给顾客带来的消费体验将成为消费者选择的重要条件。消费者在拥有品牌服装的同时，不仅仅是拥有了一件衣服，而是要感受名牌背后所蕴含的文化内涵。

所以说流行服装与消费者之间有着一条坚实的纽带，流行服装必须以它与消费者的交流为目标，但绝不是满足所有人。没有流行元素的品牌会毫无生气。但在保持自己独特风格的同时，应了解消费者的心理与需求，与消费者紧密融合，才能既不在流行中消失，又能满足市场需求，从而获得消费者的青睐。

六、市场流行服饰购买所体现的消费心理

1. 通俗大众的保守服装

各种流行风格依然是市场的主要架构，而且这种服装对西方世界各经济阶层的男女老幼都有深刻的影响。这类的服装表现为：

适时出现的主要流行趋势；

当季被认同的流行必要条件；

众所周知的古典风格；

在设计、销售或购买等各方面都不会引起争论；

既不会引起争论，也不是过于大胆前卫，就穿着而言很舒适，就投资而言很安全。

如果此类服装是出自名师之手的品牌服装，那么更可以满足消费者的虚荣心。

2. 具有局部创新元素的服装

在主流风格中加入一些细部、色彩、材质或外形的变化，使服装具有局部创新的元素，也就是说，如果服装外形是新颖的就必须维持和旧的色彩材质的相似性；如果色彩是前所未有的，则必须用相当基本的外形和材质；如果创新的部分是材质，就应该引用大家已经熟悉的裁剪和色彩。这类服装为消费者提供了：

适度的流行刺激；

尽量能赶上流行的脚步；

追求创新但并非鲁莽；

对于价钱锱铢必较；

希望被当成下一个独具特色的典型时代。

3. 时髦的现代服装

现代少女在流行阶梯上比以往更上一层楼，她们并不是保守服装和创新服装的折中主义，她们想要的是立刻能够得到认同的强烈创意，并极度渴望流行的滋润，希望在自己的团体中能够独领风骚。这类服装表现为：

是当代的少数分子；

被发明与创新深深吸引；

愿意率先试验各种点子；

价钱不是问题；

在专卖店或精品屋里购物；

具有局部创新元素的服装，叠加的荷叶边装饰成袖子

2006年春夏国内市场上女装唯美浪漫风格流行

同时购买知名或不知名设计师的作品；

是服装业者试验新产品的对象。

4. 反叛的前卫服装

反叛的前卫服装的消费者对于创新毫无保留。他们想尽一切办法使人震惊，并吸引人的注意力。对于传统守旧者，摧毁其所有既定规则，表现的流行理念奇妙、诡异、怪诞、疯狂。他们的表现是：

流行的荒谬梦想；

着迷于各种尚未尝试的流行趋势；

充满各种迷人而出色的想法；

主要以年轻人为首；

来自全球各地的次文化；

为流行预测工作者带来“天有不测风云”的感叹。

大多数设计者都会在他们的作品中加入一些前卫的创意成分，主要是为了吸引媒体的注意。然而那些乍看显得荒诞、诡异的东西，却往往创造出独具内涵的流行趋势。譬如20世纪70年代的嬉皮和80年代的朋克，都为流行界掀起了轩然大波。在他们初露头角之际，只是反映了极少数人的意见。但是随着传播工作者的诠释和极力传播，其影响力与日俱增。所以，传播工作者只有时时注意流行界的蛛丝马迹以及充满幻想的流行先锋的动向，才能找出新的流行趋势。

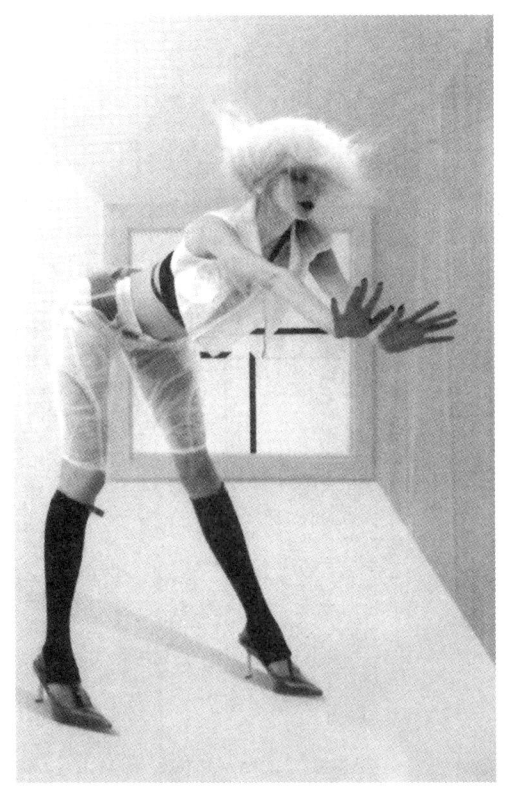

反叛、诡异的前卫服装

5. 仍有市场的落伍服装

坦率地说，落伍服装远离流行趋势，它的制作方式陈旧、外观和材质落后流行好几年，但是有时候当多数风格在设计、裁剪或质地各方面有长足进步之际，依旧成为生活的需求。这类服装的表现为：

早已退出流行的舞台；

是用来遮蔽身体的面料，而非用来表达流行的工具；

流行服饰永远“非我族类”；

仍保有相当数量；

主要对中低价位市场造成影响。

然而，如果流行界忽视这些旧有风格的规模与存在，无疑将是不智之举，因为它仍是一座可望继续开采的金山。从流行的角度看，仍然有推动这些旧有风格的必要性。

另类元素已渗透到主流文化之中

整个造型中加入了大量的前卫创意成分

颠覆传统的男装设计

七、流行服装消费者的性格差异与消费行为

在服装的营销活动中，消费者个体性格的差异形成了各种独特的购买行为。所谓“消费者性格”是指消费者在对待客观事物的态度和社会行为方式中，所表现出的较为稳定的心理特征。具有不同性格的人，其购买行为也存在较大差异。表现在服装的消费行为上，有的性格表露明显，有的则受周围环境的影响，表露很少或者非常含蓄。服装营销人员可以根据消费者的动作、姿态、眼神、面部表情和言谈举止等判断其性格特点，从而采取适当的营销策划和技巧。

总体来说，消费者性格类型在流行服装的购买过程中表现为以下几种类型：

1. 外向型消费者

此类服装消费者在购买过程当中，表现为热情活泼，乐于沟通交流，积极主动询问服装销售人员有关服装商品的质量、品种、产地、功能、流行性、使用方法等方面的问题。外向型消费者容易受服装商品广告的感染，言语、动作、表情外露，购买决定一般比较果断。

2. 内向型消费者

内向型消费者在购买活动中多表现为沉默寡言、动作反应缓慢且不明显，面部表情变化不大，内心活动丰富而不露声色，不善于与销售人员交谈。他们在挑选服装商品时多不愿意被销售人员干扰，对服装商品广告的反应冷淡，常凭借自己的过往经验购买商品。

3. 理智型消费者

此类消费者在购买过程中常常经过了周密的思考，非常理智地分析比较并权衡服装商品的各种利弊因素。在未充分认识商品各方面特点之前，理智型消费者一般不会轻易实施购买行为，此类消费者挑选服装商品时较仔细，因而购买时间也相对较长。

4. 情绪型消费者

情绪型消费者在购买服装商品时，情绪反应比较强烈，容易受购物现场中各种因素的影响，对店面服装的陈列、模特运用、整体氛围营造、店面布置、服装广告以及服务人员的态度与方式比较看重。买与不买的决定经常会受到现场的情绪支配，稍有不满意便会在短时间内改变其购买决定。

5. 意志型消费者

意志型消费者在购买活动中，目标非常明确，行为积极主动，常按照自己的意图购买服装商品。购买决定很少受购物环境等外界因素影响，即使遇到困难也会坚定购买决策，购买行为果断、迅速。

6. 独立型消费者

独立型消费者在购买活动中，能独立地挑选商品，购买经验丰富，不易受商品广告和营业员的商品介绍影响。遇到认准的服装商品时，独立型消费者便会迅速采取购买行动。

7. 顺从型消费者

顺从型消费者在购买活动中，常受到其他消费者对商品的购买态度和购买方式的影响。他们会主动听取服务人员的商品介绍和他人的购买意见，从众心理比较明显，人买亦买，人不买亦不买，在购买过程中缺乏主见。

八、流行服装消费者的消费兴趣与购买行为

消费者购买行为的发生，除与消费者对流行服装商品的需要有直接关系外，还与消费者的兴趣有密切关系。由于消费者兴趣的存在，使得消费者对流行服装本身产生喜爱和追求。例如，青年学生由于对牛仔服的喜爱而省吃俭用去购买它。

所谓“兴趣”，是指一种促使某人力求接触和认识某种事物的意识倾向。“流行服装的消费兴趣”是指人们需要流行服装的情绪倾向。如果消费者对流行服装非常感兴趣，则其思想会常常集中和倾向于关注流行服装及其相关问题，表现在日常交往和谈话中，则会自觉主动地将话题转到这方面来。可以说，兴趣是人们购买流行服装的重要推动力。

1. 消费兴趣的特点

（1）倾向性。倾向性是指兴趣所指向的客观事物的具体内容和对象。表现在购买活动中，消费者总是对某一品牌、某一风格或某一明星代言的服装商品感兴趣。

（2）效能性。效能性是指兴趣对人们行动的推动作用。如某顾客一旦对某种服装商品感兴趣，或迟或早总想买到它，即使借钱也一定要购买。更甚者，对于兴趣深刻的服装商品还会形成重复购买的习惯和偏好。

（3）差异性。差异性是指消费者的兴趣因人而异，差别极大。兴趣的中心、广度和稳定性与消费者的年龄、性别、职业和文化水平有着直接的联系，影响着消费者行为的倾向性与积极性；有些人兴趣范围广泛，琴棋书画样样爱好；有的对什么事情都不感兴趣，百无聊赖；有的人对某物、某事兴趣相当稳定，简直“着了迷”一般；有的则今天爱这，明天玩那，见异思迁，很难有一个稳定的兴趣对象。

2. 常见的消费兴趣类型

由于兴趣具有个别差异的特征，因而根据消费者购买流行服装种类的倾向性，可将消费兴趣划分为以下四种类型。

（1）偏好型。偏好型消费者兴趣的指向性导致对特定事物的特殊喜好。此类消费者的兴趣非常集中，甚至可能带有极端化的倾向，直接影响他们购买服装商品的种类。有的消费者千方百计寻觅自己偏好的流行服装，有的则不惜压缩基本生活开支而购买某类服装。

（2）广泛型。广泛型消费者属于具有多种兴趣的消费者。他们对外界刺激反应灵敏，容易受各种服装商品广告、宣传、推销方式的吸引或社会环境的影响，购买种类多变，无特定模式。

（3）固定型。固定型消费者兴趣持久，往往是某些服装商品的长期顾客。他们的购买具有经常性和稳定性的特点。与偏好型的区别在于，固定型消费者尚未达到成癖的地步。

（4）随意型。随意型消费者多为兴趣易变的消费者。他们一般没有对某种服装商品的特殊偏爱或固定习惯，也不会成为某种商品长期的忠实消费者，他们容易受到周围环境和主体状态的影响，不断转移兴趣的对象，购买服装商品的随意性较强。

3. 消费兴趣对购买行为的影响

（1）兴趣有助于消费者为未来的购买活动作准备。消费者如对某种流行服装商品发生兴趣，往往会主动收集相关信息、积累知识，为未来的购买活动打下基础。

（2）兴趣能缩短消费者的决策过程。消费者在选购自己感兴趣的流行服装商品时，一般来说心情比较愉悦，精神比较集中，态度积极认真，这样往往使得购买过程易于顺利进行。

（3）兴趣可以刺激消费者对流行服装的重复购买或长期使用。消费者一旦对流行服装产生持久的兴趣，就发展成为一种个人偏好，从而促使他固定地使用该类商品，形成重复的、长期的购买行为。

总之，兴趣对消费者的购买行为有着极其重要的影响。很难设想，一个对某种商品不感兴趣的消费者会经常地、积极地、主动地购买该种商品。相反，一个热爱装扮、追求时尚的年轻女子，则会经常去商店购买款式适时而新颖的服装或化妆品。

实践题

通过街拍的方式来分析体会流行与市场。

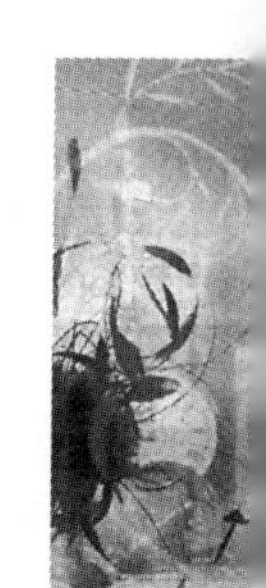

专业知识及专业技能

第六章 流行传播与现代服装设计

- 第一节 流行的启示与服装设计
- 第二节 流行语言与表现形式
- 第三节 服装流行风格化形成的因素
- 第四节 流行的传播与创意
- 实践题

教学目的：通过本章的学习，使学生了解流行传播的表现形式，学会在服装设计过程中如何灵活运用流行信息。同时，明确形成服装流行风格化的因素，熟练掌握利用流行传播进行服装创意设计的方法。

教学方式：课堂讲授、分组讨论

课时安排：4课时

教学要求：1.要求学生课前搜集服装流行的元素，分析影响流行的主要因素。

2.课堂上能运用所学知识解释自己所熟悉的服装品牌中对流行信息的运用。

3.针对自己所设计的一个系列服装，说明流行元素的提取以及利用流行传播现象进行服装设计的思想。

第一节　流行的启示与服装设计

服装设计的创作和所有的造型艺术一样，是艺术构思和艺术表现的统一。其中在服装流行设计的艺术构思中，流行是灵感不可或缺的主导因素，也是整个设计创作不可缺少的源头。

一、现代设计与服装艺术

1. 现代设计的本质和意义

所谓“设计”，是根据某种思维意识，把一项计划、规划、设想、解决问题

现代装饰中的家纺设计

令人惊艳的珊瑚首饰设计，配饰设计与服装设计息息相关

的方法，通过视觉的方式传达出来的一种活动过程。

人类的设计活动和设计意识与人类的历史一样久远，从远古人以人的姿态开始制造工具时，设计已本质性地存在了。人们选择石料、打制成器需要设计；遮体的服装、装饰性的首饰以及各种生活用具、劳动工具、居住环境等一切人造物的产生都需要设计。哲学家认为有目的的实践活动体现了人类的主体性和能动性的基本特征。设计，作为人类有目的的一种实践活动，是人类改造自然的标志，也是人类自身进步和发展的标志。19世纪，尤其是20世纪以来，随着大机器工业产品的发展，设计具有了新的意义，成为一门现代科学，即工业设计。

设计在目前生活中很流行，大到整个社会，小到生活，诸如企业、个人形象、家居装饰皆有很讲究的设计，设计含金量的多少已成为衡量品位和内涵的标志，设计已成为日常生活中重要的一部分。

现代设计是基于现代社会、现代生活的计划内容，其决定性因素包括现代社会标准、现代经济和市场、现代人的身心需求、现代技术条件、现代生产条件等，是现代人以研究现代生活方式为目的的一门学科。

2. 现代设计与服装艺术

设计与纯艺术是有区别的，设计离不开艺术表现方式，它同时又是一种物质的要求，是透过物质的反映，与人类的思维、精神活动的统一，即“美”与“用”的统一。设计的最终目的不是产品而是要满足人们的需求，这种需求有物质和精神两个方面。从唯物认识论和艺术的反映论来看，设计是从具象到抽象，从写实到写意，从现实到浪漫的互动过程，这种创

现代服装设计集功能与审美于一体

从本土文化中吸取创作灵感的服装设计

作过程源于对生活的更深层次的需求，能使生活更方便、顺利，并且与时代潮流同步。同时，这种创新活动还必须满足人的“感官性”要求。因此，现代设计是融合实用功能性与感性美的意识的综合，是产品功能与审美的统一。

服装是物品、产品、商品、文化艺术品的总和，现代服装设计作为现代设计中的一个门类，不仅对服装，而且是对人体着装状态的一种设计，是服装的实用性、经济性、艺术性、流行性、时代性等因素的有机结合，是素材的人性化。作为表现人体、设计美感的一门艺术，它以穿为表达方式，选择素材，运用某种表达技法综合协调服装与具体穿着者及观察者，能够艺术化地体现设计思想的实用化过程。它包括服装款式设计、结构设计、色彩设计、服饰图案设计、配件设计以及与服饰有关的辅助设计。

二、灵感来源与流行启示

1. 灵感来源

灵感，存在于我们的思维之中，常常会被人们认为是一触即发的突发性思维，或是一种突如其来的奇思妙想。其实这种看似偶得的思维，是长期生活积累的产物，是创造者长期实践、不断积累经验和努力思考探索的结果。

灵感的出现常带有突发性和偶然性，似乎捉摸不透。但是作为服装设计师，消极地漫想、无奈地等待灵感的出现是不可取的。寻找灵感要带有一定的方向性。

流行预测中离不开概念形象的设计

流行提案中的“回归自然、环保主义”主题一直被设计界关注

应从人们的日常生活中获取灵感。由于服装设计直接服务于人们的生活，因而我们可以把对生活的观察和对生活的理解转化为服装设计的灵感，这其中流行扮演着重要的角色。因为流行是一种社会现象，包含的内容非常广泛，从家居到住房，从计算机到汽车，从饮食到旅游，从音乐到影视，从服装到发型……流行的影子差不多渗透到我们工作和生活的方方面面，不断激发创作者新的灵感。

服装理念设计

对于资料的理解和借鉴也同样是灵感的来源。对于设计者来说，服装史料、民族文化的研究往往可以带来许多意料之外的灵感收获。但是要将传统与异域的文化转化为服装的世界语言，这其中必然要融入现代流行的设计语言。现在，许多世界级的服装设计大师都热衷于在自己的时装发布会上推出带有民族文化特色的作品，并以此成为媒体争相报道的焦点。

不难发现，服装的灵感来源是非常广泛的。除此以外，还可以从相关的姊妹艺术、重大的社会动态、迅猛发展的科学技术中获取灵感。仔细观察灵感的不同来源，就会发现这其中处处包含了流行的内容。同时，灵感经过构思成为创作作品后，被人们接纳并广泛流传又会成为新的流行。因而流行的信息成为开启灵感的钥匙，同时，灵感的实现又不断促进了流行的推进。

2. 流行对服装设计的启示

服装的流行是一种社会现象，它表达了人们在某个时间范围内对某些式样和着装方式的喜爱，并通过人们之间相互的模仿成为整个社会所接纳的一种流行现象。那些在每个时期内所产生的最新的、流行的服装，相对于那个时期来说就可以称为“时装”。在现代人的概念中，很少有穿坏的衣服，只有因为不再流行而弃之不穿的服装。因而在现代服装设计中，流行与时装是相辅相成的。时装是流行的一种物化形态，而流行是时装的重要属性。

流行经过一段时间后，有的就消失了，但有的却变成了社会固化的习惯，形成了固定的形态和款式。例如，旗袍、西装、夹克、中山装等，而这些固有的款式都来源于曾经的流行；同时，流行又会影响、冲击这些社会固化了的习惯。法国社会学家塔尔德曾经说过："模仿产生于流行，流行使从一个时代移向另一个时代的纵向相适成为习惯。将新的东西作为优势，在横向空间通过模仿扩展便成为流行。"换句话说，横向空间扩展就是指流行传播，而纵向相适成为习惯就是指传统或是继承。

流行现象在扩大的过程中既有完全的自然因素，也有人为因素。人为因素是加速流行形成的要素。现今已进入信息时代，人们可以通过现代媒体及时收集最新的流行信息。流行的面料和色彩迅速地在杂志、电视上报道以扩大影响。这就是人为地加速流行的行为。每年召开的国际时装博览会，所展示的服装一般比商店陈列提前4~5个月，这便起到了引导和促进流行的作用。在服装行业中，设计者总是在季节来临前就设计新款，为了抓准流行趋势抢先占领市场，必须事先掌握流行信息，做好充分的准备。

事实上，如何掌握流行，如何找准流行并带给我们启示，并不能单靠杂志刊物

束腰沙漏廓型的设计

设计师将对于20世纪60年代时尚的理解融入其中，表达甜蜜、纯美的A字廓型白色短裙

视觉语言中的"色彩"给人以视觉震撼

上的流行信息。这些信息只能作为一种参考，虽然它具有一定的权威性，但也只是宏观上的，并不能精确地指导设计。重要的是要对流行进行认识和分析，要用敏锐的观察力来抓住流行的重点，充分利用流行来引领指导现代服装设计。

第二节　流行语言与表现形式

服装是社会发展的产物，它揭示了社会政治、经济、伦理、艺术等各方面的社会特征和人的心理本质特征，并能对社会的发展做出十分敏感和迅速的反应。同时，流行趋势不断受到经济、社会、文化等变革的影响，为服装设计师提供基本的设计方向，在此引领下，表现出时装设计中所特有的流行语言与表现形式。

一、流行语言

“视觉语言体现了一件作品的‘视觉和触觉’感受——它由色彩、比例、字母图形、款式、质地等因素形成。它向观众传达感情信息，使人们能‘感觉’到其客户、服务或产品。”服装是视觉的艺术，在服装设计时要运用视觉语言来呈现服装的面貌。同时，服装又是流行现象中表现最为突出的方面，在设计时必须要将服装的视觉语言与流行相结合，交汇成流行语言，来设计具有时代感的流行服装。

1. 流行的造型语言

就服装的造型设计而言，首先表现在“廓型”的构思上。所谓“廓型”，就是服装的整体外形。它必须适应人的体形，并在此基础上用几何形体的概括和形与形的增减与夸张等装饰手法，最大限度地开辟服装款式变化的新领域。许多著名设计师的创作都是先从抽象的廓型到具象的设计，在服装廓型的基础上展开丰富的想象力和独特的创造力，这其中最为经典的当数迪奥的设计，他的设计时代被称为造“型”时代。作为设计师，必须要把握当今流行舞台上的服装廓型，同时运用现代平面构成的原理，运用组合、套合、重合，运用方圆与曲、直线的变化和渐变转换以及增减廓型的变化等，改变服装的造型。

其次，在把握抽象的流行廓型后，要进一步对服装进行空间量的设计，即反映出服装内部的空间以及有关的内在比例。服装自身具有长度、宽度、深度的变化（即构成三维空间），在空间中运用线的分割塑造形体，直接表现出服装的宽松、适体还是瘦紧等体积感。设计中要把握与流行潮流相契合的量的造型。

日本设计师Junya Watanabe的面料再设计

瑞典设计师Bea Szenfeld的折纸服装

2. 流行的材料语言

人们早就发现，用不同的材料制作服饰，因其不同的基质（即色彩和肌理）所做出来的服饰会形成鲜明的视觉审美效果。服饰的所谓“格调”和“风格”，说到底，只有通过特定的材质设计和加工才能真正表现出来。因此，材料基质既是服饰美的物质外壳，又兼有美的信息传达和美的源泉作用，成为当今设计师首先思考的审美元素。成功的设计往往都是最大限度地充分利用了材料的最佳性能，全面了解织物在视觉、触觉、结构性能方面的特点及其材质和图案，以进行各种不同组合，创造出符合流行趋势的材料外观和织物的不同的搭配方式。

（1）材料的风格。材料的风格可以通过材料的肌理、手感、悬垂性和结构等表现出来，可以说是服装素材的综合反映。各种服装材料都具有不同的性格特征，表现出不同的风格。例如传统的棉、毛、麻等材料所表现出的风格。

经过工艺处理的羽绒服面料

棉——轻松风格：皱棉，柔棉；闪光风格：丝光棉，化纤混合棉；休闲风格：针织棉；自然风格：磨砂棉、丝光工装棉、条纹双面棉、水洗棉。

毛——贵族风格：丝光薄面料；运动风格：混棉弹力面料，条纹方块花纹毛料；干燥风格：双绉感毛料。

麻——纯净风格：规则精织细麻；柔软风格：透明网状柔麻；皱褶风格：绉亚麻。

材料的风格最直接地反映出服装的特点，因而在设计中要注意把握材料的流行度。

（2）材料的后处理。运用后处理的方法，可以改变面料的原有特点。面料的后处理方法很多，因流行的不确定性而不断产生新的流行的后处理方法。现在比较流行的后处理方

夏季日本非常流行的空调服装

载有亮片的新型面料

法有以下几种。

砂洗（也称磨毛、磨绒或桃皮绒）：在砂洗过程中可以将面料的光泽去掉，使织物的手感和色彩变得更加柔和。

水洗：水洗处理较砂洗处理更精细，适用于丝绸和黏胶织物的整理。

丝光：丝光处理可以使织物更具光泽，表现出精致、华贵的效果。

涂层：可以创造出增光、消光、仿金属等效果。

烂花：在织物被腐蚀的过程中，花纹随之产生，可以表现出复古华丽的效果。

后处理除了可以改变织物的外观效果，还可以通过抗菌、防腐等处理，改变服装的服用效果，以满足人们对服装舒适性的要求。

（3）流行素材的扩展。消费者对于面料创新的不断追求，使服装素材日益扩展。随着科技进步，材料每年以5%递增的速度更新、发展。其中有对传统面料进一步开发，如彩棉、有机防水涂蜡棉，棉、麻的免烫和抗污处理等；也有对非传统面料资源的开发，像牛奶纤维、大豆纤维、菠萝和香蕉叶子里的丝状纤维等以及加入非纺织材料，如金属、橡胶、纸、玻璃、陶瓷等。

在进行服装设计的同时，关注面料技术的发展非常重要。消费者对面料提出了很高的要求，因为纺织品的质量能够满足人们对高品质生活的追求：舒适、性能好、保形性好、合体、跨季节、多功能、质量优、附加值高、重量轻、环保性等。消费者愿意在有创意性的领域不断投资。在面料和面料生产方面有许多超前意识，而且现代织物也越来越智能化。设计师投入大量的精力寻找新型材料。新型纤维技术、制造技术、印染技术和后处理技术等在工业革命以来，不断推动服装业的发展，如今纳米技术、超声波技术、生物技术、离子技术等高科技开始应用于服装业，给人们带来更为独特的时装。

3. 流行的色彩语言

在形成服装状态的过程中，最能够创造艺术氛围、感受人们心灵的因素是服装的色彩。它是构成服装的重要因素之一。在服饰中给人的第一感觉首先是色彩，而不是服装，色彩在服饰中是最响亮的视觉语言，常常以不同形式的组合配置影响着人们的情感，同时也是创造服饰整体艺术氛围和审美感受的特殊语言，是充分体现着装者个性的重要手段。可以说色彩是整个服装的灵魂。

服装色彩由无彩色系和有彩色系组成了丰富的色彩世界。无彩色系中的黑、白、灰，具有素洁、简朴、现代感的特征。尤其是黑与白作为色彩的两个极端，既矛盾又统一，相互补充，单纯而简练，节奏明确，是人们最喜爱、最实用的永恒配色。而有彩色系中的每一种颜色都有独特的色彩感情与个性表现。在现代服装设计中，服饰色彩的情感表达正是诠释流行的最佳语汇。可以将不同的色彩进行组合搭配，表现出热情奔放、温馨浪漫、活泼俏丽、高贵典雅、稳重成熟、冷漠刚毅、反叛创意等变化迥异的风姿风韵。

对于不同类型的服装，流行色的表达也不相同。例如，对于经典的服装（西服、职业装等），不适用非常流行的颜色，因为流行色的生命周期很短会影响服装的经典性，但可以用流行色作为点缀色彩；对于流行时尚的服装，设计师应善于捕捉那些尚未流行而即将流行的色彩元素，使其具有较强的生命力，而不是昙花一现。

另外，服装色彩不是独立存在的，它往往附着于服装材料之上，对于不同基质

黑与白的配色单纯、简练、实用

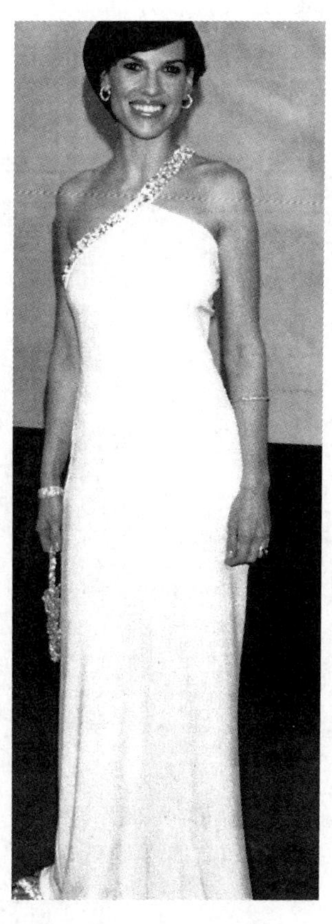

奥斯卡影后斯万克钟情于白色古驰礼服

的材料会产生不同的色彩效果。如同一种色彩在光滑或粗糙的、透明或不透明的、厚重或飘逸的、上光或轧光的面料上会产生不同的视觉反映。

在现代生活中，人们对于服装色彩审美能力不断提高，在消费市场，色彩感是燃起消费者购买欲望最直接的因素。因而巧妙地运用流行的色彩语言是至关重要的。有些服装会令人眼前一亮，购买欲望立即被唤起；有的尽管多彩靓丽，却并不能燃起顾客的消费热情，如果没有第一眼吸引顾客的冲击力，那一定是服装的颜色搭配失去了魅力。

4. 流行的图案语言

（1）经典的流行图案。在服饰图案的流行中，有许多被称为经典的图案，不管流行如何变幻，它们总是为设计师所青睐，成为纺织品中应用极为广泛的基本图案。例如，几何图案因其单纯、明朗、富于装饰性的特征，从古至今深受人们的喜爱。不同时代、不同地域、不同民族的人们都赋予几何图案以不同的内涵与个性。以直线分割的块面图形刚毅俊朗，以弧线作为构架的图形柔和优雅。应用点、线、面和直线、弧线交叉使用的图案变化丰富，大块面的图案强调醒目的视觉冲击效果，热烈奔放；小面积或边缘装饰的几何图案起到延续视觉的效果，也可作为一个局部点

具有宗教色彩的数码印花图案

服装上饰有异域民族风情的图案

与大面积图案相呼应，形成层次丰富、变化多样的图案效果。

（2）流行的艺术思潮产生流行的服饰图案。一直以来，各种艺术风潮对服饰图案影响非常大，尤其近一个世纪来，西方美术史所出现的各种思潮、流派几乎都通过服饰质料、印花图案的风格反映出来。如新艺术风格的动感曲线纹样、印象派美术的抽象几何纹样、波普艺术的通俗漫画图案、欧普艺术中的视错幻想纹样、包豪斯风格的平面构成纹样以及野兽派写意风格的纹样等，构成了同时代服装的流行图案，有些甚至成为时代的标志，在时装舞台上反复地出现，成为重要的流行服饰图案。

（3）地域民族风情的流行图案。在现代服装设计中，许多服装设计大师都在不断地挖掘不同地域、不同文化和不同民族的纹饰，将它们在流行的服装中进行时尚的演绎，一次次掀起民族风潮的流行。这其中有原始质朴的非洲图腾、富丽精美的印度纹饰、带有神秘面纱的埃及纹样以及具有东方神韵的中国图案，还有多姿多彩的夏威夷风情、阿拉伯风情，甚至有来自北极爱斯基摩人的时尚。传统民族图案以服装为载体，跨越时空，成为时尚的流行语汇，真正体现了民族性和世界性的交融。

日本设计师森英惠运用传统手工艺，将技术与艺术和谐统一

图案的装饰可以提高服装的流行指数

5. 流行的装饰语言

在强调装饰风格的今天，装饰语言显得尤为重要，它可以改变服装平凡的外貌，营造出独特的服装风格。

（1）传统手工艺装饰。传统的手工艺装饰将技术和艺术和谐统一，形成不同的装饰形式和风格。在现代服饰设计中有意识地借鉴和运用各种传统的手工装饰工艺，可以不断推出创新的服装装饰风格。

近年来，在强调装饰风格的服饰潮流下，手工艺装饰受到国内外设计师的重视。如利用条格布的巧妙拼接、面料之间的拼补，运用手绘、扎染、蜡染、刺绣、抽纱、挑花、钩针、编结等工艺形式对服装的面料或某一部位进行装饰，从而营造出怀旧的情韵，一种古风尚存的新奇，给时装注入耐人寻味的新感觉。例如，21世纪以来，前卫设计师们源自原始部落、吉卜赛流浪民族或街头流浪汉的灵感影响整个时装界：无结构的袍式设计、看似粗糙的剪裁；充满原生态的皮革制品、毛边的裤腿和裙摆、旧衣感觉；还有满眼的手工刺绣、手工编结的粗线衫和围巾，手工打磨的金属饰品，手工缝制的绑带、毛皮靴子等。而流行的波希米亚风，也正是用强烈的手工装饰体现了吉卜赛人的自由、流浪与随意。例如，服装中层层叠叠的花边，长长短短、规则与不规则相间的流苏，大量手工感的印花、刺绣、编织、折叠、缝迹、飞边等装饰。

Phoebe Wong的“石膏人”，表现出设计师的独特思想

（2）现代流行装饰。图案、织物的质地和特殊工艺结合起来，可以产生强烈的装饰效果。有的细部装饰成为设计中的主要灵感，如超大号或异形拉链、复杂的或多层口袋。这些都是运用流行的装饰语言，确定相对固定的服装款式，保持与流行同步，如牛仔裤款式相对比较固定，流行的变化就主要体现在细节装饰上，并以此成为流行的亮点。

二、流行语言的表现形式

由于不同时期人们的审美观念、社会意识的不同，加之许多设计师形成的惯有的个人设计风格和手法，所以对于流行会有不同的表达方式。

1. 加减法流行

在时装领域，经常用加减法来增添和删减服装中的细部，使其形成复杂化或简单化的流行。根据流行时尚，在追求繁华的年代里，往往表现出加法的流行；在崇尚简洁的时代里，则表现出减法的流行。

（1）加法流行。维多利亚时代的贵妇除了穿着极不科学的紧身胸衣和大裙撑外，还需穿九件衣服和七八条裙子，若要外出还须加一件厚重的羊毛披肩和一顶插上羽毛、花朵、丝带及面纱的大帽子。据统计，体面的淑女至少背负10～30磅重的衣饰。我们不难想象，若将路易十六或伊丽莎白一世那一件件的华贵衣袍都卸去，他们将会变得多么羸弱和单薄。在这一段历史里，服装的实用功能被无情地抛弃，留下极具夸张感的外形和繁文缛节的装饰，如巴洛克时期就将装饰发挥到了极致，到了无以复加的地步。

而如今在复古的潮流中，设计师则以一种回忆梦的创意，将服装又带回到中世纪、巴洛克时期、洛可可时期、维多利亚时代……加法再一次在时尚的舞台上流行开来。

（2）减法流行。20世纪20年代建筑界掀起了“功能主义”（Functionalism），在服装界亦表现得颇为彻底。具体而言，即脱去所有浮华。事情好像倒了个儿，原来穿上的如今脱下，原来长的现在剪短。服装造型越来越简洁，裙子下摆离地

简约主义时代优雅大方的女装

夏奈尔崇尚减法的流行

越来越远。到20世纪50年代，伊夫·圣·洛朗的名为“梯形”的成名之作红遍巴黎。这是一款极为简洁的梯形裙，可爱的圆领，两只大口袋，没有蕾丝，没有丝带，简洁得近乎“贫寒”，但这正是一发而不可收的潮流。而最经典的当属夏奈尔的减法设计。

时装舞台上不断刮起强劲的减衣时尚之风。其中最具冲击力的当数比基尼泳装的诞生。一款由3块面料和4条带子组成的泳装，成为遮掩身体面积最小的泳衣，形式简便、小巧玲珑，仅用了不足76.2cm（30英寸）面料，揉成一团可装入一只火柴盒中。它的问世令世界震惊的程度不亚于一颗原子弹爆炸。另外，20世纪60年代的英国女子玛丽·匡特一剪刀裁出的迷你裙，开创了服装史上最短小的裙子，将玉腿毕露的“迷你”风迅速迷倒了全世界。到了20世纪90年代，时装大师再一次剪短上衣的下摆，使女性迷恋上了露脐装，而整个90年代可谓是“减法流行的简约主义年代”。

随着生活水平的提高，人们更加注重健美，美的体态不再需要用服装的线条来勾勒。人们将会尽可能多地将自己最自然的一面展现给人看。在穿着方式上，人们的观念将更加开放，运用减法原则，衣服有可能简化成一块遮羞布，色彩也会越来越简单，甚至颜色的装饰也会变得累赘。

2. 基形变化的流行

一种前所未有的全新风格问世，很少会获得成功；相反，在原有款式基础上逐渐演变而来的新款却会成为畅销品，新的流行趋势往往蕴含于昔日的流行灵感中。因而在流行设计的表现中，对原有服装样式进行变化是一种常见的表现形式。它可以将一种流行延续，保持较长的流行周期。如许多品牌服装在原有畅销服装的款式基础上，适度地推进了流行。

另外，在男装设计中，这种形式表现得更为明显。与女装的绚丽、善变相比，男装的总体趋向仍是高品质、高科技、休闲风，追求更感性、更休闲、更和谐、更舒适。它在流行中的表现是低调的，不易察觉却被潜移默化地接纳，让你体会到男人的含蓄和稳重，当然还有时尚的东西在闪光。例如，经典的男性西服，在保持原有服装的精髓中，体现了西服套装拥有休闲装的舒适，并兼具套装的认真严谨。

3. 混合的流行

在现代设计中，“混搭”“混乱”“模糊”充斥着流行舞台。似乎没有什么规则、没有什么藩篱可以阻挡人们的想象。

（1）内衣外穿潮流。20世纪80年代，一批前卫的时装设计师决定混淆内、外衣的界定，这就是“内衣外穿”的潮流，是一个大胆、蛊惑的年代。美国著名歌手麦

硬朗的上装设计体现“女装男性化”的趋势

变化微妙的男装设计

当娜巡回演唱的舞台装完全以内衣表现，该片在1991年戛纳影展时，麦当娜穿着纯白色胸罩与束裤出席，着实是对以往传统服饰观的彻底反叛与藐视。

（2）性别混合——中性化风潮。时尚角色中的男女错位：“女人越来越像男人，而男人则越来越像女人。”这似乎是当今的扮靓潮流，男女性别间的差异越来越模糊。前些年开始时尚起来的新生代正赶上国际化的中性时尚潮，可能是对异性美感的吸引，中性时尚发展到今天已演变成了男性所追求的“雌化时尚”。在现代服装中，女性意识是回归人自然性的象征。而对于女性时尚来说，是争取两性平等的愿望，女装积极地向男装设计靠拢。在城市的大街上，一个将头发梳得整齐、衣服裁剪得合体、身穿男士衬衫摇曳在大街上的女郎已经不足为奇。男性化打扮使女性获得品位、拥有情调，男性化打扮也可以用一种特殊的外在形式来炫耀“反叛快乐”以及当代女性的个性与自信。

（3）多元混搭。在日趋多元化的今天，时尚具有更为广泛、巨大的包容性，即自然的、历史的、社会的、未来的以及人类过去和今天的所有时装形态都被包容进来，各种风格被混合成了无风格的潮流，各种似乎不相干的东西居然都混合在一起。这种混沌性，使其跨越了高雅与大众化的疆界，并有意游戏于这种分野之间。在巴黎时装界的“坏孩子”高缇耶及拉克鲁瓦的设计中表现得尤为明显。从他们的设计中经常能看到过去的影子，但却完全是崭新的东西。现在，时装设计师把来自亚文

服装的混搭1

服装的混搭2

化、街头风格、历史记忆、跨文化的、后现代风格中的实用性和幻想元素糅合在一起，形成了多元混合的潮流，满足了当前折中主义的需求。

4. 解构的流行

不论年代的早晚，不论东方西方，最初的“解构”设计都只是设计师确立独立风格的体现，同时也在不同程度上拓宽了服装设计的方向，指引了人们从更多的角度去感受时装本身带给人的美感。而“解构主义”之所以在近年来从哲学和建筑的领域里被引进到时装界，是因为人们已经注意到这种不同以往的时装以及这种时装带给消费者的不同以往的乐趣。这种解构主义服装正以强弩之势冲击着世界服装行业，而且愈演愈烈，飞快地蔓延到许多服装的“二线品牌”和亚洲本地品牌中，被广大年轻的消费群体所接受。

解构式样的服装反常规、反对称、反完整，超脱时装已有的一切程式和秩序，在形状、色彩、比例的处理上极度自由。有的地方故作残损状、缺落状、不了了之

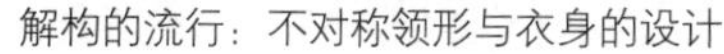

解构的流行：不对称领形与衣身的设计

反常规的设计深受明星的喜爱

状，令人愕然又耐人寻味。处理得好，令人有恰如其分的缺陷美之感。例如，从领口伸出一只袖子，可以随意扭曲缠绕于身体；用明暗对比的纱料相互反衬，展示长久以来非隐即藏的线迹和省道；在没有肌理的面料上人为地选择所需部分，缝出肌理效果，甚至填充体积。这样有趣的时装很容易被众人以游戏的方式轻松地认可。就连那些深知其中奥妙的模特儿们也身着这些奇怪轻松的服装，在T台上把自己演绎成一个个闲闲散散走在街头的天真但又有点任性的小女孩。

另外，解构风格的服装，留给了穿着者发挥自我想象力、进行二度创造的机会。穿着者会在游戏的心情中体会穿衣新概念的乐趣。更重要的是，解构服装带给人的快感已非仅是服装本身的好看与难看，而是让人们在探索中有新的发现。

解构主义风格的时装是美也好，是混乱也罢，这股强劲之风越吹越猛，日渐盛行却是客观事实。究其缘由，不只是因为设计师们对新的孜孜不倦的追求，还因为它绕过了我们常规的观念，从另外一个角度去考虑时装，从一个新的视野去审视和挖掘服装的内涵。设计师和消费者在寻求更广泛的形态美的过程中，在解构风格的时装逆反传统美的理念上找到了结合点，同时也推动了时装向前发展，为服装的整体概念打开了又一个新的空间。

第三节　服装流行风格化形成的因素

服装中的各个要素构成了服装的物质状态，是流行的主要内容。但它只能反映出局部的、不完整的流行方面，并不能完整地反映出流行的实质。服装流行的整体风貌是综合所有的流行条件，并且与着装状态的人及相适的环境相结合，这样才能全面地形成流行的风格化。

前卫性感

一、整体风格与个人风格

风格就是独特性与差异性。在这个个性化的年代里，各种审美形式并存，美是多种多样的，没有一致的标准。华丽有繁杂的美，简约有单纯的美，颓废有放任的美，传统有古典的美……不同的年龄层次、文化修养和经济基础，使人们有着不同的价值观和生活追求，他们以不同的视点对服装风格做出不同的选择。激烈的市场竞争和复杂多变的市场需求促进了设计风格的多样化。设计师有针对性地综合流行元素，并赋予服装以个性面貌。

服装不仅包含自身构成的要素内容，而且体现了穿着于人体之上的着装状态。每个人，无论身材高低、五官如何，着装后都会体现出一种与生俱来的气质与风格，并以此作为区别于其他人的个性标志。在服装与人的整体展示中，精神也很重要。因为如果没有穿着者的精神气质，就不会形成形式与内容相默契的着装状态。个人风格主要表现为以下两个方面。

1. 大众流行风格

在穿着者中表现出符合大众审美观的个体服装风格。它融合了现代人的生活情趣，投合了主流文化的意趣，体现了流行的主流风尚。如20世纪50年代，女性争相效仿迪奥以大众普遍接受的美学语言推出的“新外貌”服饰，符合当时古典主义女性一直盛行的优雅、华丽及均衡感的审美情趣，成为大众经典的流行穿着风尚。还有近年来人们日趋轻便、舒适的休闲风格，淳朴、本源的自然主义，色彩斑斓的民族风格……都是在一定时期内符合大众审美的流行风尚。

2. 个性流行风格

人们可以依据自身的特点安排穿着方式，创造自己独有的风格，脱离与他人的共性元素而将与他人相异的元素表现出来，从而形成独特的个性风格。例如，街头风格常常表现出创造性的搭配。将那些或者在高品位商业区买的，或者从复古店或收购站淘来的服装创新性地组合在一起，为单调的城市街区增添个性风采。

另外，亚文化群族鲜明地体现了流行的个性风格。他们以颠覆传统的手法，以另类、冲突、多元化的组合创造自身独有的风格。像亚文化群族中的垮掉的一代、小平头族、摇滚族、追星族和网虫族等，以独有的风格为设计师提供了捕捉某种理念的灵感源泉。而且更重要的是，他们“由下而上”的流行传播影响时装的主流，影响了大众的着装方式；强调个性风格，促进了服装多种风格共存的局面。

休闲自然

颓废激情

二、流行的环境风貌

在服装整体风格与着装者的个性风格的层次上，流行还体现在环境因素方面。把服装看作一个系统，在这个系统中，服装与其他因素构成了“人—服装—环境”三者之间的关系。在此，“环境”是指在服装发展过程中所依托并赖以生存的社会环境和自然环境。流行的环境风貌就是服装要与人所处的环境相协调。

中国古代服装的“天人合一”的着装观念，强调了整个宇宙的和谐，体现了服装与环境的关系，服装不仅要与自然环境，更要与社会环境相统一。

1. 服装与自然环境相协调

服装的自然环境，最直观地体现生活、工作等场合中的着装效果。在现代生活中，多元化的服装风格正好符合了人们多角度、多侧面的生活需要，礼服、休闲装、

放松时的选择——休闲装

运动装、职业装及家居服等，为人们提供了各种环境下的着装形式。

2. 服装与社会环境相协调

人们在社会政治、经济生活中所形成的生活方式、审美情趣等直接影响了服装的潮流。社会的大环境与服装流行是相协调而发展的。例如，高度追求物质的20世纪80年代，人们极度渴望回归大自然、渴望自由，为了顺应人们回归自然、放松身心的需求，服装设计师在回归大自然的思潮中得到创意灵感，在款式设计上使用宽松、亲切、随意、朝气的造型；在面料运用中，选用棉、麻等天然面料，创造了流行的自然风尚。而美国人崇尚的简约风格也是随着生活方式的改变而产生的。工作节奏的加快使人们在审美上提倡简洁明快的情调，用简约的形式替代法国繁琐浪漫的风格。

与社会环境相协调的简约风格

回归自然、寻求人性的解放成为热门话题

三、流行的文化风貌

服装自满足了保暖御寒的基本实用功能后，作为一种社会现象，特别是在现代社会，已成为大千世界中人们对社会生活追求的外在表达形式。人们并以此来彰显他们基于文化内蕴的对美的表达。而流行则是根据社会的不断发展和进步，人类社会需求的不断变化而更新出现的。服装的流行由来已久，并非是现代社会的产物，也并非是简单地开始于花色等的变化。它与文化发展有着密切的联系，即服装的流行有着显而易见的文化特征。如封建社会的章服制度，明清时期的不同的“补子”图案分别代表着不同的品级，有着明显的政治文化意义。

每一次服装的流行变迁无不映射出当时的时代特征与社会变革的轨迹，服装的流行时尚以不同的面貌特征反映出各个历史时期的政治运动、经济发展、科技进步及文化思潮的变化。发展到当下社会，当代流行趋势尽管在追求流行时尚的理念上旗帜鲜明，但在他们所炫耀的服饰中却处处表达着当代文化的情感。前些年具有异国风情的格子服装大行其道，便把英伦文化传递给了大众。另外，在服装的流行中我们不仅能感觉到明显的文化特质，同时，文化因子也可以通过服装流行趋势和特征来传达特定的文化信息，从而起到有效的文化信息的表达和传递目的。影视剧《大长今》的服装把韩国服装文化展现得淋漓尽致，通过文化渗透和植入式营销，韩

格子中渗透着异国风情

《大长今》中的传统韩服

国服装把中国人的心灵感染、震撼、感动，获取了大量的经济利益，因此直接或间接导致了街上众多身穿“韩版”衣饰的时尚男女。这种植入式服装营销手段也是非常值得我们借鉴的。

其实，服装本身就是一种文化符号，从它意象的形成到图纸的绘制，从面料的裁剪到工艺过程的生产，从成品的形成到附着于消费者的身体，其中的每个环节都渗透着设计文化、工业文明等文化因子。而流行演变更是将各种文化因子以服装为载体、以时间演进为线索动态地流露在人们的视线里。所以，服装流行所展现的不仅仅是一种人们外在着装的简单“过期作废”式的工业化生产，更是一种展现时代气息和文化风貌的视觉表达形式。

四、流行的民俗风貌

服装流行作为一种服装发展的文化倾向，在一次次服装外在形式的演变中不断形成了新兴服装的穿着潮流。从这些“潮流”中我们能明显地感觉到服装风格的存在。而在由网络构成的地球村时代，由于信息实时不在场的传递和获取，各种承载着民族民间文化信息的符号以其独特的文化魅力逐渐被世人所关注和喜爱，这些符号同时也在一定程度上促成了服装风格的形成。正是在这样的境遇中，我们经常能从流行风貌中看到民俗的影子，民俗符号也成为时尚因子不断在服装的流行中彰显着自身独特的魅力。例如，唐装的面料、图案、造型都与我国传统的民族民间意识联系在一起，形成了风格迥异的服饰风貌。

现代“韩版”服饰

民俗之所以能结合到服装的发展演变中，在于民俗本是一个国家或民族中广大民众所创造、享用和传承的生活文化。它与人文相关联，是一种人民传承文化中最贴切身心和生活的文化。民俗深植于集体，在时间上，人们一代代地传承它；在空间上，它由一个地域向另一个地域扩展。它就是这样一种来自于人民、传承于人民、规范于人民，又深藏于人民行为、语言和心理中的基本力量。

相比一百多年来工业社会所形成

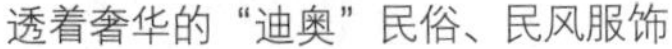

透着奢华的"迪奥"民俗、民风服饰

凸显亚文化的非主流服饰搭配

的当下整齐划一的生活方式和基本趋同的生活态度，早期的民俗内容显得丰富而个性。虽然它们由于社会形态的更替而逐渐被现代生活内容所代替，但这些逐渐淡去的形式内容却能带给当下的我们全新的情感体验和视觉感受。"韩流"对中国服装流行的影响就是明显的例子。在通过现代传播媒体的各种渠道的宣传攻势下，特别是影视传播中，《大长今》里所形成的医药文化生态符号、服饰文化人文符号、礼仪文化制度符号、建筑文化环境符号，在打造民族民间文化符号并形成独特的风格对外传播的过程中，使得"韩流"的流行也就具有了鲜明的民俗风貌。

当下文化产业得到大力弘扬和发展，民俗现象和符号为民族文化产业的发展提供了宝贵的个性素材。对于服装而言，正如文化层层累积形成了深层底蕴一样，民族服饰的魅力和价值也在于它的精致和内涵。如果说在现今以前的工业时代，民俗文化符号还只是偶尔、小范围地出现在服装流行元素里，那么在对文化尤为关注的今

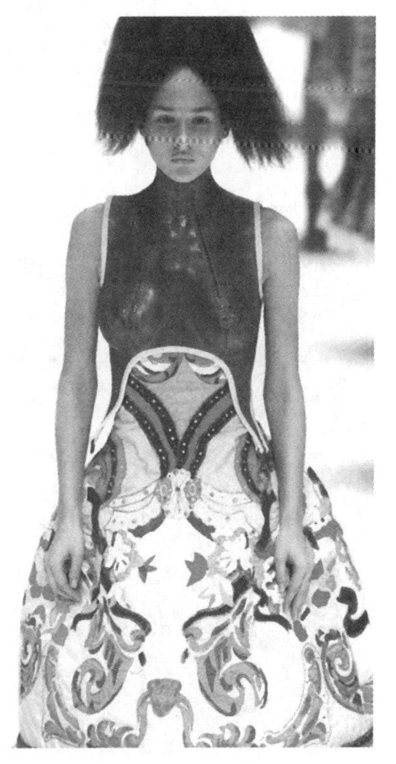

亚历山大·麦克奎恩设计的具有后现代主义风格的服装

天，随着地域文化实力的逐渐强大，服装流行的发展也必将引领出风格独特、意蕴丰厚的民俗风貌特征。

第四节　流行的传播与创意

流行的趋势和理念，有的很明显，有的很模糊；有的相互冲突，有的则界限分明；有的奇妙，能振奋人心，但有的却不足为奇。信息时代的到来导致全球各种资讯的共享，地球村的概念已深入人心，各种文化相互交融，使得人们比以往任何时代都更广见多闻。流行传播的层面达到了前所未有的广泛，足以遍及世界各地。而来自服装之都的时装发布则成为流行新闻的源头，每年的时装发布会像磁铁一样，吸引了全球的服装业者来打探新一轮的流行趋势。

金属片做成的“外衣”，张扬狂野

服装中的金属装饰与金属配饰，将野性发挥到极致

一、国际化流行

1. 后现代主义时装

后现代主义时装打破了国家、地区和民族的界限，具有全球性的广泛空间。设计师的想象可以天马行空、任意挥洒，如像加里亚诺的时装那样，灵感与视野可以放眼全球，爱尔兰的吉卜赛流浪者、泰国的拳师、皮特街头农夫的形象以及犹太风格、西班牙舞裙等都可以成为其丰富的灵感源泉。经过设计师们的创意加工，就可以制造一系列令人心醉神迷的视觉游戏，具有变幻莫测、魔术般的神奇。

这种世界大同的趋势在时装上体现出来的就是集多元文化于一身的时装越来越时兴，这种充满民主共和精神的时装也被称为“后现代主义时装”。并且它的不定性——模糊性、多义性及意义上的混合、夸张，都与消费主义、多元主义等种种自由飘荡的符号所代表的世界观相吻合。

后现代主义时装提倡的流行影响可以从各种不同民族或文化来源中摘取出来，经过全新组合，然后再传播到新的社会及文化氛围中。而这种时装呈现的对视觉的吸引力也是毋庸置疑的，它是一种充满动感、生气的立体概念服装，有着多变的面目，是这个大变革时代的缩影。

2. 中国元素的国际化

服装的时尚交流是多角度和全方位的，既有本土文化之间的，又有中外文化之间的；既是横向的，也是纵向的。为了抓住机遇、赢得挑战，中国服饰设计理念应摒弃对欧美的一味模仿，大力弘扬中国传统文化。如果仅仅仿效西方，将永远落于其后。17~18世纪的中国服装曾对西方社会产生了巨大影响。当时，“中国品位”是欧洲的主流，穿中国设计的丝绸服装是最高时尚。中国传统的优美设计和艺术，在世界上占有重要位置。

近年来，中国风大有西渐的趋势，许多国际大牌纷纷采用中国元素，表达了奢侈品牌设计师对于中国元素的理解，也透露着顶尖品牌对中国的关注。其中曾被借鉴的中国元素有：织锦刺绣、泼墨手法、立领披肩、民族图案、中国结、青瓷花瓶、京剧脸谱等。

二、时装的创意与传播

流行的形成，必须要在服装设计中具有创意的成分，才能够不断地满足人们多变的需求。不过，针对不同的消费者，创意的表现则不相同，传播的层次及影响的范围也不相同。

1. 流行时装的创意

在流行时装设计中加入少量的创意成分，如果服装轮廓是新颖的，则可以保持原有的色彩和相似的材质；如果创新的部分是材质，则引用熟悉的色彩和裁剪；如引用前所未有的色彩时，则可以保留基本的外形和材质。适度的创意刺激，可以追赶上流行的脚步，并且在人们当前的审美水平中，融合现代人的生活情趣，在实用的基础上进行艺术创新，款式搭配有特色。

针对市场反映好的流行时装做适度的创意，可以将流行层层推进，使流行具有较长的周期性，并且有可能成为独具特色的典型服装。如夏奈尔套装，在每一季的流行风潮中，只做适度的创新来跟进潮流，设计经典的款式，并广为传播。

流行时装的创意（夏奈尔）

前卫时装的创意

国内服装设计大赛中具有前卫创意的作品

2. 前卫时装的创意

前卫时装具有前瞻性思维，具有前卫派与先锋派的风格。脱离大众化的夸张造型，带有强烈的艺术性，突出个性化的风格。设计中有鲜明的时代感，富有创新意识及设计内涵，表现手法独特，服饰搭配不拘一格，不拘泥于一般性思维，多用跳跃性和逆向思维，材料不受限制，带有很大程度的尝试性和先驱性。

先锋前卫风格给人以反传统、反体制、破坏性的感觉。例如，毕加索的晚期艺术及现代各前卫派艺术。兴起于20世纪初的欧洲前卫艺术运动，是先锋前卫风格的发源。这是完全属于青年人的流行时装倾向，具有与正统的概念、传统社会规范相反的超时代的意识，在装饰语言中具有刺激、开放、强烈、奇特而独创的风格特点。服装品种不拘一格，风格随意，在装束上多打破了传统服装的比例和正常结构的稳定性以及常规的场合规则，具有强烈大胆的服饰视觉效果。

先锋前卫型时装设计的风格特征在于异常创新的时装形式和别出心裁的奇异服饰，在材料的运用上往往采取异乎寻常的搭配方法，因而适应于追求流行的时髦青年，且具有强烈的个性。这类时装倾向往往流行周期短，突如其来难以预测，但在宏观意义上也反映出新的社会思潮和未来社会发展的新动态。

在服装设计中想尽一切办法让人震惊，诡异、怪诞、疯狂打破了大众既有的流行规则，着迷于各种未曾尝试的流行理念。在这些乍看起来荒诞怪异的外表下，却往往会创造出各种独具内涵的流行趋势。譬如20世纪70年代的嬉皮、80年代的朋克曾引起流行界的轩然大波，现在却被纳入大众流行轨道，为流行服装增添了新生力量。打破常规的创意在初露头角之际，主要以年轻人为首，只是反映了极少数人的意见，但是随着传播的诠释，其影响力与日俱增。如今街头时尚中充满了幻想与创造，从中可以不断地找到新的流行趋势，对实用性服装潮流具有启迪和预示作用。

好的创意点有助于满足人们的审美需求

优秀的作品应是创意与时尚及市场之间的完美结合

三、时装设计的创意性与市场性

1. 创意思维

从字面上理解，创意是指新意独到的思维，而在服装设计中仅仅把创意理解为独到、新意，在思维上是不够的。在服装设计中，大量运用历史上曾经用过的方法或是他人所用的设计，结合现代的设计语言重新诠释。设计中最为灵魂的部分，就是创意要结合当下的时尚来进行，把旧物翻出新意，把其他元素移植过来创造时尚。服装创意思维包含创意并创新和创意不创新的两种类型，在服装设计中特别不能忽视或否定创意不创新这一部分，因为设计所具有的继承性是不容忽视的。

在科学创造和技术更新时，人们的创造性思维源于人们在生活和生产中感受到的各种困难，或者是不便的缺陷，从而创造出新的方法、新的技术、新的产品，旨在方便生活，提高生产效率和产品品质。而服装设计的创意思维具有自身的特点，就绝大多数服装产品来讲，目前的服装基本满足了人类的原始功能，如防寒避暑、保湿透气等。服装的设计创意思维源于满足各种心理需求，源于人们对服装审美产生的视觉疲劳，要求社会不停地创造新的美感、新的时尚，满足人们的审美需求。

2. 创意与市场之间的关系

当我们把思维与消费市场结合起来时，每种创意设计都需加一个环节，即把创意市场化、产品化、社会化。

长期以来，服装业、服装教育界以及服装设计师在设计观念、设计思维上还存在着一些误区，要么强调服装设计中的艺术性，脱离市场、脱离消费群，搞一些前卫的、概念的、夸张的、标新立异的设计；要么把市场流行放到第一位，讲究实用，尽力去迎合流行，设计缺少新意，使得消费者很难选购符合自己的完美服装。一位成熟的设计师绝不能热衷和留意当今社会上已经广泛流行的样式，更不能盲目地去

创意设计，给成衣设计注入新鲜的血液

创意设计

以市场为导向的设计1

以市场为导向的设计2

刻意模仿或单纯迎合，而是应该设计和提供一种更新的式样，去代替市场上那些流行的模式，倡导一种新的流行模式，创造新的概念，从而引起轰动，并在市场广泛流行。服装的流行是有规律可循的，服装设计师最根本的任务就是要研究符合当时当地的流行和流行规律，从而设计出有自己独特风格的式样，这样就能既立足于市场而又不脱离市场。

创意思维是建立在市场的基础之上，以人为本。研究人是服装设计师们的首要任务，而设计的元素、设计技巧只是手段而已。那些随波逐流、模仿他人设计的设计师必定会遭到市场的抛弃。所以，我们要把握好创意思维与市场的平衡度，设计出满足消费者需求的服装。

实践题

通过流行对服装设计的启示，用设计中的流行语言来完成一个系列3套服装，以“青春”为主题的服装设计。

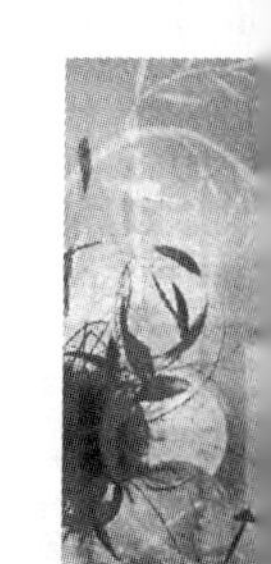

专业知识及专业技能

第七章 现代服装设计理念与市场流行

- 第一节 现代服装设计现状分析
- 第二节 现代服装设计理念与市场流行
- 第三节 服装设计理念与市场流行
- 讨论题

教学目的：通过本章的学习，使学生了解国内外服装设计的现状及差异，明确现代服装设计的动机、依据、特点以及效应，学会运用现代服装的设计理念引导市场流行。

教学方式：课堂讲授、案例分析讨论

课时安排：4课时

教学要求：1.要求学生在课前了解服装设计的理念，理解国内外服装设计理念上的差异。

2.在课堂上运用所学知识举例说明由于国内外服装设计理念的不同而导致市场流行上的差异。

第一节　现代服装设计现状分析

服装设计作为服装产业迅速发展的推动力，其设计水准的高低决定着服装产业发展的水平，同时也是服装企业实现品牌化的关键。“知己知彼，百战不殆”，充分了解国内外服装设计的现状，无疑对我国服装设计的发展大有裨益。

一、国内服装设计现状分析

任何事物的发展都是相互联系并有着一个承前启后的关系，我国服装设计发展境况也不例外。20世纪70年代之后，我国的服装设计迎来了设计领域的新一轮春天，并逐步与国际时尚接轨。在短短的几十年时间里，我国的服装无论是设计方式、设计理念、设计思路，还是设计的定位，都一步步成熟起来，并取得了有目共睹的进步，成为世界上第一大服装生产出口国。服装设计也作为一个单独的行业被分离出来，逐渐走向设计产业化。在设计领域，我们由“跟随”转向“自主”，由“绝对西化”转向“中西合璧”。当然，这也顺应了国内外市场发展的要求。

国内别具特色的设计师品牌——例外

随着我国经济水平的不断提高和大众生活风格与品位的不断提升，人们也从不同角度、不同层次感受着“时尚”带来的精神魅力，这也是导致我国服装消费市场细分化的直接因素。由于消费市场的变化，服装设计内涵也在向多元化扩张，它已是一个集现代设计思维方式、现代设计手法、现代审美观念、现代工艺技术和现代市场运作为一体的综合系统。例如，在成衣设计方面，它完全脱离了纯艺术的范畴，设计以市场为导向，从中来体现它的价值。为了满足市场的多元化需求，服装的式样也逐渐多样化，出现了符合不同阶层、不同地域、不同民族着装心理的服装。服装产业中“轻视设计”的现象正逐步减弱，企业通过设计师的力量来确立服装风格、塑造品牌、打造企业形象，从而赢得目标消费者的喜爱与信任。对设计师而言，能否帮助企业提高产品的现代设计含量并增加设计的附加值，是其所设计产品能否经得起市场检验的一个重要指标。正是在这种“双赢”的动力驱使下，设计力量日益得到重视并开始发挥自己特有的效能。

将传统美引入现代婚礼服设计中的设计师品牌——蔡美月

但是，在目前国内的服装设计中，也存在着不和谐的因素，产品追风就是一种不容忽视的现象。一些中小企业所谓的“设计部”似乎正在有意识地培养在国外叫作“买手”的“设计师”。每每观察到市场上哪种服装款式销量直线上升，“买手”就及时“出手”，买来热销的服装做样品，进行拓板复制，再进行批量生产投放到市场。这也就是我们为什么能看到国内同一款流行服装中有高、中、低档之分的原因。这种做法无可非议是国内服装设计界的一种“悲哀”，同时也把部分设计师莫名其妙地推到两难的无奈境地。当然，这里也就不存在什么设计师引导时尚消费的概念了，它完全被企业的经营模式所牵制。另外，由于我国服装企业的服务信息网络还不够健全，消费者的反馈信息还不能及时传递给设计师，以便及时进行设计的改良与修改工作。

事物的发展有着自身的两面性，我国的服装设计发展状况从总体上看还是方兴未艾、令人欣慰的。毕竟我们的设计路线指向和设计思想的转变已开始使服装市场活跃起来。在不断融入本民族文化并以“国际化”为中心的发展方向中，我们在世界时尚舞台上占有一席之地是必然趋势。

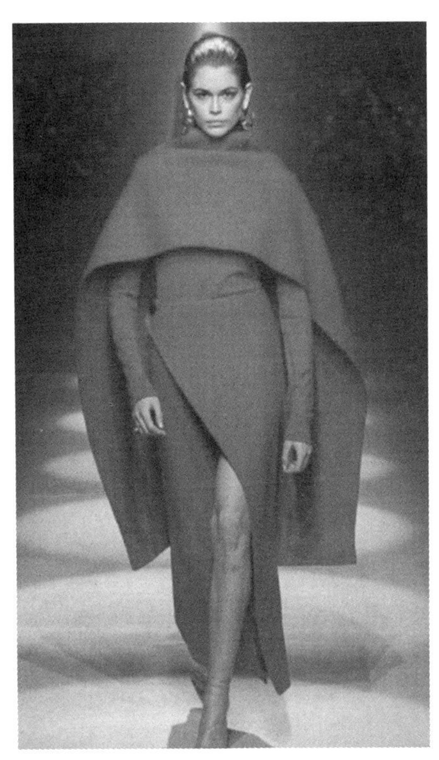

纪梵希2020高级成衣发布

巴宝莉2020高级成衣发布

二、国外服装设计现状分析

百年时尚，百年设计，从服装设计师的出现到现在已有百年多的历史。在对美国、法国、英国、意大利等发达国家服装企业模式共性的审视中，我们可以更好地了解国外服装的设计现状。

由于这些发达国家基本都经历了一个长时期的设计发展历程，所以他们那种标新立异的思想更容易接受新鲜事物，其民族独特新颖的服饰文化概念正是在这样一种无意识的情境下形成并且成熟的，而且在相当长的时间内引导着世界时尚潮流，影响着世界服装业的发展。

在这个过程中，服装企业给了设计师很大的设计自由空间，也就是所谓的不求过程、只求结果，同时，设计师的潜能也得到了最大限度的发挥。这样，便将企业与设计师的矛盾降到了最底线，也许这就是国外设计师的个人风格比国内强一些的原因之一吧。另外，由于设计师长期以来注重设计与工艺的结合及对服装板型的研究，所以推向市场的服装既有创新点又符合人体功能，具有明显的市场流行特点，足以使消费者在市场上找到适合自己风格的服装式样。对企业而言，这可谓“名利双收”。在这些发达国家里，很难看到服装企业产品相互趋同且流于类似的现象，企业间的竞争是良性竞争。再者，国外的服装设计发展迅速，与其实施的品牌战略、名牌效应有很大关联。品牌可以推动流行，品牌运作的成功可以达到事半功倍的效果，如以资产为纽带将名牌产品进行生产扩张，以提高市场占有率的企业比比皆是。像法国的皮尔·卡丹、美国的CK等品牌在世界范围内推行品牌扩张，建立世界工厂，并且加速本土化进程，实现本土文化与现代设计的结合。还有，国外服装企业已经摆脱了单一的服装经营模式，逐步向多种经营转化，实现互利互惠，并且最早实现了设计、决策、经营中心与生产基地的分离，有利于对流行趋势做出准确判断和快速反应，并及时运用到设计中，有利于对市场的把握和设计的创新。随着信息产业的发展，健全、完善的服装信息系统的广泛应用也为西方发达国家服装设计的发展提供了保证。对于服装出口国家如法国、意大利等，虽然这些国家每年都有大量的服装出口，但其所走的路线却是创新型、设计型的，做到的是以质取胜而非以量取胜。

来自意大利的世界名品——阿玛尼

纪梵希的设计优雅中带有谐趣

第二节　现代服装设计理念与市场流行

服装设计在现代生活中扮演的角色，其重要性是不言而喻的。对于服装行业来讲，设计无疑起到了灵魂作用，从市场调研到产品产出，设计又起着穿针引线的作用。

基于它的重要性，在现代服装设计活动中必须考虑到与之相关的诸多因素。

一、设计动机——目的

设计动机包含着两个层面的内容，即设计师从事设计时自我表现的单纯的设计动机和市场加附于设计师的动机。

设计师自我表现的单纯的设计动机，是一种对服装“艺术”永无止境的追求的结果，完全是出于对服装设计的爱好和兴趣以及“有感而发”，是一种基于个人情感意识基础之上的创造性活动。在这个过程中，他们几乎抛开服装的实用功能价值，将之与绘画、音乐、雕塑、文学等纯艺术形式等同起来，企图利用服装这种形式来表达自己独特的思想感悟。作为纯艺术品来创造并欣赏，并不注重消费市场上的反应，我们可以把它归类于狭义上的“概念装”或“创意装”。“艺术来源于生活”，他们的创作也是基于对现实生活的反映和真实的写照，诸如美国一些服装设计爱好者为了宣扬环保而采用生活废弃物设计的创意装，在街头以“行为艺术”的方式展出，

维克多＆洛甫单纯地表达自己的创意和设计理念的“艺术设计”

维克多＆洛甫倾向于市场商业化的设计

他们对服装的追求是纯精神理念的表达，服装在这里成为表达他们思想的载体。

消费市场附加于设计师的心理活动，主要表现在设计师在设计过程中除了考虑款式设计、结构设计和工艺设计之外，还要考虑设计的成本、销售利润及消费者的反映等消费市场的诸多因素，尤其强调经济因素。在现今社会形态下，服装设计成了从业者的一种社会职业，设计活动更多的是为消费市场的主体服务，是为了满足目标消费者各种动机与目的的创造性活动，这也就是服装设计区别于审美功能价值追求的另一面。服装设计师在表达个人情感追求的同时，更多的是传达目标大众的一种集体所追求的趋同价值。所以，现代服装设计受到诸多目标消费市场因素的制约，同时，设计的成功与否与目标消费市场有着直接的不可割舍的关系。

二、设计依据——条件

服装设计定位的依据即服装设计的条件，它主要包括两个方面的内容：目标消费市场情况和消费者着装动机与目的情况。

前者包含服装设计师对目标消费市场流行的把握程度以及根据市场反应对流行做出合理的预测，从而在新的设计中将之体现出来，以达到引导消费的目的，最终实现设计赋予服装产品的附加值。

设计师根据市场反应所做出的流行发布

功能与审美同在的现代服装

后者则决定了设计师主要根据目标消费对象着装的时间、地点、场合等基本条件去进行有针对性的创造设计，寻求人、环境、服装的高度统一与协调，这也是我们经常所提及的T（Time）、P（Place）、O（Occasion）三原则。在不同季节和一天中的不同时间段对服装的造型设计、色彩和面料的选择有着不同的要求。例如，夏装与冬装、西方社会中的晨礼服与晚礼服等；地点主要指地理自然环境，也包括当地的风土人情，如对民族服饰的改良；另外，人们要经常出席不同的场合，而场合作为环境因素同样需要在服装设计中考虑服装与它的协调关系。优秀的设计作品在背景的衬托下将更具魅力，反之就会大打折扣。

除此以外，在设计中诸如个性气质、文化素养、宗教信仰等因素也是不容忽视的。

三、设计手段——特点

设计师在设计过程中采用的手段主要是通过对服装的造型、色彩、材料等进行设计来实现的。

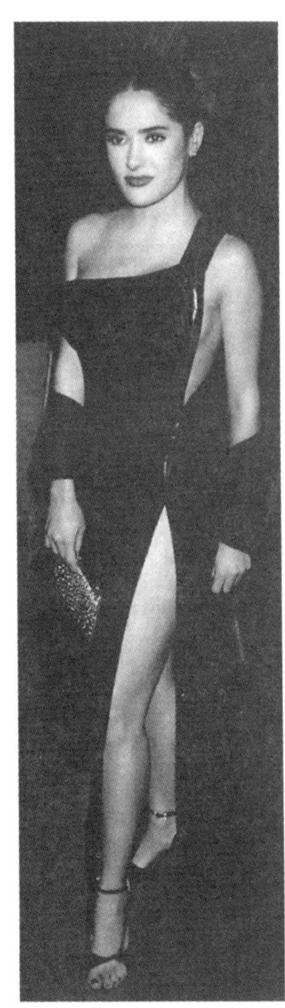

范思哲礼服的魅力

迪奥的设计在目标消费者中的评价极高

拉夸的设计风格复古而奢华，设计特点鲜明，可以满足目标消费者的求新、求美心理

在造型方面，主要通过运用点、线、面造型美的形式法则与形式规律的表达来调整服装给人的视觉效果，通过对服装廓型及其部件的设计以及运用不同的裁剪方式来表达设计的风格。色彩方面，根据设计风格特点及色彩的象征作用，利用色彩的明度、纯度、色相之间关系的变化而进行组合与搭配，使之在和谐的基础上既具有时尚感又符合时代特征，从而达到传递隐含于思想的目的。材料作为设计的载体，设计师热衷于通过对其的二次设计来实现材质美，使设计理念通过材料的充分利用表现出来。常用的方法如：在纱、绸等薄型织物上做浮雕效果，如压褶处理、立体装饰等；在麻及网眼织物等经纬度比较疏松的织物上进行抽丝处理；在牛仔等斜纹织物上采用刺绣、镂空等方式；在薄型皮革上通过后整理工艺轧出不同的图案……另外，随着材质再造加工技术的进一步开发创新，各种纺织品、针织品、皮革与各种饰物的混合搭配，能使面料表面出现丰富的肌理效果。三宅一生便是通过对面料的二次设计来表现服装材质美的设计大师之一。他善于发挥材质的自然风格和挖掘各种材质美，从而实现对服装面料差异性的功能再造。“一生褶”就是对他设计的充分肯定。因此，在设计中要充分发挥材料的个性与可塑性。

四、设计结果——效应

服装设计的结果是设计作品最终所应达到的目的，即设计作品所应产生的效应。它有积极和消极之分，并主要通过赋予设计产品附加值的多寡及对目标消费者着装诉求的实现与否来衡量。

服装的商品化特征，要求服装设计师的设计行为与活动要符合市场规律。如果设计产品能够在目标消费者中产生良好效应——供不应求，那么该设计便是成功有效的，其结果或效应也就不言自明了。同时，设计师本身的艺术才能也能被充分认可，其人格魅力得到提升。这些都是设计结果带来的积极连锁反应。

从目标消费者的角度来衡量，如果消费者的购买、着装动机和目的通过特定服装得到了满足，那么我们也可以认为设计结果是积极的，反之，则是消极的。例如，出席晚宴或聚会的女士，如果她的着装达到了“天人合一”的境界，赢得了满堂喝彩，满足了她“求美”“表现自我”的着装心理，设计的目的也就达到了，同时在这种环境中也有利于提高设计师的知名度。反之，如果女士的着装在当时很暗淡、反应平平，那么无论对着装者还是设计者都是一种失败，可能会导致一种恶性循环，即客户的流失与设计师的抵触情绪。

第三节　服装设计理念与市场流行

一、现代服装设计理念

服装除了其不言自明的实用功能外，它还是精神文化的载体，一方面，它满足了人们保暖御寒的外在需求；另一方面，附着于服装的精神理念又在不断激发着人们精神上的愉悦与情感上的满足。在社会的发展进程中，它往往伴随着流行趋势，与时尚有着不解之缘；对于特定的历史阶段而言，它也往往代表了特定时期和特定地域的精神风貌与时代特点。

随着社会的进步与经济的发展，人们开始从多维视角来解读现代服装，并对它的造型、风格特点以及附着的文化内涵尤为关注。自此，服装设计的多元化、国际化特征完全显露。对于现代服装设计师来说，他们的设计表面上是服装，而其深层内涵却是设计人与社会、人与自然的关系。

日常生活中，人们还是比较崇尚简洁、大方、雅致的服装风格

现代服装设计理念支撑下的设计语言的多样化与丰富性

为了使人、社会、环境与服装的关系达到和谐统一，我们有必要从多层面来扩展和深化服装设计理念，使设计更好地融功能、文化、技术、美学于一体。

束缚人性的洛可可时期的服装

1. “以人为本”的设计理念

“以人为本”是现代服装设计界继“传统与现代”之后的又一热门话题。在现代设计领域，“以人为本”的设计理念被广泛提升，人性化设计被广泛运用，这便突出了为人和社会服务的设计之本。纵观服装发展历程，从我国“三寸金莲”的“解放”到西方社会对紧身胸衣、超大裙撑的摒弃，人们已逐渐把身体从束缚中解放出来，完全打破了那种无视人性与人身价值的设计思想。另外，值得一提的是，虽然我国历代崇尚的都是平面裁剪的风格，但是从其袖型和腰身的细微变化中，也能感受到其中某些潜移默化的“以人为本”的设计思想，它只是比较隐晦而已。这些设计思想和形式的变迁都在逐步适应和满足人们所处社会、环境审美与功能的需要。

新古典主义时期的服装，功能性依然没有被提上日程

在过去很长一段时间里，服装设计主张“形式追随功能”，要求设计形式和设计风格的变化应以“功能”为前提，当然这也属于人性化设计的范畴。不过，最终人们发现工业化的大批量生产似乎使服装失去了其所应有的“人情味”，忽视了服装中人对情感诉求的满足，以至于市场上的服装规格与式样趋于雷同。正如制服，

使特定着装者失去了选择的余地。面对如此情境，人们着手重新挖掘和定义“以人为本”的设计内涵，结果是好的设计应“形式”与“功能”相提并论，“精神功能”与“物质功能”同时存在。于是，才有了目前市场上符合不同消费群体、不同设计风格的服装产品，如简约的、传统的、古典的、休闲的、中性的、奢华的、前卫的等式样。

当然，服装风格的多元化，也是人性思想与精神内涵多元化的要求，“以人为本”的设计理念也正是基于这种背景而产生的。

2. “绿色设计”理念

在工业化生产规模不断扩大的历史背景下，服装市场由卖方市场转向买方市场，服装消费也不可避免地带有明显的“限制使用期”的工业化特征。人们对服装购买欲的节节攀升，从一定角度看意味着某种浪费，即富余服装的处理问题。工业化大生产在推动社会进步的同时，也给人类生存环境带来了诸多的负面影响，因此，“绿色设计”概念在服装设计领域应运而生。

“绿色设计”要求在进行服装设计的同时，既要考虑基本功能和审美需求，也要考虑到原材料、加工过程、包装设计及消费者使用过程中的舒适健康指标及最后服装使用周期后的回收、处理等与环境相关的诸多问题，也就是所谓的“可持续性”。它是以崇尚自然、弘扬生态美、倡导人类与自然和谐共处为前提条件的，它的产生与生态环境的破坏和人们日益增强的环保意识密切相关。近年来出现的玉米纤维、大豆纤维、竹纤维和牛奶纤维等可再生环保纤维及“彩棉”服装的热销，就足以证明人们对绿色设计的关注和认可，因为它们完全符合人们对“生态”“时尚”等现代理念的要求。

于是，便有了服装设计形式与特点上的简约路线，“少即是多”的主张，去掉繁琐的装饰，在美与机能的基础上力求材料的节约与环保。在设计风格上走自然主义路线，主张“返璞归真”，突出材质本身的美感，采取宽松合体的设计造型以符合人体的自然形态，追求服装穿着的舒适、和谐、自然、健康。色彩上选取以自然色调为基调的明快色彩组合和原色组合以及含有空间感的中性色彩。

“绿色设计”理念将引导“绿色消费”，绿色象征着生命，“绿色设计”将保持着旺盛、持续的生命力。

3. “兼收并蓄”的文化设计理念

服装作为思想文化的载体，它有着极为丰富的内涵。作为设计的主体，各国设计师都在不同地域、不同民族中寻找创作灵感。而作为设计结果的最终设计作品，服装所蕴含的多元文化逐步取代了单一文化，不同民族的、地域的、宗教的文化特点逐渐被设计师挖掘和应用。例如，“迪奥”曾经的设计掌门人约翰·加里亚诺曾多

褶皱、刺绣等设计手段在服装上的应用

次来到中国采风，寻找创作灵感，收获颇多。在发布会上他把中国旗袍的式样加以创新并搬上了T台，紧接着便是对日本文化的借鉴，对和服造型进行设计创新。他对东方元素的借鉴和包容，在西方设计领域引起了骚动。服装中兼收并蓄的文化思潮成了一时的主流。

与此同时，西方文化的精髓同样也被当今中国的设计师所借鉴、采纳、吸收。如在近几年的中国时装周上，可以看到服装设计作品中大量斜裁形式的运用，在流线型的设计当中颇具美感；设计风格趋向多样化，我们可领略到放荡不羁的波希米亚风格、粗犷的西部牛仔风格等。中西合璧、兼收并蓄的设计文化理念同样也在广

约翰·加里亚诺的中国情结

“中国元素”在世界时尚舞台上大放异彩

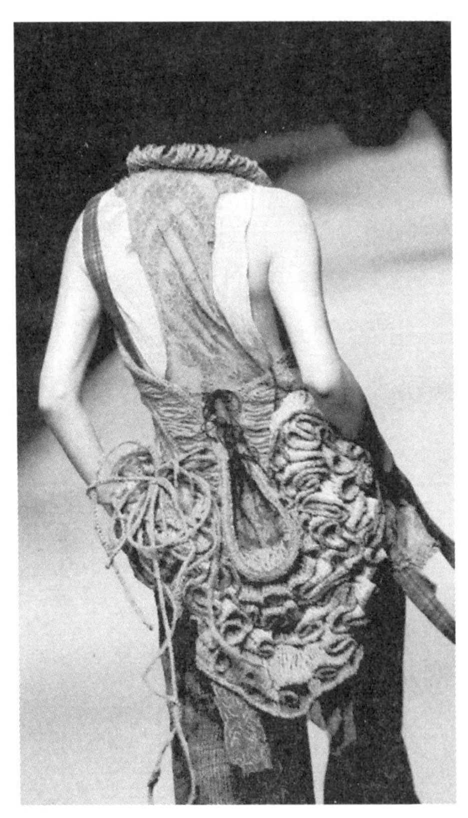

用麻绳纺织而成的时装：返璞归真

大消费市场上得到大众的认可。

所以，在服装设计中，按照一定法则把诸多元素进行合理重组，运用现代的设计手法和演绎形式进行创新，服装便具有更丰富的文化内涵与创作魅力。文化没有国界，当设计与多元文化相碰撞时，设计便具有了新的内涵。

4.“与科技同步”的网络化设计理念

信息时代，网络作为信息传播的新兴媒介，其快速反应功能令人惊叹。IT的普及，在影响人们生活观念的同时，也促使了新设计手段、新信息发布方式和新产品销售形式的产生。这些特征对服装来说同样有效。

“与科技同步”的网络化设计理念的优势主要在于服装设计师所设计的新作，可以通过计算机直接进行面料置换、色彩选择、样板分析、三维试衣等，可以通过网络与相关人员直观地评价设计的优劣及讨论改进方案；在定制服装中，设计师可以与顾客实现网络互动，设计师通过顾客的人体三维服装模型，进行分类设计与试穿及板型的修改，直到顾客满意；如果可能的话，顾客可利用网络远程协助功能，与设计师就设计中遇到的问题进行探讨；在网上销售服装，既节约企业开支，又方便消费者购买。对于企业来说，只要提供有关商品信息的查询和现场试衣系统，和顾客做互动双向沟通，顾客也只要把自己的三围和产品代码输入产品数据库，计算机就能及时把顾客选择的服装通过模型试衣呈现在顾客面前，以提高购买率。

服装消费作为体现自身价值的一个重要参照指标，在网络时代有着巨大的商机。

天然纤维“麻”在现代服装设计中的应用

二、现代服装市场流行

流行虽然变幻莫测，但是它在市场的反应却是实实在在的。

1. 简约优雅

“简约”早在20世纪60年代已出现。进入21世纪以来，随着人们生活节奏的加快，在建设节约型和谐社会的背景下，人们的消费观念有所变化。时尚的多元特征表现在服装的选择上，特定人群开始摒弃盛行多年的华丽、繁复的装束，转向更为适合自身生活环境与着装品位的简约优雅型服装。然而，简约却不简单，简单却品质不凡。现代都市女性，已经被工作中的“效率”所束缚，我们很难想象为了完美，她们可以花费很长时间去挑选搭配，因此，去繁就简的设计既符合职业女性的着装心态与要求，又符合社会的大背景。近年简约风格在市场上的流行，使得女性着装变得简朴休闲，但随意中依然透露着新时尚。“例外”作为国内的一个设计师品牌，服装风格风雅别致，虽看似简单，却常常能让人细细品出高雅细节，更能显示出女性大方得体的优雅气质，这也是例外被消费者认可的直接因素。另外，像著名品牌阿玛尼（Armani）、路易威登（Louis Vuitton）、普拉达（Prada）等都是以简约的设计、优雅的气质赢得市场的。可以说，简洁、自然、优雅已成为国际化的服装审美标准之一。

2. 休闲自然

法国思想家卢梭最早提出了“回归自然”的口号，20世纪90年代以来，它也一直是现代流行服装的表现主题之一。现代工业污染对自然环境的破坏，繁华城市的嘈杂和拥挤以及快节奏的生活，给人们带来了各种精神压力。服装界休闲装的流行，也是人们对都市生活带来压力的释放和对束缚突破的一种方式，说明人们在追求一种平静单纯的生存空间，渴望人性的回归。这种回归自然的休闲风，使得休闲服饰占据了人们衣橱的大量空间。班尼路公司旗下的班尼路、生活几何（S&K）、互动地带（I.P.ZONE）、纯真传说（Bambini）及衣本色（Ebase）等品牌的风格都以“休闲、大众化”理念为核心，赢得了一定的市场份额。除此以外，休闲、运动元素也频频出现在正装与礼服当中。“顺美”休闲化风格的西服在销售比重上比往年翻了一番。当然这也和起源于英国的“星期五便装日”的提出有一定关系。过去，严肃稳重的西装被公认为是白领甚至成功人士的唯一装束。随着现代人们生活方式与着装方式的改变，人们厌烦了旧有的标准，开始了“随便穿”的风潮。传统上班服装的游戏规则被打破，在美国，牛仔裤随着克林顿进入白宫，登上大雅之堂。在这一天，上班族一定能感受到衣着带来的无限乐趣。从心理学角度讲，休闲装束的人可以让人感到他有一种遮挡不住的活力、永远用不完的精力；从市场流行角度讲，人们将逐渐脱去非常正统的职业装，取代它的将是集功能、舒适、美观于一体的具有休闲风格的装束。

3. 绿色健康

人的需求是多元化的，在绿色设计理念的支撑引导下，“绿色消费，健康保障”成为人们新的消费理念。非环保服装对人体健康的影响已引起人们的广泛关注，衣着是否“绿色”，这种健康穿衣的概念已悄然兴起，服装的美丽造型已经不能满足人们的欲望，服装本身的健康指标越来越受到重视，特别是2004年前人类经历过“非典”这场灾难之后。在选择服装时，除了款式、色彩之外，服装的面料成分及吸湿性、透气性、保暖性能等和服装卫生成为关键。但是，目前我国消费者对绿色服装的选择以内衣居多，对其他类型绿色服装的态度预热较缓慢，当然这需要一个过程，就好像最初人们穿天然的棉、毛、麻、丝服装向随后出现化学纤维如“的确良”的转变，再回到天然纤维一样，不能一步到位。但这种发展方向毕竟是符合时代要求的。

阿希姆·利波斯（Achim Lippoth）儿童服装摄影作品

绿色健康环保服装必将引领21世纪的时尚潮流，它兴起的同时也会为企业带来巨大的发展契机。

4. 张扬个性

时代的发展，思想的解放，现今社会的人们尤其是年轻人更注重个性的张扬。他们前卫、不拘一格的着装方式，冲破了人们在着装上的种种禁忌，令人刮目相看。传统意义上的“前卫”服装风格是一种精神象征，反映了以自我为中心的风格特点。而现在人们所理解的前卫，是出于自身对美的追求而走在时尚流行的前沿，在前卫的着装风格下彰显个性。此外，为大多数人所熟悉的“街头时尚”，往往也是利用最普通的服饰挑战传统，穿出叛逆、朝气、童真。迷你裙与长裤的搭配、长靴与热裤的搭配、T恤的套穿及乞丐装的出现等，这种完全按照自己的意愿去创造和表现自我的奇异组合、怪诞的样式，也给人们带来了视觉上的享受。很多设计师都把街头服饰的特点运用到高级时装设计上，创造了很多别出心裁的个性化设计。例如，“朋克之母”维维安·韦斯特伍德的设计，她早在20世纪70年代就以叛逆的服装风格成名，她推出的“朋克风貌”“海盗风貌”尤其著名；约翰·加里亚诺将颓废的街头乞丐装的特点注入高贵优雅的迪奥高级定制服中。街头时尚正在变成大众流行的一种风尚。另外，市场上的无性别差异的“中性服装”也迎合了消费者的个性口味和求异心理。

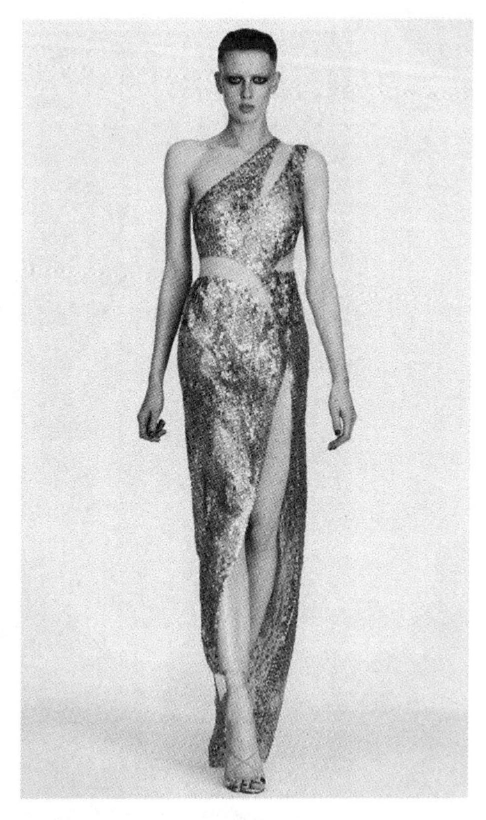

优雅的礼服设计

泳装设计

张扬个性的休闲装扮

夏奈儿2020春夏时装发布

三、现代服装的系列性与整体性

1. 现代服装的系列性

现代服装的系列性多表达为服装中具有相同或相似的视觉或质料元素，并以一定次序和内部关联构成各自完整而又相互有联系的外在形式。它强调服装群体的完整统一，具有相似的风格特征，相对于单件独套的造型样式，服装系列化的群体出现常表现出强烈的视觉冲击力。

服装的系列性可以从数量、共性等方面得以体现。从规模上看，系列服装的构成至少需有3套以上，即有共性又存在差异的服装组成。通常3~5套的组合为小系列，6~8套的组合为中等系列，9套以上的组合为大系列。最终系列服装的规模要由具体作品的内容和形式、目标定位等因素来设定，同时也要受销售环境、制作条件、消费者层次等因素的制约。规模越大，设计难度相应也就越大，销售陈列的效果也越好。系列服装的共性是存在于一个系列的各个单套服装上的共有元素和形态的相似性，是系列感形成的重要因素。系列时装共性的形成，最关键的是作品的主题。当然，共性的体现还需借助于相同的面料、相同的造型以及相同的装饰、色彩、标志、

2007年巴伦夏加街头系列

2008年巴伦夏加系列

纹样等来实现。

在进行系列服装的设计时，可以通过服装造型、色彩、面料的系列共性及装饰工艺的相关性来进行系列感的表现。如在设计群体服装时，使这些要素之间有效地排列组合并使之内在本质关联，就可以有效地形成服装系列的感觉，同时也可以多层次地扩展服装内涵和设计师理念的表达。

当然，成功的系列服装设计的形式产生，除了上述造型、色彩、面料等视觉要素外，目标消费者的定位也是影响服装系列感形成的重要因素之一。只有充分地考虑设计中的各项制约因素，服装设计才能形成鲜明而成功的系列性。

2. 现代服装的整体性

好的现代服装造型设计是诸多因素完美集合的结果。设计时，往往通过一个主题将服装设计的各个要素从内在联系、主旋律、主色调、系列化等方面统一在一个设定的风格之内，最终达成统一而整体的视觉效果。为了体现设计“耐看”的程度，好的设计不仅仅是多元素的累积，往往也是多样的形式美法则（对称、均衡、整齐、比例、对比、节奏、虚实、从主、参差、变幻）的集中概括。它也是各种艺术门类必须共同遵循的形式美法则，对于现代服装而言，就是设计的整体性。

这里不是要否认设计元素个性的表达，服装造型设计中局部变化也是现代服装中不可忽略的因素，局部也制约着整体，甚至在一定条件下关键部分的性能对整体还起到决定作用。如果没有局部的求变，设计大体趋同也就失去了设计原本的意义，良好的局部设计可以使整体效果趋于完美，但局部的变化必须以整体性为前提。因此，现代服装的整体性在这里泛指服装整体设计中局部与整体的和谐关系。例如，在服装的整体设计和包装中，配饰的选择与妆容作为不可忽视的视觉信息符号，不仅对服装主题风格的烘托起着重要作用，而且可以增加服装的整体和谐感。

2009年巴伦夏加优雅系列

2010年春夏巴黎时装周亚历山大·马克奎恩海底生物发布会现场，模特鬼魅的妆容和特殊编织的力挺发髻及脚下的未来主义高跟鞋，用来搭配“柏拉图的亚特兰蒂斯”这一海底生物系列的服装作品格外匹配。

正如前所述，整体性是各设计门类所共同遵循或追求的设计目标。对于现代服装造型设计而言，整体性除了色、型的整体设计之外，服装

2010年春夏巴黎时装周亚历山大·马克奎恩的海底生物系列

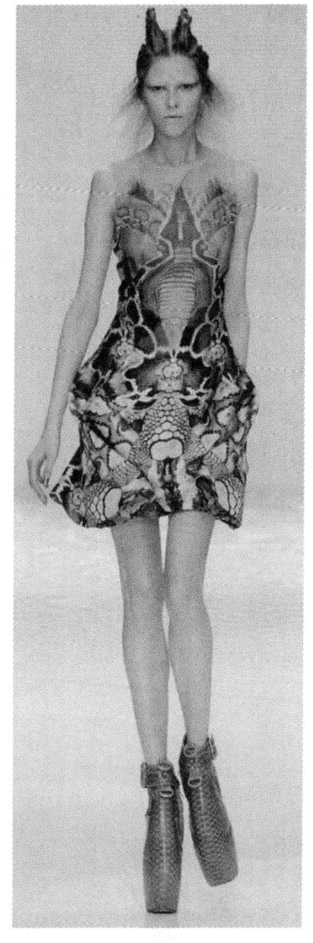

亚历山大·马克奎恩海底生物系列的整体服装造型与局部饰物

的内在美即设计的内蕴表达也是构成整体性的重要组成部分，正如一件绘画作品如果除了外在视觉形式而没有引发精神思考的内涵就是残缺不全的一样。优秀的现代服装设计作品，是各个因素有机结合的整体，各个组成部分都是相辅相成、缺一不可的。

讨论题

举例说明，现代服装设计理念。

专业知识及专业技能

第八章　中外服装流行趋势

- 第一节　流行的国际化与局部性
- 第二节　法国女装流行的个性与特征
- 第三节　意大利男装流行的个性与特征
- 第四节　亚洲服饰流行的个性特征
- 第五节　中国服装流行性与传统性
- 实践题

教学目的： 通过本章的学习，使学生了解欧美国家成功服饰品牌的文化背景、设计特点以及对流行的把握。了解亚洲服饰发展的文化背景、设计特点以及对流行的把握。同时，明确国内服装的特点以及如何把握流行。

教学方式： 课堂讲授、案例分析讨论

课时安排： 8课时

教学要求： 1.通过课堂讲授理解流行的国际化和局部性。

2.课后针对不同区域的流行性分析，掌握流行的局部性表现。

对不同国家的社会文化背景、时装业发展的现状及服装设计师风格特色等诸因素进行分析，归纳出其作为时装中心流行的个性与特征，是服装流行趋势预测的无条件选择……

第一节　流行的国际化与局部性

一、流行的国际化

21世纪信息高速公路使整个世界缩小成了“地球村”，它改变了世界与时间的概

高贵的服装带给人的是一种威严

高田贤三以歌剧《图兰朵》为设计素材设计的服装

念，同时也改变着人们的思想观念。

“世界性”“国际化”成为目前各国服装发展的共同要求，服装设计的概念不再是一枝独秀。以维护世界和平、提高人类文明、确保人类文化为宗旨，以国际化的联合团结为目标的国际关系，使取得了近代世界领导地位的欧美发达国家的服饰，即所谓的“西式服装”占据了国际服装的领导地位，并作为国际上的共通服装受到普遍认可。试想，日本的和服、木屐能否再适应都市工业化的节奏？古罗马人的托加大袍能否继续适合工厂的劳作？即使是令人自豪的旗袍能否再适合现代化的交通？答案是否定的。

于是，世界各民族的人民既穿着具有自己地域特色的民族服饰，又穿着国际性的西服套装，这种穿衣方式成了现代服饰界的普遍现象。

二、流行的局部性

服装作为一种文化，其特殊的文化内涵和地域民族特性亦不容忽视。丰富多彩的地域文化财富仍需传承。传统文化是过去与现在的融合，掺入了每一个时代的新思想、新血液。现代服装艺术中所呈现的对地域的旧传统的兴趣，从表面上看似是一种倒退，但这种倒退并不是发展的中断，而是从现代的角度去取材，使传统的服饰特征得以重构和转嫁，从而获得新生，并得以传承。因此环境因素所带来的服饰地域性特征差异，就更容易理解了。北极的寒冷自然使爱斯基摩人必须四季包裹着严密厚实的皮衣，非洲的炎热使得非洲的土著人衣饰简短，常常只是为了装饰和美观。

从传统中挖掘设计元素的设计

总之，对于地域性、民族性传统的挖掘，是为今天服装横向发展而服务的。也就是说，在局部性和国际化之间，前者对于后者来说是新的启示和灵感的源泉；而紧追国际化潮流所带来的收获，则是为了更好地促进本地区服装的纵向发展。上述二者是相辅相成的，对人类服装的发展缺一不可。只是在不同的历史时期，二者分别作为不同时期的服装发展形式而表现出主次关系的不同罢了。当今，在经济一体化、文化多元化的形式下，我国的服装业如果仅仅局限于本地区、本民族传统服饰的借鉴和挖掘，势必容易给服装设计师带来一种束缚，而不利于我国现代服装的发展。作为一名服装从业人员，我们完全有理由从俄罗斯、西班牙以及非洲、美洲等各国和民族的民间传统服饰中寻找启示和灵感，使我国现代服装在国际大环境中取得更为重要的地位，在全世界范围内赢得更多的欣赏者和消费者。

第二节　法国女装流行的个性与特征

一、服饰文化背景

13世纪后期，法国成为欧洲文化的重心国之一，并且在路易十四统治时期，欧洲的文化中心地位达到了顶点。地中海得天独厚的文化与艺术氛围，孕育了法国人对时装审美的艺术追求和品位。除此之外，法国众多博物馆的作用更具有持久性，它以数以万计的展品提供可视性的丰富资源，极大地激发了服装从业者的创作灵感。再者，在一大批杰出的服装设计师的努力下，法国的时装业已成为最受尊敬和称颂的职业。法国的大学为时装专业敞开了大门，早在10多年前，时装专业就被正式列为国家大学本科项目。

巴黎，这座象征时尚与文化的繁华都市，作为高级时装的发源地，谱写了近代巴黎服装200年的惊人历史。而19世纪以后的巴黎时装业更是飞速发展，改写了人类文化的服装史，造就了一代巴黎服装大师。第一次世界大战以后，以夏奈尔、迪奥为代表的巴黎高级时装设计师，以鲜明的个性和独特的风格诠释了他们对女装的全新概念，并以他们大胆而精湛的技术与创新，向世人展示了当时最为时尚的服装作品，自上而下、成功地领导了一次又一次的社会时尚革命。

夏奈尔经典套装

1. 完美表现

高质与高价，时尚的外形，华贵的质地，精良的做工和最有号召力的设计师品牌，构成了整个巴黎的服装样式风格。

2. 时尚先锋

巴黎时装主要分为高级时装和高级成衣两大类，尤以华丽富贵的高级时装闻名于世，其创意性、艺术性对国际时装设计界起着导向作用，代表着时装业的最高水准。世界上每一次的时尚潮流，其源头几乎都来自时尚界的权威——巴黎高级时装沙龙。不仅其服装款式、发型设计、皮具设计领导全球流行，其化妆品、香水与首饰也处于流行的最前沿，代表着高贵与时尚。

3. 兼收并蓄

当今的巴黎时装界门户大开，向全世界征求新颖的观念。巴黎的文化胃口，被那些完全不同于西欧服装传统的构思吸引住了，而且胃口越来越大，正迈向世界的新局面。这种包容性以及具有这种包容性的消化能力，也正是巴黎时装能够长时间保持世界领先地位的关键因素之一。

巴黎吸引了全世界有才华的设计师来此创业。意大利血统的皮尔·卡丹、埃玛纽埃尔·恩加罗、妮娜·莉茜、伊莉·夏柏莱莉，西班牙的巴伦夏加、帕克·拉邦纳，日本的森英惠、高田贤三、川久保龄、三宅一生、山本耀

在巴黎发展的皮尔·卡丹设计作品

代表高贵与时尚先锋的巴黎高级时装

在巴黎发展的高田贤三设计作品

司等都到此施展才华。其中著名的夏奈尔店于1984年起用了来自德国的卡尔·拉格菲尔德，迪奥店于1989年起用了来自意大利的简·朗克·费雷。从1992年1月起，巴黎高级时装发布会还加进了来自意大利的三家店。这就是说，活跃在这个时装之都的设计师群体的构成是国际性的，设计文化自然也是混合型和开放型的。

二、时尚的舞台交换

1. 夏奈尔意味着20世纪20年代

第一次世界大战造成的男性劳动力短缺使女性进入社会成为一种现实，女装因此产生了划时代的大变革。裙长缩短，繁琐的装饰被去掉，富有机能性的男式女服在女性生活中确立。夏奈尔顺应潮流，敏感地抓住社会变化，以黑色和米黄色为基调，第一个把当时男性用来作内衣的毛针织物用在女装上，适时地推出了针织面料的男式女套装、长及腿肚的裤装、平绒夹克以及长及脚踝的晚礼服等。直到现在仍名扬四海的夏奈尔套装的基本原型就产生于这个时代。她果敢地把晚礼服那“法定的”拖地长裙缩短到与日间服一样的长度，大胆地打破传统的贵族气质，尽可能地使其造型朴素、简单化。

她的轻便服装和帽子为战时的女性所喜爱，夏奈尔公司迅速地发展起来，而夏奈尔本人则成了“时髦”的象征。她是20世纪20年代巴黎时装界的女王，人们也常把这个时期称作“夏奈尔时代”，她对现代女装的形成起着不可估量的历史作用。

2. 迪奥演绎20世纪50年代

1947年2月12日，刚刚创立的迪奥时装店首届作品发布会如期举行。迪奥的作品使人们眼前一亮：圆润平缓的自然肩形、丰胸、窄腰、宽臀，离地约20cm的大蓬裙，典型的巴黎女性形象赢得了潮水般的热烈掌声。于是，一夜之间，“克里斯汀·迪奥”的名字和他的“新外貌”响彻巴黎，风靡欧美。笼罩于第二次世界大战阴影中的巴黎时装界也借机重新树立了威信，迎来了20世纪50年代引导世界流行的第二次鼎盛期。

1948~1957年，迪奥就像艺术界的巨匠毕加索一生不断改变画风被称作变化无常的人一样，迪奥也一直在追求着服装外形的变化。每个季节都以别出心裁的独特外形设计吸引着全世界的时髦女性，支配着高级时装界，赢得“流行之神”“时装之王”“时装界的独裁者”等美誉。由于迪奥一生都在追求服装外形的变化，因此，人们把迪奥时代称作“形的时代”；又因他常使用罗马字母为其外形命名，故又称“字母形时代”。

20世纪50年代的流行：迪奥的“新外貌”

3. 玛丽・匡特、安德莱・克莱究显示的20世纪60年代

早在20世纪50年代末60年代初，“年轻样式”（Young Look）的领导者、英国年轻的设计师玛丽・匡特，推出了富有革命性的迷你装，使20世纪60年代初伦敦服装界以年轻服饰引导了世界的服装潮流。前卫派的设计师们在作品中不断接受并体现出年轻的时代气息，高级女装开始向年轻化、轻便、单纯的方向发展。但高级时装界真正发生转变，是在1965年1月法国的设计师安德莱・克莱究发表了膝盖以上5cm的迷你裙之后，女性的大腿部分裸露出来，表现出一种大胆的挑逗性，在高级时装领域勇敢地向各传统禁忌挑战。巴黎时装界对此争议很大，但仍有许多设计师在秋季的发布会上采用了迷你样式，而且裙长还被进一步缩短到膝盖以上12.5cm。到1968年达到顶峰，膝盖以上15~20cm的裙子十分平常，还有更短的（膝盖以上25cm左右），称作“Ultramini”（极端超短）。

克莱究这种对传统的冲击、对禁区的突破以及设计理念上的革新等设计思想，奠定了20世纪后半期服装设计的方向。毋庸置疑，安德莱・克莱究是现代服装史上又一个里程碑。

4. 阿玛尼象征20世纪80年代

20世纪80年代，当时的女装界流行“圣・洛朗式的”女装设计原则，多为修身的窄细线条。意大利男装设计师阿玛尼，大胆地将传统男西服的特点融入女装设计中，将其身线拓宽，创造出划时代的圆肩造型，加上无结构的运动衫、宽松的便衣裤，给20世纪80年代的巴黎时装界吹来一股轻松自然之风。由于这种男装女用的思想与20年代为简化女装作出突出贡献的设计师夏奈尔所提倡的精神有着异曲同工之妙，因此阿玛尼被称为“80年代的夏奈尔”。改良后的宽肩女装深受职业女性的欢迎，而宽大局部的夸张处理成为整个20世纪80年代的代表风格，人称80年代是“阿玛尼的时代”。

服装设计师玛丽·匡特在20世纪60年代带动“迷你裙的流行风潮”

5.“流行无主题”看20世纪90年代

20世纪90年代以来，时尚转入回归自然、浪漫主义、多元化、个性化时代。功能性、休闲的轮盘五光十色，似乎让人再辨不清南北，“流行无主题”的论调一度成为某些设计师的口头禅和媒介醒目的标题。

尽管流行是多元的，但法国女装及面料的流行仍能找到其清晰的脉络，归纳起来有如下四个方面。

（1）简单主义。从20世纪90年代初，“简单至上”横贯全球成为主导时尚的核

阿玛尼将男西服的特点融入女装的设计中，成为20世纪80年代的流行风

心。简洁的设计加上柔和的配色，在这一期间广泛流行，各种不拘礼节的个性装、中性装得到了极大普及，以不断适应快节奏的都市生活。

（2）浪漫回归主义。把中世纪、文艺复兴、巴洛克、洛可可、19世纪末的新艺术派、20世纪20年代的装饰艺术等历史上各种样式和装饰风格无秩序地有机组合，形成戏剧性的、富有幻想和神秘色彩的浪漫设计。与此同时，东方元素、拉美风情、乡土气息等风格特征一直伴随时尚主流而不断地细微变化着，在似曾相识中给人一种新的视觉。

（3）未来主义。对21世纪的憧憬捉摸不定，使表现现代高新技术的未来派受到追捧。1991年秋谬格莱的未来风格主题，即是以现代高科技为背景，以各种新的合成纤维高弹力织物为素材，表现尖端技术感觉的图解性的未来印象。

（4）面料至上主义。面料在服装竞争中的地位越来越突出。新原料和新材质的开发和应用以及技术工艺的进步，迎合着服装的时尚大潮。面料趋势表现出两个明显的流行特征：高科技含量的天然产品和科技产品的天然性。舒适合理的功能服装在经济动荡、竞争压力不断加大的20世纪90年代成为又一流行新宠。

总之，20世纪末的法国，伴随着西方世界的经济不景气和政局变换，以巴黎为首的时装界正面对着来自各方面的挑战和机遇。还是让我们轻松地跨入21世纪，一览法国女装流行的精彩篇章吧。

具有宇宙空间感的银灰色休闲晚装

运动元素在创意装设计中的体现

热辣性感的荷叶边连衣短裙

设计中对日本和服式样的借鉴

三、多元、趣味的新世纪情怀

1. 复活节色彩

西方的复活节是纪念耶稣复活的基督教节日，这个日子是3月21日或月满之后的第一个星期天。复活节期间要举行盛会，有复活节用的彩蛋、复活节音乐等特色。这个系列的服装色彩灵感就是取材于复活节的彩蛋，柠檬黄、柠檬绿、橙色、淡紫色，像一只放满彩蛋的篮子。设计师运用一组鲜亮的色彩营造出可爱的女郎形象，服装的样式有可以穿着去正规场合的套装，也有艳丽跳跃的迷你裙和胸衣式连衣裙、背心和小上衣。

2. 运动趣味

现代人的生活节奏日益加速，神经高度紧张，白领们为了摆脱平凡单调的工作，放松的方法是借助体育运动缓解压力，运动装元素也就理所当然地混合进入人们的日常着装。这类时髦、整齐的服装，灵感来自时尚运动的生活，从冲浪服到曲棍球服，各类专业运动装的细节被采纳到日装中。例如各类拉链的闭合、控制服装的合体程度、连帽无袖衫、夹克配各式短裤、迷你裙、紧身背心、TOP上衣等，所有的一切，轮廓干练、利落，穿着舒适、闲逸。

3. 热辣性感

性感是时尚永远不会淘汰的主题，如今尤为热门，热辣、炫目的样式使性感的温度飙升到极限，十分适合各类派对。标准款式有紧身露脐的上衣配迷你裙，裙子有褶边、襻带、各类装饰口袋以及TOP式无带紧身连衣裙两种。所有的配饰夸张、闪亮，鞋子是细细的高跟加上细细的系带，头发和化妆是耀眼式的。

4. 东方风格

国外时装发布中具有东方特色的领型设计

这两年，东方风格一直是各大品牌设计师热衷的主题，不论是从日式建筑获得灵感的服装裁剪，还是精致的中国古典花卉，亚洲的影响力几乎遍及所有的发布会。鲜亮的纯色面料，如大红色、棕色、黑色，刺绣上古典的龙凤图案，还有中国四大名花牡丹、菊花、兰花、

“魅力东方”中国国际创意内衣大赛获奖作品

旗袍式样与中国龙图案出现在国外设计师的作品中

梅花，都具有典型的东方风格。但在轮廓上会融入较西方的紧身迷你裙，而领子却留有东方的立领，衣襟是日式和服的叠襟，再加上宽宽的皮带，松松的长裤或褶边短裙，完全将东方的文化融入世界时装舞台中。

5. 微型裙子

讲究时髦的街头人士说过，当女人的裙子长度往上移时，意味着股票市场也将反转向上。春夏裙摆短到大腿根，连衣裙上身是宽宽的，配上无袖、长袖或连袖，宽宽的皮带将腰线下移，越发显得裙短。直直的一步裙但不紧绷。如果是不配套的短裙，则加上褶边、腰带以及小口袋、小巧的装饰等。

6. 欧普艺术

从颜色鲜艳的旋涡图案和形象生动的涂鸦图形，一直到茶杯上的植物花卉和奶奶辈的墙纸图案，衣服上的多姿多彩为春天带来了令人欢欣的色调。有黑白对比的植物图案做成的连衣裙，在裙身和裙边镶上黑色的镶条，既勾勒轮廓，又有飘逸飞舞的感觉。粉色和白色的花卉连衣裙文雅端庄，棕色系的欧普旋涡面料古典浪漫，淡紫丁香花系的花卉裙子纯洁可人。欧普艺术图案不同的色系给人带来不同的品位。

7. 泳装角逐

春夏穿泳装的美女在T台上随处可见，满足了每个女孩的海上美梦。泳装以两件式为时髦，有黑色抹胸式上装配低腰短裤，外套黑色长外衣，适合各种肌肤的女性。大红色比基尼泳衣配上大红束腰军旅外套，袖子是镂空的薄纱，热情火辣。米色面料上浅棕色、深棕色条纹连身泳装，加上飘带装饰，外披米色军旅式夹克和大大的米色手袋，温文尔雅。而深蓝色底布配黑色刺绣的比基尼泳装，胸线上垂下长长的流苏盖住底下的裤子，流苏随着节奏飘舞，很有动感。近几季泳装以黑色较多，比基尼带式连身吊颈黑色泳装的别致之处，是除了关键部位，其他都是镂空的。另外，还有黑色长袖加短裤泳装，娃娃头的卡通图案非常可爱。

8. 可爱圆点

从极小的瑞士圆点到不规则的波尔卡圆点，这种复古图案再度新鲜出炉，展示

服装元素演义——Tyler William Parker最后的武士

嬉戏顽皮、俏丽多情的形态。加里亚诺长袍是玫红底上加橙色圆点，橙色荷叶边，充满异族风味。ANNE KLEIN的白底玫红圆点与裙子边缘的线条组合，纯情飘逸。ETRO的传统色的波尔卡圆点舞会裙，野性时髦。BILL BLASS的粉色圆点上装配白色中裙，文雅端庄。而蛋青底色红圆点小背心衬在蛋青色夹克里，平添了亮丽和活泼的感觉。

9. 狂野浪漫

浪漫中加入一点“朋克”和“爵士”风格，柔性中不失坚韧，并增添锐利的棱角。设计师在服装中加入了繁复的褶边、碎布缝边以及金属配饰，使整个服装轮廓随着模特的走动拍击出节奏。拉夸设计的看似许多碎布拼成的民族长裙，其实每个部位的花色拼接都是精心搭配过的。芬迪（Fendi）的金属鱼鳞片吊带裙完全将浪漫带向狂野。

10. 重塑情怀

时装业的怀旧感掌握得好会令人欣喜。在新世纪，设计师们把摩登的眼光转向20世纪40~60年代。唐纳·卡半（Donna Karan）的紫色白点闪光连衣裙，样式是50年代的影星们常穿的，鱼尾连衣裙款式低胸、高腰，有白色饰边和蝴蝶结装饰。LUCA LUCA的白色袒胸束腰裙，蓬蓬圆形的裙身，像公主的礼服。巴利（Bally）的红色长袖束腰合体裙子，别上水晶蝴蝶胸针，保留了20世纪60年代职业女性上班装的特色。

11. 疯狂不对称

在不对称中体验一种执着的个性，领型和下摆的变化愈加疯狂。放弃长短袖、转移的领线、奇异的镶边……不对称带来的不完美，深刻地刺激着人们的视觉和心灵。

12. 牛仔狂热

基本式、夸张式、复古式、磨损式，所有的牛仔服饰都被赋予了新的形象，折射出文化气息的是牛仔人气指数秋冬季依旧猛增，再加上多变的裁剪，混合大量特殊形状的部件，组合出令人迷惑的多边的服装轮廓，新颖前卫，是T台上不老的传说。

13. 虚饰的20世纪80年代

勇敢气概的男性风格再现了20世纪80年代的风情，营造了最时髦的回归版本。模特都像是80~90年代电影中的女主角，概括一下是：虚饰、夸张和略带浅薄。最重

Dress To Kill秋冬服装

Daria Werbowy皮草

要的轮廓是垫肩像尖尖的刮刀，裙子是紧紧的铅笔状，配合女性化的趣味装饰，威严中不失温情。

14. 皮草情结

从仿银狐、仿紫貂，再从裘皮帽到暖套、围巾，甚至牛仔夹克的裘皮衬里、皮草夹克、柔软温暖的围巾领、长靴等，一切都是皮草，它们在T台上都获得了巨大成功。另外，这些仿皮草也以多变、多功能的形式成为飞车族样式服装、嬉皮军服中必不可少的流行元素。

15. 格子花呢

格子花呢的灵感来自欧洲丘陵地带的格子呢披肩和苏格兰高地男子穿的褶裥格子短裙，设计师们再度为20世纪60年代风格的格子图案注入新鲜元素，使优雅的格子、条纹和几何图形奏出现代主义的乐章。

第三节　意大利男装流行的个性与特征

一、意大利时装业的发展历程

从20世纪20年代至第二次世界大战结束止，意大利服装深受政治方面的限制——幼儿至成年有穿着制服的义务。所以，战后意大利时装的发展是在长期空白中的经济废墟上建立起来的。

1. 意大利男装品牌的先驱

意大利以四大生产企业创立的男装品牌享誉世界。其中，布奥里尼最为突出。它创办于1945年，并在罗马开设了首家高档的量身定制的男装店。这是20世纪50年代诞生的现代男装工业的启明星。在布奥里尼杰出的经营思想和非凡创造力的推动下，意大利赢得了美国买家的信任，布奥里尼作为罗马著名的高档时装屋和意大利品牌的精英。在1951年被邀请在佛罗伦萨展示其最新的设计系列。由此，现代男式时装表演诞生了。

2. 意大利时装业的崛起

1951年在佛罗伦萨举行的第一届“意大利服装艺术”展示，是意大利时装业起步复苏的标志。意大利设计师从法国设计师手里夺取其世袭的时装领地的突破口是

意大利PALZILERT男装

便装，他们把美国人的针织衫、衬衫、长裤和裙子拿来作日常服装。意大利设计师把这些便装发展成为时装的一个重要组成部分，每季推出一批新服饰。每年两次在佛罗伦萨的比蒂宫举办的女装及便装发布会上，一批著名的意大利设计师如西蒙塔、法比尼亚、艾琳·加兰兹恩等人以优雅的个人风格很快赢得了个人声誉。

在20世纪50~60年代间，意大利服装基本上是亦步亦趋地追随巴黎的时尚动向，但却早有摆脱巴黎时尚影响的独立意向，这种意向在60年代后期随着意大利人在服装界的成功表现，巴黎高级时装的衰退现象，此消彼长终于转化为现实。而20世纪70年代，对于意大利服饰界而言，更是高级成衣时代来临，出现向巴黎时尚权威发起挑战的契机。一批年轻的设计师崭露头角且才华横溢：摩登便服风貌的乔治·阿玛尼（Giorgio Armani），幻想性太空风貌的曼黛丽·克莉琪亚（Krizia），以金属性编织品闻名的杰尼·范思哲（Gianni Versace），崭新建筑式服饰风貌的简弗朗克·费雷（Gianfranco Ferre），皆以独立性的作品风格活跃于意大利的服装界。从此一直是陷于模仿、复制巴黎时装的意大利一跃成为新的时装中心之一。

经典的意大利男装——阿玛尼

意大利时装业发展的侧重点与法国有异。巴黎时装手工精细、价格高昂、创意超前；米兰时装则是以大方、简洁、利落的日常服装为主，在盈利与创造方面结合得恰到好处。他们擅长于摄取日常服装的最佳款式。评论家艾贝·德瑟指出：“法国的时髦是抽象的、高傲的。而服饰对于意大利人而言，则是个人的、实际的、亲近的。这便是艺术与技艺之间的不同。”而意大利时装界正是很好地发挥了自己的这些传统和固有特征，经过战后几十年的发展，使自己的地位扶摇直上。尤其是进入20世纪90年代初期，在欧共体纺织服装的营业额中，意大利占了近40%，在公认的30多个世界级时装设计家中也占了1/3，巴黎的时装首都地位被米兰动摇。

3. 制造时尚的经典米兰

意大利设计师费雷作品

米兰是意大利仅次于罗马的第二大都市，又是意大利的工业、商业、艺术中心，其中尤以纤维工业最兴盛，丝纺织业更是声名卓著。作为世界服装名城，早在10多年前，米兰时装就以其非凡的气派与活力登上了国际时装的舞台。

米兰既是地处温暖、潮湿的地中海式气候地带，又是世界著名的港口城市，且自古有着与“音乐之都”维也纳相通的艺术气氛，加之米兰城早就有隧道直接与法国的首都巴黎相通，因而受巴黎时装业的影响迅速而巨大。地利、人和的条件使米兰时装不仅强调创造性，同时也注重盈利性和产业化。就是身处时装之都的米兰消费者们，也从注重表面转为注重内容，对于华而不实、价格高得离谱的时装，消费者已经厌倦，他们开始追求具有创意、实用而不贵的时装。

意大利设计师费雷设计的男装系列

具有休闲元素的意大利男装——阿玛尼

二、意大利男装流行的个性与特征

人们在巴黎的高级时装秀可以欣赏浪漫的霓裳华服，品味法国式的优雅高贵；在伦敦观察各种新奇的充满个性魅力的时尚动向；现在人们将更多的眼光投向美国，星光灿烂的好莱坞成了全世界时装大师们最好、最大的秀场，美国的时装也由此生机勃发；人们或许还不时关注东京甚至西班牙，因为那里的时装大师们有能力创新时尚。但要了解国际最权威的男装流行趋势，要选择做工精良、使人身价倍增的男装，意大利男装才是人们的首要选择。

近几季的意大利男装设计充满了无限活力，新一代的设计师们利用颜色、材质上不同的交错搭配，呈现出意大利时尚迈向新世纪的活力。

1. 体面气派的正装

正装赋予男士体面气派、成功稳重的形象。春夏装中随意、宽松的灰蓝背心，深褐色外套，休闲裤与平底休闲鞋，会在秋冬秀场销声匿迹，清一色的黑色西装与白色领带打造了成功专业人士的体面形象。

一丝不苟的黑西装与白衬衫，平直硬挺的肩线，完全扣上的服帖领口与领带，装点出成熟人士的男装风貌。男女模特交错甚至一同出现，是近几季发布会上惯常呈现的方式。与春夏男女装中性的随性调皮相比，秋冬系列在性别刻画上就显得分明许多：清一色的黑色西装外套、同色长裤，领带搭配白衬衫的男装系列，以挺直肩线、服帖合身的领口、利落剪裁的袖口，营造出专业人士的翩翩风度，配上身旁手拿扁包、身着细肩带晚装或珠饰雪纺短洋装的女伴儿，隆重中不失摩登。

西服正装

2. 低调随性的雅痞装

回顾20世纪90年代时尚的低调风格，带有浪漫的气息。这时的裤型已不再是贴身的窄管裤，较为松散的合身直筒裤塑造了舒适放松的感觉，正式的衬衫则被轻松的T恤或针织衫取代。外套分为膝上和及踝两种长度，剪裁依然准确流畅，最新的款式则是缩腰夹克。

另外，设计师在皮革和毛皮上着墨较多，以华丽耀眼却又十分低调的方式展示小羊皮等材质的奢美，重复鞣制的柔软皮面，也使用在皮鞋上。口袋上绣有G字标志的牛仔裤，展现了贴近生活的时尚理念，低腰、松散、不规则撕裂、退色石洗的牛仔裤一应俱全。

3. 浪漫热情的赛车装

赛车主题服饰，鲜艳色彩的皮质短夹克，绣上一些众所周知的赛车标志，极具逼真效果及临场感。另外，在此主题中，再次表现其“材质冲突”的拿手设计——皮制的蓝黄及红白赛车外套，搭配粗针织袖的设计，设计趣味浓郁；简单的T恤及破损的牛仔裤，是本主题中较“朴实”的搭配原则；而骑士印花图案的衬衫及领带，骑士低腰裤搭配手工制的蜥蜴皮鞋及皮带是较为直接的设计，靴子则是介于军靴与骑士鞋之间的设计。

另外，在独具个人风格的服饰下，奢华精致的设计则是由内到外随处可见的。休闲的针织衫

酷味十足的皮装

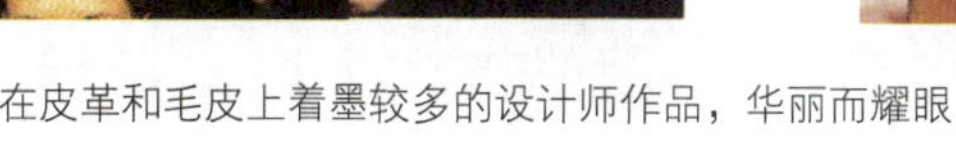

在皮革和毛皮上着墨较多的设计师作品，华丽而耀眼

浪漫热情的赛车装

外套以毛皮为里，西裤以高级的丝绸制作里布，牛仔裤搭配着皮质“管状”滚边设计，即使是休闲外套，也因为各式染色皮毛而更显时髦感。

总之，米兰的时装新潮总要在世界刮起旋风。近年来国际最流行的成衣，多是意大利板型的。米兰的男装占尽了“回归、怀旧、自然、运动”的风头，加上意大利男人固有的热情浪漫，因此，纵观意大利男装，多采用圆润肩型、长腰身、线条流畅的温情造型。衣身放量比法国板略宽，身型却十分修长。倘若在米兰街头走一遭，满眼俊男靓女，黑色、深色瘦身衣裤，白衬衣宽宽松松，个个仿佛都是身材高挑的芭蕾舞演员。据说意大利男人在欧洲男人里算是矮的，全靠意大利板型的服装来衬托修长。

第四节　亚洲服饰流行的个性特征

20世纪初，东西方的交流是全方位的，欧洲人向往东方的神秘与富庶。1909年，法国高级时装设计师波尔·波阿莱受俄国芭蕾舞启示，推出了一系列具有浓郁东方风格的服饰，其中具有代表性的是米那莱特外形、哈莱姆裙（土耳其哈莱姆妇女的大灯笼裤）等。这些宽松的中东服饰，精湛的中国刺绣工艺，神秘的东方图案，让西方人真正感受到了亚洲服饰平面和线条的美，从而影响了西方的时尚潮流。在全世界流行几乎同步的今天，带有浓郁亚洲服饰风情的热潮在欧洲的时尚舞台上愈演愈烈，其影响力几乎遍及所有的发布会，亚洲服饰独有的服饰魅力成为各大品牌设计师取之不尽、用之不竭的设计源泉。

一、亚洲民族服饰的概况

亚洲民族服饰是指以中国、日本、印度、土耳其、阿拉伯等亚洲地区具有强烈民族服饰文化为代表的服饰。下面按照地域的划分，笔者选取具有代表性的民族服饰进行阐述。

1. 东亚服饰

中华民族服饰文化源远流长，56个民族的服饰是明珠、是瑰宝，仅以被称为“国粹”的旗袍为代表。旗袍，原为清朝满族妇女所穿用的一种服装，两边不开衩，袖长八寸至一尺，衣服的边缘绣有彩绿。辛亥革命后为汉族妇女所接受，并改良为：直领，右斜襟开口，紧腰身，衣长至膝下，两边开衩，袖口收小，造型趋于完美成

改良旗袍1

改良旗袍2

熟，以后的旗袍始终没有跳出此种轮廓。

中国的传统服装，无论是明代以前的袍衫，还是清代以后的旗袍，都具有以袍为主体的服饰特点。传统的旗袍属于平面化造型，蕴含着中国传统服饰文化的精髓，也符合中国古代服装平稳单纯、宽松的特点，合乎中国传统的伦理道德和审美意识。改良后的旗袍，成为一种多元思想的产物，兼有东方的神韵，又有西方立体塑型后的合体、窈窕，堪称东西合璧后的经典之作。历经百年时空的交错，旗袍被不同年代的人们所钟爱，被不同时代、国家的设计师作为设计素材。近几年来，国际时尚舞台上刮起的“中国风”，将中国旗袍的立领、盘扣、传统的装饰纹样以及刺绣等制作工艺演绎得淋漓尽致。

张肇达“红楼时装剧”

日本和服是日本人典型的民族传统服饰，它是在中国唐代开襟式长衣的基础上，于平安时代（公元9~12世纪）确立特色并逐渐趋于成熟的。和服以斜叠襟领以及连肩袖为特征，及踝长的衣身上系有宽腰带。和服的设计不强调身体的线条而注重色彩和图案。女和服颜色鲜艳，常有精细的刺绣。最重要的装饰为腰带，在腰带中衬垫衬放在后腰上，用以撑住后腰带褶饰。

法国印象派画家克劳德·莫奈创作的油画《穿日本和服的卡美伊》

东京已跨入世界时装之都的行列，新兴的日本青年一族，也有着自己对时尚潮流的独特感知，将传统的和服与时下流行的卡通形象巧妙相融而不张扬，时刻不忘传统与现代的有机结合。和服的款式造型也不断成为各国设计师们的创作源泉。

朝鲜民族历来喜欢穿白色衣服，被中国称为“白衣同胞”。朝鲜女性最有代表性的服装是由短上衣、长裙组合而成的。上衣短及胸，右衽，领窄，右胸下侧用宽带相结。男子上穿宽绰袖子的白衬衫，外罩重色对襟背心；下穿白色的称为“佩带”的袋状裤，以踝骨处收紧为特征。男女皆穿船形鞋，鞋尖高翘。

泰国传统服饰

2. 东南亚服饰

印度服饰中的沙丽是印度妇女代表性的传统服饰，无须裁剪和缝制的处理，从公元前一直到现在几乎没有什么变化，但却保持着旺盛的生命力。这不仅是因为沙丽很美，也不仅是由于它适应当地的气候风土，很重要的一个原因在于宗教这个大背景。

沙丽的一端装饰有织花或刺绣的边饰纹样。穿沙丽之前，首先穿上衬裙和很短的紧身上衣“乔丽”，然后将沙丽没有边饰的一段围在腰上，边旋状上绕，边缠边缀褶直到肩上。使沙丽看起来更加迷人的服饰品有项链、耳环、戒指、脚镯、鼻环等。已婚妇女的额头正中点有“吉祥痣”，一般被视为喜庆、吉祥的象征。巴基斯坦、印度、尼泊尔等国的人也都穿用。印度男性会穿着一种像睡裤一样

印度服饰

的肥白棉裤子——“夏尔瓦”，女性外出时穿用的“夏尔瓦”面料比较讲究，多用丝绸、天鹅绒做成，并有刺绣装饰。

印度尼西亚是太平洋赤道周围的“千岛之国”，每个岛都有各自的服装特点。在第一大岛爪哇岛上，男女在盛装时穿用的卡因、潘将是在缠裹下半身的衣服中具有代表性的衣装之一。长腰布是一块印染着巴蒂克式纹样的印花棉布，穿时一定要把布折叠成整齐的纵向直褶。爪哇岛女性平常大多穿“萨龙裙”，它是由一块布缝成筒形的下装，以棉布为衣料且采用蜡染而成的。

泰国居民在生活习俗与服饰传统方面保留着接壤邻国的服饰文化特征。泰国男女身着一种称为“帕·裙嘎本”的裤子式缠腰布，适合农业、渔业劳作。但现在这种服饰仅作为传统舞蹈服装或农村的老人穿用。女子一般上穿窄袖、立领的棉布上衣，下穿筒裙，并喜欢戴各种饰物。男子的服饰较简单，是短上衣、长裤的组合。塔形帽是泰国服饰的一大特征，常在跳暹罗舞时穿戴。

3. 西亚服饰

土耳其被一条博斯普鲁斯海峡分割成两个部分，国土的90%位于亚洲一侧，另外的位于欧洲，集东西方文明于一身。土耳其男女着装一般为长袍和灯笼裤。裤装有两种最常见的形式，一为大袋子状的“夏尔瓦”，立裆与裤长一样长，与短上衣组合；一为肥肥大大、裤口用松紧带收紧的“哈莱姆裤”。

阿拉伯服饰以宽袍为特色，大部分地区的妇女外出时都戴面纱。

二、亚洲服饰流行的背景和特点

1. 亚洲服饰流行的主要背景分析

21世纪，经济在飞速发展，社会在不断前进，人们在意气风发中锐意进取。由此决定人们的物质消费、精神消费必然发生着深刻的变化。人们迫切地需要社会能够提供多元化的产品，满足精神上的需要，这表现在生活的各个方面，而服装——这面社会的镜子，淋漓尽致地反射出这一现象。

交通工具的不断改善和网络的普及，使得东西方的距离大大缩短，由此促进了文化的交流与繁荣。东西方就像是一对久未谋面的孪生姐妹，突然发现了对方，仔细审视着对方的异同，看到了彼此存在的差异。正是这种差异，才使交流成为可能，才会发生国家与国家、民族与民族之间因交流带来的流行。

早在20世纪60年代，日本服装设计师已注重设计的交流，确定自己在世界时装界的地位。20世纪70年代末，随着日本经济的飞速增长，一批日本服装设计师进入巴黎时装界，其中有森英惠、三宅一生、山本耀司等。他们把带有鲜明东方色彩和

从东方服饰文化与哲学观念中探求全新的服装功能及装饰之美的日本设计师三宅一生作品

个性的服装风格引入了欧洲。日本设计师在吸收西方理念的同时，将本土文化、西方文化融为一体，创造了一种多层次、宽松且裁剪技巧强的服装风格，展示了独具东洋色彩的日式设计，特别是对新型材料的应用，解构主义全新的诠释在不断增强。随着伊夫・圣・洛朗推出的亚洲系列，加剧了全球对亚洲文化的浓厚兴趣。这个年代的服装流行出现了一个转变，即从单纯的巴黎时尚独统天下的模式向世界五大时装中心多元化流行的转变，开始了全球融合的整合阶段。

20世纪90年代，韩国和中国香港时装业的发展带动了亚洲时装业的发展。尤其是中国香港，身为东西方文化的交汇点，是欧洲与亚太地区进行贸易与文化交流的“国际大市场”，可以接触到不同国家的服饰文化，掌握流行的脉搏。现在每年两次的中国香港时装节已成为世界上最重要的时装盛会之一，香港也成为亚洲时装设计师时尚理念的交流地。同时，中国经济的腾飞，使得国际知名品牌瞄准了这个潜力巨大的市场。现在，北京、上海每年举办的时装节规模越来越大，并趋于成熟，成功地搭建起了与国际时尚接轨的平台。

古典优雅的旗袍

2. 亚洲民族服饰的基本特点

亚洲民族服饰总体保持封闭、含蓄、庄重的特点。服装宽松舒适，造型简洁，色彩丰富，线条流畅飘逸，充分展现了人体的自然美，尽显服装与人体的整体和谐之美。

这种总体风格的形成，根源于地理、气候等自然条件，更取决于人文环境的影响。代表亚洲文化的中国传统文化崇尚自然，自古就以“天人合一”为理念。服装的形制、结构等被打上深深的文化烙印，以宽大为特点，穿着观念是含蓄的，彰显人与自然相通、物我相融的境界。东方非凡的时装大师三宅一生认为，万物之中人性最重要，万物始于自然，也要服从于自然。他的成功之处就在于将几千年的东方服饰文化所凝聚的“人与自然合二为一”的精神搬上了时尚舞台。

高贵华丽的印度服饰

亚洲民族服饰流行精细的艺术手法、工艺表现，非常重视服装本身的装饰作用。这为以平面结构为主、缺少变化的服装增加了美感，起到了丰富、点缀服装的作用。亚洲民族服饰常用的装饰手法有织、染、绣、滚边、镶边等。

服装设计中的文化内涵

三、亚洲民族服饰的世界性

科技的发展创造了科技时尚，也创造了服装时尚，带动了流行产业所依赖的信息产业飞速发展。科技对纺织、服装行业的渗透越来越强，而且国际互联网将加速全球服装科技、贸易甚至大众穿着方式的同一化。这势必造成服装表现形式在世界性的“文化趋同”，变得单一、乏味、缺少生气。因此，对地域性个性风格的尊重与民族服饰的推陈出新，必然成为现代服饰创作的主流，这是在服装完善化、国际化之后的一个新起点，也是人类精神世界高度发展的一个标志。服装未来的发展，不可能单纯依赖加工赚取利润，文化审美将成为服装工业重要的生产资料，具有艺术风格的独创性才能保证服饰产品的价位。民族化将成为着装审美的热点。

挡不住的民族情：现代服装式样与传统图案的完美结合，可谓是“中西合璧”

欧洲、美洲的文化圈和时尚圈对于异域文化有较大的包容、更新、反哺能力。他们着眼

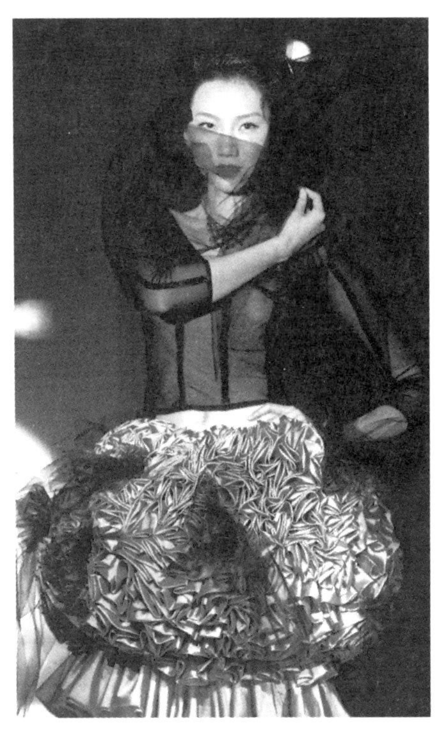

富有雕塑感的丝绸新造型，透着一丝古韵

于世界化的服饰，对于好的、美的、有新意的，就采用“拿来主义”，但通常只是借助于服装的某些造型元素、装饰元素等。其设计理念还是西方的，还是采用立体造型的手段，只不过是用外国人的视角阐释对亚洲文化的理解。这种不仅有民族特色而且有现代流行意义的服饰，在欧洲每年的新款中都可以看到。它们已超越原有审美观的局限，融入全世界的审美需求。这正是欧洲文化的豁达，而且也表现了世界服饰艺术发展的总趋势。

亚洲地区有1000多个民族，占全世界民族总数的一半。每个民族都因其不同的地理位置、各异的社会结构和文化传统等诸因素构成独特的地域文化。各民族服饰都在表现着各民族的精神文化气息，凝聚着丰盛的艺术内涵，这一切可以满足人们对文化审美的需求。法国时装设计师库雷热说过：“出色的设计师应该是一个社会学家，他应当了解并引导人们的生活方式和需求。”服装设计作为人类社会生活方式和社会形态的表征，理所当然地应面向一个新的着装状态——为满足消费者的需求胜于需要。

第五节　中国服装流行性与传统性

一、中国服装流行性与传统性

从上古到封建社会的灭亡，在几千年的漫长历史中，中国服饰以长袍服饰为主，高领阔袖、长衣拂地以及直线正裁法，都是中国传统服装的主要特征。但进入20世纪，随着中国封建社会的灭亡和西方资本主义近代文明的迅速发展，欧洲在全球范围内推行殖民地政策，使我国传统的民族服装开始受到强烈的冲击。

1. 明末清初

20世纪上半叶，西方日益强大，相当多的“洋”舶来品进入以上海为代表的中国东南沿海城市，使我国进入比较特殊的中、西式服装并存的年代。这时，西服、皮鞋与长袍、马褂并行，连衣裙、大衣、烫发、高跟鞋与袄裙、旗袍共存的现象越来越普遍。

这一次，中国借鉴与融合西方文化的走向是单方面由“西”向“东”的，这个无法回避的事实与我们落后的政治、经济和文化状况相吻合，但由于中国自身文化根基之深厚，我们的民族服装还是表现出了对外族文化精华兼收并蓄的能力。中山装和近代旗袍即是流行性与传统性融合极为成功的范例。中山装的三片式衣身，前衣片收省、收腰、装袖，这原本都是典型的西服结构造型；旗袍也由原来的“大裁”，即平面结构，逐步增加胸省、腰省、装袖、斜肩裁等属于西式服装的立体结构内容，演化成现代服装样式。因其二者在使用功能和审美功能、在民族风格和时代风格等方面，都符合20世纪的服装潮流，从而赢得了世界范围的赞誉，成为中国传统服装融合流行时尚的经典之作。

民国时期的五粒扣中山装

2. 新中国成立初期

20世纪中叶，来自苏联的一些服装样式在中国内地受到了人们的普遍欢迎。当时的城市机关和文教科研人员都穿起了整洁利落的大翻领、偏襟、斜插口袋的列宁装。另外，船形的苏式军帽也戴到了中国士兵的头上，还有一种乌克兰式套头衬衫亦是当时中苏友好的产物，甚至连女生们的连衣裙都采用明显的东欧风格，又名“布拉吉”。

改良版中山装

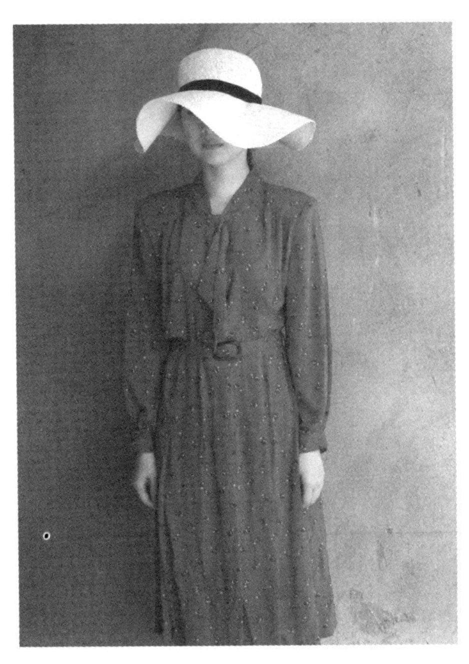

“布拉吉”连衣裙式样

3. 改革开放后

20世纪70年代末，随着改革开放政策深入人心，中国迎来了一个全新的西风再渐的中西服装交融的新时期。

西服作为男式常规礼服的观念已为我国各阶层、各行业的人士所普遍接受，就像英语被定型为国际通用语言一样，要坚持改革开放，坚持在经济、文化、科技各个领域的国际合作，采取西化的外在包装样式已是一种历史的必然选择。

轻松随意的休闲牛仔携同西方的夹克、风衣、T恤、羊毛衫等便装风潮，以“迅雷不及掩耳”之势占据中国市场。

西方服装及时尚产业丰富多彩、层出不穷的面貌，使我国女装在20世纪80年代以后的变化速度之快和“全盘西化”的程度之深，可以用“日新月异”来形容。

在我国改革开放以来形成巨大消费能量的背景下，世界顶级服装大师和国际知名服装品牌纷纷来华展示新的设计理念和生产营销方式，让我们无时无刻不感受到国际上的流行气息，并疯狂冲击着我国的传统时尚业。

二、流行性对中国传统服装的影响

在人们一度狂热地追求西方流行风尚时，越来越多的人对于中国传统服饰文化的遗失感到遗憾和失落。盲目地崇拜和追随西方流行，只会使我们成为西方服装流行的傀儡。如何处理好中国服装的流行性和传统性关系，是摆在我们面前的课题。

当前，凡是加入到国际经济大循环的国家，其服装样式基本上是以西方，即欧美的样式作为范本的，甚至以此为时尚而放弃或部分放弃本民族的传统服饰，中国亦不例外。我们的服装款式、色彩、面料以及表演、展览、讲座，还有大、中专院校中服装专业的开设课程等，无不受到国际上服装流行和发展变化趋势的影响和左右。在一次次经济浪潮带来的繁荣过后，我们的民族服饰在历史舞台上逐渐落寞。

不可否认的是，“上衣下裳”式的西方服装，比起古代中国农业文明式“上下联属”的东方袍服，更适合于快节奏的工业化时代对服装功能性的要求，而且也正是因为欧洲穿衣生活观念的介入，我们长期沿用的“实用、美观、经济”的服装原则渐变为“技术、艺术、信誉、时效”综合于一体的服装原则。在现代人的概念中，

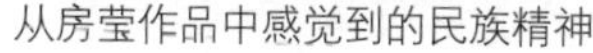
从房莹作品中感觉到的民族精神

从水墨画中吸取灵感的服装设计，层次分明

已很少有穿坏的衣服，只有因不再流行而弃之不穿的服装，过去人们那种“新三年，旧三年，缝缝补补又三年”的物质生活方面的节俭心理，已为现代人类“求新求异”的精神追求所覆盖。宏观上看，这是社会文明进步的标志。

然而，尽管我们紧追流行和虚心汲取国外之“精华”，大量引进先进的设计思维、制衣设备、工艺技术以及生产管理方式和营销观念，使得中国服装无论是产业规模、产量、质量，还是技术管理、工艺等都可以与世界服装强国相媲美。但在国际市场上，我们的服装没有一个品牌像“迪奥”“皮尔·卡丹”那么响亮的，服装产品的附加值仍远远落后于许多发达国家，我们仍处于世界名牌服装“加工基地”的地位，服装的出口创汇额还是靠量的累加。在日本市场上，我国服装占有率达60%，但收汇率仅为发达国家的10%左右。再者，我国的服装从业者又有谁能当之无愧地被谓之以“国际服装设计大师”的称号呢?

五千年的文明史创造出了中国辉煌灿烂的文化与艺术，纵观中华民族服饰历程，质朴淳厚的商周服饰、雍容华贵的隋唐衣冠、富丽细腻的明清穿戴，有哪一样不被列为我国的传统服装之精华呢？经过历史积淀的优秀服饰文化传统是我们民族精髓的体现。如果说20世纪是东西方文化及民族文化的碰撞，那么21世纪则是碰撞后的真正意义上的深层融合。我们必须明白，真正的服饰艺术，既要有传承历史的纵向性，又要有兼容世界的横向性，更要有紧追时尚的时代性，这样才能推动灿烂辉煌的中国服装走向世界现代服饰的殿堂。

三、中国服装的魅力

WTO把中国带入世界经济大循环，面对国际一体化的市场竞争和文化交融，中国的服装业应如何在传统与流行之间取得最佳的契合点?

不难看到，受流行的影响，当中国服饰朝着西方文化迅猛发展，大都市中已很难再有人身着独特的民族服装款式。欧美发达国家的设计师们却大肆深入中国内地，发掘丰盛的中华民族文化宝藏，用由此获得的设计灵感创作出一大批具有浓郁东方色彩、闪耀于国际服装舞台的经典作品。这种反差给我国许多服装设计师留下的反思是深刻的：不能认同自己生存的物质背景和精神文化，就体察不到民族优秀的文化渊源。还有一种现象就是，在国际服装舞台上，当法国人用时装展现法兰西人民现代物质和精神文明风貌时，中国人却将古代盛唐和清代宫廷的服装直接搬上了舞台。博大精深、丰富瑰丽的中华民族，其优秀的传统服饰文化虽震撼了国际时装界，但并没能征服西方世界，因为在他们眼中，现代中国设计师们用祖先的服饰来表现中国文化，并没能表现出中华民族的时代精神和文化风采。虽然民族性越突出就越能展示出民族服饰文化的独特魅力，但服饰的时代性才是时代审美的潮流，才是民族服饰文化不断发展的动力。

运用现代设计手法，融民族文化于一体的服装设计

从长裤的造型设计到饰品的选择运用，可以寻觅到飞天的影子

楚和听香·开元作品中传统元素的应用

设计的灵魂是创意，民族设计不仅仅是对民族传统服饰造型、色彩、面料等进行表面形式上的模仿，而更是对民族传统文化精神、服饰文化心理、审美情趣、习俗风尚等方面的浸润与发掘，乃至创新。那么，该如何用现代工业技术和工艺，再现优秀的传统服饰文化神韵，以满足处于工业社会和信息时代的现代人的审美标准呢?

作为一个拥有悠久文化传统的多民族国家，我国56个民族绚丽多彩的民族服饰，本身就充满着迷人的风韵。民族设计是强调服装的形、款、色，还是强调服装的文化精神，结果是不一样的。“本土的才是国际的”，只有浸润在传统文化中，去感受、体验、把握民族文化的神韵，并从生活中发现蕴含着文化精神潜流的生命体，善于捕捉到形式中的意味，我们才能将野味盎然的乡土风情、古文明的悠远、古朴与轻灵明快的现代流行汇集起来，在将民族传统服饰文化融入国际时尚的同时，引导中国服装产业走向健全和永恒。

实践题

以中外流行趋势为指导，创作一系列的面料设计，使其代表不同国家的流行个性与特征。

专业知识及专业技能

第九章　中外服装品牌的流行性

- 第一节　国外品牌的发展历史及现状
- 第二节　中国服装品牌的发展历史及现状
- 第三节　中西服装品牌的共性化与流行性
- 讨论题

教学目的： 通过本章的学习，使学生了解国外服装品牌的发展历史及其现状，了解中国服装品牌的发展历史及其现状。针对服装的流行性分析中西方的差异。

教学方式： 课堂讲授、案例分析讨论

课时安排： 4课时

教学要求： 1.要求学生课前搜集下一季的服装流行趋势，并对其有所了解。

2.在课堂上运用所学知识举例说明中西方服装流行性的表现。

第一节 国外品牌的发展历史及现状

一、国外品牌的发展历史

服装品牌的出现源自西方高级女装的出现。服装品牌的发展寄托于高级成衣和成衣业的发展。外国服装品牌的发展历程恰恰是现代服装工业的缩影。

1858年，英国人沃斯在巴黎德拉佩斯大街7号开设了欧洲第一家高级女时装屋，成为西方服装历史上第一个敢于向宫廷服装挑战的人。他大胆地把时装的意识引入到广大市民当中，让时装走出了宫廷。沃斯是高级女装的开山鼻祖，开创了高级女装时代。而服装品牌的概念，则来自著名大师迪奥。他是第一个注册商标、确立品牌概念，并把法国高级女装从传统的家庭式作业引向现代企业化操作的服装设计师。他以品牌为旗帜，以法国式的高雅品位为准则，坚持华贵、优质的品牌路线。

沃斯在服装设计上，摒弃了新洛可可风格的繁缛装束，将女裙的造型线变成前平后耸的优雅样式，掀起了一个优雅的“沃斯时代”风

服装品牌的发展是随着成衣的出现而发展的。成衣是机器大规模生产的、规格化的服装，它起始于美国，直到20世纪初，它还被认为是低劣服装的代名词，20世纪60年代后期，成衣才得以登堂入室。这一结果归功于高级女装与成衣之间的中间产品——高级成衣的出现。当时，法国著名设计师皮尔·卡丹和伊夫·圣·洛朗等人认为，成衣同样可以融入艺术创造性，他们将这种高级女装的设计特征和成衣的生产特性合成为高级成衣，并成立了高级成衣创造者协会，与高级女装协会同道竞争，由此带动成衣业的迅猛发展。这样一来，服装的品牌分类也以此为分类依据，即按照服装产品的档次，将服装品牌分为高级女装（高级时装）品牌、高级成衣品牌和成衣品牌，这一做法首创于法国并得到世界的认同。

1971年伊夫·圣·洛朗设计的高级时装

1. 高级女装品牌（Haute Couture Brand）

高级女装品牌被公认为是服装中的极品，是原创、唯美的设计，有着卓越的裁剪技术和高超的缝纫技艺。在法国，高级女装品牌受到法律保护而不能任意采用，且不是任意一件量身定做的衣服都能成为高级女装的，某一品牌要成为高级女装必须向法国工业部下属的高级女装协会递交正式申请并符合如下条件：

①在巴黎有工作室；

②参加高级女装协会于每年的1月、7月最后一个星期举办的两次女装展示；

③每次展示要有75件以上的服装，由首席设计师完成作品；

兼营高级成衣的高级女装品牌——伊夫·圣·洛朗

④至少雇用20名专职人员；

⑤常年雇用3名专职模特；

⑥每个服装款式件数极少且具有专利性；

⑦服装要量体制作，99%以上为立体裁剪和手工缝制；

⑧每年至少要为客户组织45次不对外的新装展示。

经过这样复杂的审定，合格后才能获得高级女装的称号，并且还不是终身制，每两年申报一次，否则取消资格。

2. 高级时装品牌

意大利等其他国家类似法国高级女装的服装称为“高级时装”。

3. 高级成衣品牌

高级成衣是工业化的、按标准号型生产的成衣时装，是对高级时装做适量简化后的、小批量、多品种的高档成衣，是高级女装的副业。高级成衣品牌是面对中产阶层的。

4. 成衣品牌

成衣是近代出现的、按标准号型批量生产的成品衣服，相对于高级成衣而言，成衣品牌具有品质规格化、生产机械化、产量速度化、价格合理化、款式大众化

兼营高级成衣的高级女装品牌——范思哲

富有朝气，带有浓厚的美国加州色彩和充满阳光的热情的成衣服装品牌——爱斯普瑞特（Esprit）

的特点。例如贝纳通（Benetton）、爱斯普瑞特（Esprit）等品牌，都是成衣范围内的服装品牌。

二、国外品牌的发展现状

外国服装品牌发展至今已经经历了两个世纪，品牌的发展已走向成熟、稳定。在众多小品牌层出不穷的阶段，原来在国际上领先的品牌，除了继续保持其品牌文化内涵以及扩大营销体系以外，都开始寻求新的发展路线。

在品牌继续建设方面，外国品牌加入更多的人性化元素，在设计、生产、销售以及公司内部的管理上做文章，力求以更好的服务及信誉来巩固本身的国际化品牌地位。

例如，苏格兰飞人的设计风格由以前的户外休闲、城市休闲、商务休闲兼顾，转型为以城市休闲为主体（80%）、户外休闲为辅（20%）的产品结构，由以往的多而全转变为将优势项目向精而深发展，从而更准确地表达品牌的文化内涵，提高品牌文化的凝聚力。

在销售方面，苏格兰飞人品牌服装的设计提案与货品企划由以往的每年春夏、秋冬两季供货模式提升为每年春、初夏、盛夏、秋、初冬、隆冬6季供货。每季货品都在统一的品牌文化背景下，借助不同的都市休闲场所、休闲内容，通过色系、面料、款式的变化，营造不同的服装主题，从不同的角度描述苏格兰飞人品牌服装所代表的休闲品位。

面对服装市场的打折风潮，品牌服装既要保持和提高市场占有率与销售额，又要面对打折行为对客户所造成的品牌忠诚度的负面影响。如何判定与平衡这两者的利害关系也就是如何判定与平衡现实利益与长远效益的冲突。苏格兰飞人通过加大货品投入，提升货品品质，提前应季货品上市时间，南北方畅销货品及时调配，增加非打折促销手段，提高品牌形象等方法，努力提高品牌的整体水平。

设计风格以城市休闲为主体的美国服装品牌——苏格兰飞人

苏格兰飞人品牌服装还将尝试特卖货品的专门企划——在更短的做货

周期内且在保证与正价货品相同品质的前提下，针对特定的销售周期和特定的特卖场所，将特卖货品与主流货品的货品内容、销售时段、销售场所加以区分，从而保证满足市场与品牌营造的双重需求。

在品牌形象展示方面，苏格兰飞人品牌服装为了品牌文化更加清晰，重新进行了卖场装修。新装修除在色彩、材质、工艺等方面较原方案更加强调品位、档次的提升外，还为店面陈列增加了正面成套展示，丰富了店面货品展示空间、层次等需求，提供了良好的环境基础。

除了继续加深原有品牌的文化内涵，外国品牌开始寻求新的发展路线。其中品牌集团进军超市就是一种新的模式。

一个大品牌公司（M）与一家大的连锁超市合作，超市内所有M公司可以制作的物品，包括服装、床上用品以及一切辅助用品，都将由M公司来完成。这种新手段，可以为品牌公司提高收入及知名度。

外国品牌的发展历史悠久漫长，发展程度也优于我国，在品牌建设、设计、营销方面，我们应该多借鉴外国品牌的经验，从而使我国服装品牌的水平提升到应有的国际高度。

三、国外著名设计师作品流行性分析

流行的多元化是当下服装市场的表现，设计常常强调个性化，于是诞生了许多个性设计师。也有人认为，作为设计师，为个性设计并不难，难的是找到人们需要刻画表现的“共性”。抓住共性即把握住了流行，设计师所设计的服装才会畅销于市场。

为个性设计还是为流行的“共性”设计，设计作品要突出共性还是张扬个性，这取决于很多因素，如设计师的文化底蕴、设计师的风格、品牌风格以及设计对象（即品牌服务的目标消费对象）等。

总之，在这个时代想要表现个性、抓住流行就要在造型、色彩、材质、工艺上做得更突出一些。

1.卡尔·拉格菲尔德（Karl Lagerfeld）——活在当下

2000年，卡尔·拉格菲尔德（Karl Lagerfeld）终于放弃了自己超过10年的装扮，把自己从宽大的外套中释放出来，并丢弃了那把标志性的小扇子，疯狂瘦身，成功地把自己塞进了窄窄的套装中。他开始自由地买衣服，和年轻人打成一片。卡尔告诉我们做服装、做流行的服装就是要“永远活在当下”，而不是活在以往的自我中，这是在时装界中无往不利的制胜武器。

卡尔·拉格菲尔德与小模特谢幕

卡尔·拉格菲尔德肖像提包

2.三宅一生——让独特成为永恒

三宅一生擅长立体主义设计，他的服装让人联想到日本的传统服饰，但这些服装形式在日本是前所未有的。三宅一生的服装没有一丝商业气息，有的全是充满梦幻色彩的创举，他的顾客群是东西方中上阶层的前卫人士。三宅一生是伟大的艺术

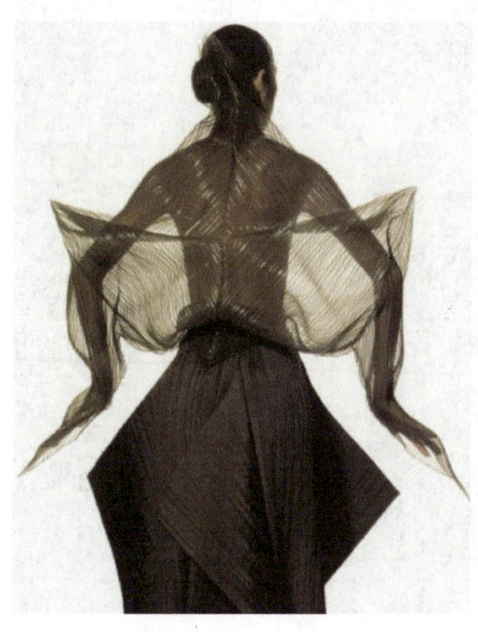

三宅一生不同的褶裥服装

大师，他的时装极具创造力，集质朴、基本、现代于一体。三宅一生似乎一直独立于欧美的高级时装之外，他的设计思想几乎可以与整个西方服装设计界相抗衡，是一种代表着未来新方向的崭新设计风格。他将自己独特的设计切入点——褶裥，结合不同时期流行的面料、色彩以及工艺手法，使之成为了永恒的时尚主题。

3.艾里斯・范・荷本（Iris Van Herpen）——想象力的爆发

荷兰设计师艾里斯・范・荷本（Iris Van Herpen）的最新女装系列作品继续展现了这位女设计师的天赋，以及她对时装艺术执着的追求和探索。她设计的是高度概念化的时装，充满了科技概念，并融入了后现代主义、超现实主义和结构主义特色。时装多采用编织技术制作，材料选择花样繁多。她以其独特的女性视角，令前卫且充满创意的服装外观更加具有别样的视觉冲击力。

荷本擅长从服装本身的材质来做设计，将坚硬冰冷的材质加以切割、扭转、编织构造出概念性极强的造型感，带来强烈的立体视觉效果。那些高高耸起的胯部造型，如双翼般上翘的肩部轮廓，海洋生物似的立体褶皱与金属质感光滑面料形成强烈的对比，银色“发丝裙”搭配锋芒锐利的镜子头饰，几乎每一项设计都是足以令人目不转睛的艺术品。

荷本注重于廓型塑造和精湛工艺，她的服装赢在出新、出奇，赢在天马行空的想象力以及精湛的设计工艺。

艾里斯・范・荷本（Iris Van Herpen）发布会作品

第二节　中国服装品牌的发展历史及现状

一、中国服装品牌的发展历史

中国服装工业几乎是在无品牌的状况下发展起来的，直到近几十年才出现一些大众品牌。这些民族品牌的产生过程，让中国服装企业在市场经济的大潮中历尽了磨难和洗礼。

自20世纪80年代末到90年代末的10年间，由于国际竞争的加剧，著名品牌纷纷登陆国内大中城市，在上海、北京、广州、深圳等城市的商业街旁林立着品目繁多的国外品牌服装专卖店，如鳄鱼、皮尔・卡丹、古姿等，数不胜数。服装品牌专卖店、连锁店几乎是在5年内平地而起，致使曾经引领中国风骚的老品牌和意欲引领新风骚的品牌纷纷落马。例如有着70多年历史的培罗蒙，曾经号称中国做工最好的西装品牌，由于体制等综合的原因，品牌形象老化、品牌传播不力。与之类似的“培蒙”，也难以扛起西装品牌的大旗。以衬衫工艺闻名的某著名衬衫品牌，几乎沦为地摊货，无论价格还是款式都已经没有任何强势的竞争力。面对中国这个有巨大潜力的市场，国外服装企业敏锐地感到了契机，在中国服装企业还没有足够的心理准备时，便给国内服装产业带来了强烈的冲击。

国外大环境固然对国内服装的发展产生重要的影响，但国内服装企业运营的自身状况才是发展的内因。我国服装业发展正处于一个特殊的历史时期。在20世纪70

中国服装品牌——杉杉

在国内有着良好口碑的世界服装品牌——皮尔・卡丹

销售额倍增的女装品牌欧时力

年代末期到90年代中期是服装业大发展的时期，这段时期与我国当时的社会氛围很相符。各地的服装企业经营从原来单一的、大批量的产品模式过渡到多品种、小批量的产品阶段。企业的市场经营模式框架已经建立完整，并在较正常的市场经济轨道上运行。随着市场经济的发展，从20世纪90年代中期到末期，正是服装企业面临着痛苦的结构调整、适应市场的阶段，企业生存的机遇将完全由市场决定。一味扩大生产规模的发展状况已远远不能适应市场体制的需求。

中国女装品牌——太平鸟

二、中国服装品牌的发展现状

改革浪潮中，中国涌现出了一大批全国性的知名品牌。雅戈尔、杉杉、罗蒙、报喜鸟、庄吉、步森等已成为中国服装响亮的名牌，还有一大批二级品牌，如洛兹、太平鸟、美特斯·邦威、法派、森马等，在全国也有很高的知名度。这些品牌在实施品牌战略上更有大胆的尝试，曾引起业界很大的震荡。

但是我国迄今没有叫得响的国际服装品牌，而国内市场又有各种高档服装品牌的消费需求，因此作为服装企业来说，很想通过打出自己的品牌提高附加值。但是，从国际、国内创立品牌的历史来看，一个成熟品牌的创立在短时间内是难以成功的，国际一些顶尖服装品牌有过几十年甚至上百年创品牌的历史，而中国大多数服装品牌却是在近20年内创立的。

安踏儿童在纽约时装周亮相

世界发达国家服装业发展大致经历三个阶段，即自然品牌、设计品牌、自由品牌阶段。

自然品牌阶段：是服装由遮体保暖到人们注重品牌的阶段。随着这一过程的变化和市场的需求，企业开始创立自己的品牌，通过广告宣传，发展到参加服装博览会以及运用多种营销方式和渠道，使得国内出现了一批品牌，也使得越来越多的人了解了品牌。

设计品牌阶段：随着个性的需求，人们对穿着开始注重品位，当人们走进琳琅满目的服装商店时，首先注意的是款式和颜色，然后才有兴趣细看服装的面料、做工、价格等。服装的款式和颜色直接反映出设计的重要性。

中国休闲服装品牌——森马

自由品牌阶段：服装整体水平比较高，拥有一批国际品牌。人们的消费实力比较强，消费频率比较高，人们的着装常常出现多元品牌的组合。

我国与世界发达国家相比，刚刚从第一个阶段进入到第二个阶段。近20年，我国服装行业十分重视对设计产业的发展，成立了全国性服装设计师协会和各地协会，有力地促进了设计队伍的成长。越来越多的服装企业也认识到服装设计的重要性，近几年一批服装设计师开始崭露头角，并涌现出了一批知名的设计师。但就设计队伍总体水平来说还不够成熟，主要

李宁参加纽约时装周

表现在设计与市场的结合上优势发挥得不够，能形成设计风格并具有较强市场占有率的服装品牌还不多。从成功的服装企业品牌运作来看，重视服装设计并不是简单地重视某个设计师的创意，而是看设计创意能否做到以市场为导向。国内外成功品牌的设计大致体现出以下几个特点：一是以稳健的款式为主体，二是体现流行时尚的款式为少量，三是以高档经典的款式为点缀。

融民族精神、当季流行与设计精髓于一体的薄涛时装

中国女装品牌——歌莉娅

三、中国服装品牌的展望

1. 国际与民族

自从中国“入世”“国际化”一词在服装行业屡屡被谈论，很多服装企业为加快国际化的步伐，纷纷请来意大利、法国的设计师或在国外设立工作室，还有企业与国际品牌联姻合作。这都说明中国服装企业面对“入世”后市场国际化的现实，有相当的紧迫感。

中国女装品牌——玛丝菲尔

中国服装业如何融入世界服装经济中，这涉及诸如环保符合国际标准、加工国际化、品牌国际化、经营国际化、管理国际化等很多方面。但中国服装业要真正国际化，必须以一批在世界服装之林叫得响的、具有一定市场份额的国际化的品牌为标志；而要得到世界服装界的认可，须使品牌承载民族文化，即要走以品牌国际化为核心的国际化之路。法国国际时装学院副院长鲁道夫·德拉海叶·圣依莱尔针对我国的服装品牌情况曾经说过：中国有很多独一无二的东西。这是中国人自己的财富，因此，要取得国际市场的成功，最主要的还是走自己的发展之路。

中国女装品牌——天意

借助“外援”与国外知名品牌合作，可以为我们带来先进的经营管理经验和品牌运作模式，可以给我们带来西方的时尚文化、精湛的工艺技术，为自身品牌的发展注入新鲜的血液。这对提高品牌的市场竞争力无疑起了促进作用，容易看到成效。但我们用别人教的东西去和别人较量，就好比我们说英语很难像英国人说得那样地道，也远不如我们说汉语来得自然。以己之短比人之长，何谈超越对方呢？我们的服装品牌要想在国际市场竞争中有后劲、有韧性，还得拿我们的民族文化作为利器。

中国人的具有国际意义的服饰文化价值，在于挖掘本民族的资源。一个品牌如果不站在自己传统文化的根基上搞设计，它很难立足于世界。设计师梁子在2001年中国时装周中备受瞩目，就是因其服装设计中体现了中国传统服饰的精神，故而被邀请参加韩国时装周；同时，薄涛也参加法国秋冬时装发布会。这两位中国设计师跻身国际时装舞台，可以看作是中国品牌立足本民族文化取得国际认可的现实例证。日本著名设计大师三宅一生在国际时尚界的成功，正是因其立足于日本文化，以东方服饰理念融入欧洲时尚界，创造出一种独特的、与以往欧洲时尚完全不同的设计风格——平面立体风格。日本设计师的经验值得我们深思和研究。

中国线上网红品牌——裂帛

中国的服装业虽然起步较晚，但中国是世界四大文明古国之一，中华服饰文化瑰丽丰厚，东方文化博大精深，早就为西方人叹服。近几年，西方服装设计师纷纷从中国文化中汲取灵感，掀起了中国风的流行；2001年，中国文化美国行中展出的精美服饰在美国引起轰动，让美国人领略了东方服饰文化的魅力。这说明拥有这么悠久文化背景的中国服装设计师并不缺少文化的积淀。中国的服装设计师也并不缺少才情，缺少的是不能将东方文化与西方时尚进行有机的结合。每年时装周上那些“眼花缭乱”的时装秀足以让人心动，但一到了市场，产品却又不免让人汗颜。那些善“秀”的设计师们，用才情诠释了他们对民族文化的领悟，T形台上的服装也不乏时尚感，但这种时尚感较之于西方的时尚感还欠成熟，表层的成分还太多，原创性方面还有一定的上升空间。市场产品缺乏文化和时尚，就更不用说二

中国女装品牌——江南布衣

者的结合了。这也是目前国内市场部分产品雷同、没有风格特色的原因之一。

一两个外国设计师可以带来时尚气氛，但却带不来整体时尚的提升。外国设计师在对中国文化的感悟上，绝不及在东方文明浇灌下泡大的中国本土设计师对我们自己民族服饰文化理解得深。

中国文化美国行中展出的中国现代服装

2. 挖掘品牌深度

从外在表现来看，品牌表现为一个名字、一个标志或是它们的组合；从内涵来看，品牌是企业在长期的经营过程中与各关系利益人建立的一种特定的关系，是各关系利益人的人格表征。这种关系可以是粗犷的、独立的、有冒险精神的，如万宝路；也可以是舒适的、充满乐趣的，如麦当劳；更可以是尊贵的、安全的，如奔驰。个性缤纷，各有各的精彩，各有各的市场。

理解品牌含有的无形价值是理解品牌文化的重要方面，个人对一个品牌的感觉与该品牌的相对定位以及最终对该品牌的忠诚，都是品牌无形价值的方方面面。对于西方人来说，建立一个品牌并非仅仅意味着提高品牌知名度。在今天的中国，一些所谓的“品牌”其实并非真正的品牌而是商标，不过是在一些目标客户群中知名度较大罢了。

品牌制造者必须努力说服消费者愿意支付品牌附加值，独一无二的商品内涵和一流的品质与服务是创造品牌附加值的核心。

我国服装产业由产品经营步入品牌经营后，人们发现，经过包装的品牌附加值竟然是产品价值的数倍。于是，对

中国女装品牌——白领

品牌形象进行包装成了品牌经营者的首要任务。品牌形象包装费用成为品牌经营的主要成本之一。许多服装品牌厂商凭着自己对市场的感觉和了解，单层面地参考一些国际知名品牌形象，塑造自我的蓝本。只相信自己的感觉、判断，而不去认真深入地发掘品牌的个性、品牌的文化内涵，只想针对性地进行表象整合，没有准确的市场定位，对市场缺乏调研、考察。

一个优秀的品牌形象策划企业，必须在理念上能够领先于他人。服装品牌经营者的素质决定了品牌形象的个性，同时也掌握了品牌的原始元素。所以，一个品牌形象策划者的基本素质就是要比客户更深刻地了解市场、了解品牌文化。只有深入地研究了企业的精神，提炼出一个品牌的时尚文化，这种品牌的经营方式才可能通过创意、设计去提升一个品牌的形象，才能够使品牌经营者明白，自己的品牌服务于什么样的消费群体，应该具备什么样的经营理念，创造一种什么样的生活状态。要真正使一个品牌形象树立起来，必须要针对企业发展中存在的问题，不断地提升企业品牌的竞争实力。

3. 品牌国际化

在中国快速融入全球经济的今天，“国际化”一词也被服装界广泛提及，如果你到北京、上海这样的大都市的大商场转一圈儿，满眼的英文、法文、日文、韩文的服装品牌标志，找不到几个中国字；再看看产品：欧洲的设计风格、进口的面料，乍看上去，真像是到了国外的商场一般。

成衣品牌——贝纳通

目前服装企业里流行的一种现象是：很多企业为创品牌先取个洋名字，然后用这个名字注册品牌商标，注册后却出现品牌定位不明确，服务对象定位不清楚，就连这个洋名字的含义也编不圆满。国内企业也纷纷到国外注册品牌，动辄就以“我们是法国的设计师、意大利的板师、日本的面料”作为招牌。但在满眼纷繁复杂的国际风潮背后，有些企业对国际化的理解却停留在邯郸学步的表面层次上。真正的国际化品牌的标准是什么？国际化品牌的运作模式是什么？国内服装企业又有几个真正达到了国际化的标准呢？

一个国际化的服装品牌至少应具有的素质是：所提倡的品牌文化具有全世界的共通性；在全球各个地区都有完善的营销网络；产品适应不同地区消费者的不同需要，并能很好地融入当地文化。

同国内品牌纷纷取“洋名”的情况相对的是，在国际品牌大举进攻中国市场之前，首先是给品牌取一个中文名称，而且在品牌推广前期会大力推广中文品牌名称。如大家耳熟能详的“夏奈尔”“古姿”“范思哲”“迪奥”等，无不朗朗上口，给人留下深刻印象。有的中文译名堪称经典，如法国著名的以设计师本人名字命名的“巴伦夏加”，中文商标译为“巴黎世家”，既好记又体现了品牌的尊贵气质；还有加拿大女装PORTS（原意为港口），中文译名为“宝姿”等。其实品牌名称本身就是一种文化的体现。而不少国内的品牌，中文名称是根据外文翻译过来的却缺乏相应的内涵，而且在品牌推广时有的还将中文名称故意淡化处理。

性感野性的代表CK

简约、优雅的代名词夏奈尔

四、国内著名设计师作品流行性分析

中国服装业要打造自己的品牌，同国际大牌相抗衡，必须既能够把握住国际流行性又必须具有鲜明的民族个性特色。游览于北京、上海各大商场，贝纳通、宝姿、逸飞、巴比龙、滕氏、薄涛、利德尔、皮尔·卡丹、观奇、华伦天奴等国际、国内品牌琳琅满目。与国际知名大牌相比，国内设计师作品有两点值得注意：一是国内品牌设计正在逐渐与国际接轨，设计意识接近国际时尚，设计表现技法与板型工艺正在吸收西方服装的精华，设计的生活观与服饰品位开始丰富多彩而不再匮乏现代文化感觉；二是设计师趋向成熟，设计多注重依托国际时尚、生活方式、审美心理，不再盲目强调所谓的“个性设计”、繁文缛节。例如，过去设计成衣和实用装更多地借用晚礼服的设计手法，为了突出个性特色，在成衣中生搬硬套所谓“民族情节”，不恰当地借用一些传统装饰手法，使现代时装变得不伦不类。现在的中国设计师运用流行元素与民族元素相融合的设计已不再生硬，服装设计不再是文化的图解，而是注重于对生活的表达，更切合于人们的生活方式与审美情趣。

下面就来介绍一下我国几位较具代表性的设计师。

郭培“一千零二夜”青花瓷礼服

1.郭培——永不落幕的精湛工艺

“高级定制”在今天的服装界仍然象征着身份与地位，它是为客人的特殊需求单独设计、裁剪、纯手工制作的时装精品，体现了专业设计师非凡的创造力，是唯一可以不计成本、彻底追求完美表现力的设计领域。

20世纪90年代中期，中国时装行业还处在起步阶段，“高级定制”的概念在中国刚刚萌芽，人们甚至不知道什么是高级定制。然而，郭培却义无反顾地走进这块无人开垦的“处女地”。郭培的高级定制服装强调必须别具格调，她认为只有走在时尚最前沿，与国际发展同步，才能在众多成衣中脱颖而出。

郭培设计的精致礼服

郭培的服装之所以在时尚界能够占据一席之地，主要来自于她的坚持。高级定制是不断追求“质”的过程，设计师应该具备拿针的专业技能以及精湛的手工工艺。服装的“质”讲的是一种格调，如果一件衣服没有格调就失去了其本身的价值。

郭培强调，想要让人永不放弃的服装是有生命的服装，所以量身定制的每一件衣服，它的精益求精要体现在每一个设计细节中。设计师需要根据每位消费者的情况，综合其气质、容貌、身高、肤色和职业等各种因素，从而提出中肯的搭配意见。

当你用心去创造服装的时候，穿上它的人也一定能感受得到。精益求精，打造专属个人的尊贵成为郭培为之不懈奋斗的最终目标。

2. 马可——不为时尚的服装设计师

马可受法国高级时装公会邀请，先后携“无用之土地”“无用：奢侈的清贫”系列作品出现在巴黎高级时装周，且作品在法国、英国、荷兰、澳洲、日本等地展出，“无用之土地”系列获得荷兰克劳斯王子基金奖。

马可的设计作品线条简洁流畅，多采用“减法设计”，并运用中性的色彩来表达穿着者的独立与自信。其设计更多的在于提升传统手工艺的价值感，并致力于中国传统手工艺的传承、保护和创新；倡导设计中的“天人合一”，体现穿着者的内心，追求心灵的成长与自由，呼吁大众能够看到时尚背后人与自然、人与人之间的关系。

马可设计作品

3.古又文——用奇异编织的梦

古又文设计的服装有着极大的独特之处，这种独特来自于他对针织类面料元素的设计有着极强的驾驭能力，并且其设计的针织服装系列以造型迥异、结构奇异而著称。

古又文的服装作品反映了设计师内心的情感层次和智慧层次。以艺术的纯度摒弃杂芜，萃取出最和谐、稳定的基色，展现冷静、理性的空间秩序。同时，其作品注重廓型，运用立裁的手法，将自如的建构与精巧工艺并置杂糅，起承转合，使作品弥散出强烈的特质。这种强烈的特质正是他在当下这种服装市场极为丰富的前提下还能脱颖而出的原因。

古又文的服装作品

4.李鸿雁——扎根生活的设计

离人们最近的就是生活，所以我们的服装离不开生活。李鸿雁的设计就有着浓厚的生活气息，她的设计中洋溢着上海的韵味。她创立的品牌INSH（In Shanghai）是一个极具上海概念的品牌，其所有的设计理念均以上海为背景，运用现代设计灵感，捕捉上海人日新月异的潮流生活方式，反映新时代的上海和新上海人的时尚。另外，李鸿雁还致力于表达独特的个人气质。这种设计的切入点使得李鸿雁的设计十分贴和生活且独具特色。

第三节　中西服装品牌的共性化与流行性

一、中西服装文化的差异

由于中国人与西方人的思维模式不同，也会带来不同的宇宙意识，并直接影响到服装的理念。

① 中国人“天人合一”的宇宙观表现在服装体系中，服装更注重与社会环境的统一，也就是说具有强烈的政治色彩。服装不仅是社会礼仪的表现，也是区分社会等级的标志，是社会伦理道德的体现。这一点从周代冠服制度便可以看出。

而西方强调主观世界与客观世界的分离，致使他们习惯用理性观察世界和探讨规律，从而以一种理性的或科学性的态度对待服装。

② 中国传统思想中的人，是与宇宙结合在一起的一个整体，是一个包容天地、具

不对称的肩部设计与服装的含蓄美

集现代设计手法与现代审美为一体的服装

有精神内涵的人。因而服装穿在人身上，不强调与形体的关系，更着重于穿着者的整体形象。个体着装必须融入整体与群体的着装意识之中，趋向于内在、内涵的特点。

西方文化人，讲究独立而明确，服装为崇尚人体美服务，其作用在于充分显示人体的美感、弥补人体的缺陷，显示了外倾、外向、外求等特点。西方多元文化不同于中国的一元文化，他们用服装来突出个性，表示对自我价值的肯定与重视。

③ 中国由于历史的原因，人体文化不发达，在造型手段和审美观念上都受到特定环境的影响，因而在服装造型上重视二维空间效果，不注重用服装表现人体的曲线。在服装结构上采取平面裁剪的方法，人体与面料纤维之间空隙较大，具有一种“自然穿着的构成”。这种构成不重款式，而重面料本身的外观效果，如色彩图案纹样、重工艺加工技术的精湛技巧等。含蓄的衣纹表现抽象的美，追求穿着者的人格内涵，表现主体的人的精神意蕴，最终指向伦理的精神意义。在形式法则上，中国服装强调对称、统一的表现手法，忌讳倾斜感和非对称性，服装端庄、平衡。同时传统的造型观念使中国服装在其发展历程中具有强烈的稳固性、持久性与延续性。

西方的人体文化源远流长。在欧洲文明观中，人体是大自然最上乘的艺术。服装设计追求突出人体的曲线美，造型上强调三维空间效果，结构以立体裁剪为主，注重试缝、修订和补正，以求最大限度的合体。形式法则上表现多为非对称性、不协调性。如此的观念带来了服装形态的变异性、复杂性与创新性，变化周期缩短、频率加快，继而产生时尚与流行的追求和设计师的出现。

站在客观的立场上深入了解其他民族、地区的服饰文化，可以帮助我们超越自身的局限性，让服饰行为向更为理性化的模式发展。

20世纪30年代的上海时装

具有欧普艺术风格的设计

二、中西服装品牌发展的共性化

服装的进化与不同的地域、社会、种族、阶级的群体紧密联系在一起，形成了各异的服装文化，显示出了具有普遍意义的特征。

归于真，归于尘的无用设计品牌

1. 外因与内因

构成服装变迁的基本因素包括外部原因与内部原因。在服装变化中，自然环境是相对稳定的因素，是构成服装基本性格的东西；而社会环境则是强制的，通过该社会所展开的各种文化内容的变动给予服装以种种影响，它包括政治、经济、宗教、法律、思想意识、风俗习惯、军事及科学技术等方面。内部原因反映的是个体乃至社会集团对服装的欲望与需求，包括态度、个性、社会角色、年龄角色等不同方面。

外部原因具有一定的强制性、制约力，而内部原因作为人类本身的内在需求，在服装变化中起着关键作用，常常优越于外部因素。掌握服装变迁的重要原则，才能更好地研究因环境变化而给人们心理带来的变化。

2. 阻力与动力

服装变化的速率依赖于两股作用力：限制或妨碍变化，刺激或加速变化。服装在任何社会、任何时期的变化速度取决于这两种力量的平衡，一种力量促进了服装的淘汰；另一种力量阻碍了服装的进步。

阻碍力量包括：落后的经济、森严的等级、人为的规定、固有的习惯、地域的封闭、心理的障碍等。促进服装发展的力量有：发达的经济、新的生活方式、教育及文化的传播与交流、青年与妇女、科学技术、社会事件的影响等。

CK品牌的野性、朝气与时尚

3. 渐变与激变

在任何社会中服装与文化的变化都是同步的，这种不是通过革命产生的进化人们往往很少注意。技术、社会和经济以及艺术的发展，都会对相应的服装文化产生持久的影响，这就是服装的渐变习惯化模式。

与此相反，服装也会发生急骤、突然的变化，即服装的激变或突变模式。它通常伴随着政治动乱、社会剧变、军事战争以及重大事件的发生而出现迅速和明显的变动。例如，两次世界大战极大地影响和推进了西方女装发展的进程；1911年的辛亥革命使中国数千年的冠服制度被彻底埋葬。

在战争期间受到影响的女性服饰款式，以强调“实用性”为主

4. 多样化与国际化

由于不同地区、时代的服饰习惯以及社会背景、宗教信仰不同等因素，服装发展的多样化成为一种普遍性模式。随着工业发

展，现代文明打破了民族之间的隔障，导致了世界服装国际化趋势。

5. 兴衰周期与循环周期

服装的发展也可以用生态学的观察方法来认识其发展的进程。每种服装从产生、成长、成熟、兴衰直至衰退的过程，体现了服装的一种周期性规律。某种服饰风格或模式也会趋向于十分有规律的周期性重现。

经久不衰的牛仔已成为时代的象征

三、中西服装品牌共性化与流行性的表现

回眸东西方服装发展的历程，年代淡去，留下的是几千年来一个个铭刻时代印迹的服装形态。从它们身上，我们能触摸到时代脉搏跳动的节奏，感受到时代造就的各种文化思潮以及审美观念对服装发展的影响。

风情万种的迷你裙风靡一时

东方服装素以“宽衣”著称。自周代的深衣制到近代的长袍马褂、旗袍，几乎都是平面构成、直线裁剪的组合。服装讲究意境，注重纹饰的寓意表达。历代帝王将相严格遵守封建王权并传承着服饰等级制度，充分体现了“一代固有一代之制”的特征。直到辛亥革命，西方洋装的传入，立体塑型的工艺手法流入，才使中国服饰的面貌焕然一新。这种变革迎合了当时人们追求思想解放、服饰上力求平等自由的精神需要，以及乐于接受新鲜事物的心理需求。社会文明转型期的过渡因服饰上的革新顺利完成。今日，中国的服装界倡导走具有中国特色的“民族时装化”的发展之路，将中国传统服饰与现代潮流相结合。许多服装品牌的成功运作让我们看到了希望：从中国台湾到北京发展的“杨成贵”，南京的“陶玉梅”，深圳的“天意”“衡韵”，

以及众多中国风格品牌的“木真了”“格格”“五色土”“玄色衣裳”，等等。

狂野张扬的CD广告宣传

西方服饰文化起源于古希腊、古罗马文化，受当时浓厚的哲学思辨思想、绘画、雕塑等造型艺术的深远影响，历来崇尚人体美、自然美。一直到中世纪，服装的形制多以缠绕、披挂为主，变化不大。文艺复兴至20世纪中期的服装款式受不同时代发展的文化背景影响而多有变化，同时也开创了服装形制发展的先河。例如19世纪末至20世纪初，受新艺术运动的影响，女装造型出现了强调后面臀部到前面胸部的侧S形曲线；两次世界大战使女性走出家门步入社会，出于战时特有的注重功能的需求，女装的裙长变短，服装趋于简洁，并具有男性化的倾向；再如动荡的20世纪60年代，年轻一代在反文化、反潮流意识的怂恿下，向传统服饰发起了反抗。迷你裙、喇叭裤成为风靡世界各国青年的流行服饰。这个年代的巴伦夏加、皮尔·卡丹、伊夫·圣·洛朗、安德莱·克莱究等一批前卫设计师以其设计作品的时代性而一举成名。在服装界，类似这样的例子不胜枚举。步入21世纪，西方走在引导国际时尚潮流的前沿，敏锐地把握多元化、国际化趋势对着装的新需求。

东西方服装的发展变化，鲜明地体现着当时的时代特征。时代精神成为流行的主题。如果说20世纪以前的东西方服装各自沿着自身文明的轨迹发展，那么随着21世纪东西方的沟通与交融，整个地球的文明进步为人类共享。伴随着时尚发布、信息交流，人们对服装美的理解与审美观念有了国际化的标准；人类的服装行为与理念更加成熟，由最低层次需求的生存消费转向追求以人为本，向舒适、科技、品质、个性等较高的层次发展，出现求美、求新、求高的趋势。同时，科技发展引起服装材料的更新与变革，迎合并改变着人类的口味。消费者的种种心理与精神上的需求，恰好是决定服装市场品牌走势的关键。东西方各国的服装设计师们在其设计理念中竭力反映人们现实生活中的需求，通过时装发布会、媒体宣传、广告促销等手段和方式，竭力打造所属的品牌，从类似的趋势和理念中凸显其品牌的个性与风格。他们通过流行实现消费者的幻想，丰富人们的生活，满足心理与精神的需求，为人生增添各种色彩，使东西方服装走向殊途同归的道路。

四、东西方服装的流行性分析

通过东西方服装文化共性化的分析可以看出，流行性在东西方服装文化中是基本

现代设计中，中国龙与补子纹样的应用

新颖独特的现代旗袍造型

相通的。

外部因素与内部因素的影响，使得服装的流行在东西方产生了相同的方式与轨迹。例如，民国时期由于政治原因流行的中山装在全国产生影响，人们纷纷制作或者购买。甚至到了今天，中山装也常在一些重要场合出现。而西方的20世纪60年代是一个动荡不安的时代，政治局面与战争带给人们巨大的影响。年轻一代开始寻求自己的生活方式，掀起了嬉皮士运动，随即产生了嬉皮士服装风格。

服装流行具有的周期性，在东西方是同样的。在几年前乃至几十年前流行过的传统服装，也许最近又开始拉开流行的序幕。然而这次的亮相绝不是以前的翻版，而是以一种崭新的姿态，注入了新的流行气息，具有新的生命力，重新走向服装舞台。

中国传统的旗袍是满清入关时期的宠儿；20世纪30年代，改良后的旗袍经过现代的剪裁和缝制的工艺，变得更加富有生气，已经脱离原满族旗袍的雏形而成为中华民族的代表作。而20世纪末，一部《花样年华》把人们的服装审美带入了一个古典优雅与时尚相结合的境界，旗袍开始了新一轮的流行。面料、色彩、图案的新奇与款式的时尚化结合，使古老的旗袍在人们眼中变成了一种代表着品位、气质的时装。

在西方，女性自古以来都是穿着曳地长裙，20世纪20年代，由于思想慢慢解放，女装的裙子开始缩短，露出小腿，下摆也不再是宽松多褶，而是几个大的有规律褶裥的筒裙；30年代，资本主义世界的经济危机逐渐缓解，女装一度短小紧凑的基本样式又逐渐加长了，最后达到长裙拖地；40~50年代，由于世界大战以及大战后的复苏阶段，女性开始参加战争与劳作，长裙自然不再合适，于是统一的中裙套装开始流行；这样一直反反复复到了60年代，嬉皮士的反传统着装，使得摇曳的长裙又变成了女性的新宠。

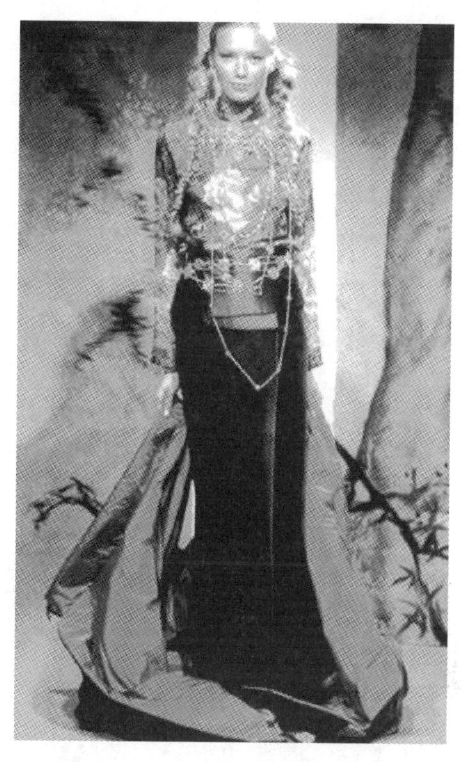

高田贤三的以东方文明为特征，以西方理念为基础的晚装设计

在历史的长河中，不论东西方，每个时期都有每个时期代表性的服装。中国商周服饰流行质朴醇厚的风格，隋唐衣冠盛行雍容华贵的气质，明清穿戴更讲究富丽细腻的韵味；而西方，拜占庭服装神秘堂皇，巴洛克服装大胆豪华，洛可可时期极尽奢华。

传统是历史的积淀，是历史的印记，不同的民族因为时空状态的不同，就会形成一定时期的不同的心态、不同的意识和不同的文化，相对于后人来说就是传统。流行则是时代中某个较短时期的烙印。

由旗袍的发展可以看出，传统总是在对已有传统不断的突破中求得前进与发展的，是在取人之长、补己之短、扬己之长中求得新生的。而服装的流行也只有借助于传统，为传统的服装注入新鲜的设计力量、添加时尚的元素，重新走向流行的舞台，才可以达到真正的层次与品位。

20世纪90年代末期在年轻人中比较流行的个性图案

现代生活中年轻人的时髦装束

服装风格的多样化，为追逐流行的人们提供了选择的余地，以便更好地塑造自我形象

流行同样应该与民族服饰相结合。民族服饰是蕴含着某种民族神韵、表达某一民族特征的服饰。民族性是一个民族在历史长河中，由自然条件（种族、地理、气候）、精神状态（风俗习惯和时代精神）、经济水准、历史环境等因素，相互影响、相互作用而形成的民族的永久本能。单纯地表述本地民族特色的服装是民族服装，而纯粹民族的东西是不会广泛流行于世界的。例如中国的旗袍、日本的和服、印度的沙丽等，这些服装的流行只能在本民族和本地区范围之内，离开了，就很难找到长久的立足之地。但是当一种民族服饰被注入流行的意识或者时代的气息时，其魅力是难以估量的。日本著名服装设计大师君岛一郎，在设计一套女装时采用了中国的织锦缎，前身是传统旗袍的式样，但后背全部裸露，只做了两条精致的带子。这套女装既有浓郁的东方民族风味，又不失巴黎高档时装的情趣，成为巴黎的高档晚礼服。

不可否认，传统服装和民族服饰会受到流行因素的影响，是现代流行服装设计取之不尽、用之不竭的源泉，同时也反作用于流行潮流。

服装的流行性是一个巨大的反映圈。由人的心理机制联系到社会机制、环境机制，其间几乎联系了所有的文化流行因素，如绘画艺术、建筑、宗教信仰等。服装的流行性与建筑艺术也有密切的关系。例如哥特式时期的服装，高高的冠戴，尖头长靴以及衣襟下端呈锯齿状等锐角的外观特征，灵感可以说来源于古罗马式风格的建筑以及教堂拱顶辉煌的彩色玻璃。而中国文化自古以来追求内涵、内敛，房屋建筑都是四平八稳、忠厚结实，只是在屋檐上做文章。表现在服装上，款式基本没有什么特别之处，也是横平竖直、规规矩矩，但是在冠帽上，却极尽雕饰，这同中国的建筑艺术多少相似。

服装的流行性与一个时期的社会风尚也有很大关系。社会存在决定社会意识。一定的政治、经济以及由此而形成的哲学、文艺思想影响着服装的审美要求和服装风格。我国宋朝时期，整个民族精神风貌比起唐朝来说，缺乏宏博华丽的雄伟气魄。禅宗与老庄哲学的流行，要求人们摆脱世俗的羁绊，获得心灵的解放。宋元时代文人的退隐，产生了清平淡雅的山水画风格以及文学上平易而隽永的审美情趣。整个社会受其影响，服饰崇尚简朴、整洁。同样20世纪30~40年代的西方，经历了经济危机以及世界大战，资本主义世界面临着严重的打击，沮丧茫然的气氛笼罩着整个西方。这种情绪在女装上有所反映，黑色的面料、下垂的帽子、丝绸的衬衫加重了下坠感，更增加了这种沉闷的气氛。这些都说明了服装的流行性与各个因素方面的关系，也反映了流行性在东西方的共性化。因而，各个国家、地区的时尚呈现出相当的共同性特征。T恤、牛仔的搭配，几乎是全世界青年的一种典型着装；阿拉伯人西装与长袍的组合；中国新疆维吾尔族姑娘脱去传统的“爱德来斯”长裙，穿上现代服装……人类共饮同一处的清泉，而各大服装品牌在紧随流行时尚的同时结合自身品牌风格的特点，最后把时尚演变成一道道绚丽多彩的美丽风景。科技使我们与流行越来越近，甚至与世界融为一体。

讨论题

通过市场现有品牌分析，你认为中国服装品牌的发展现状以及未来的发展策略是怎样的。

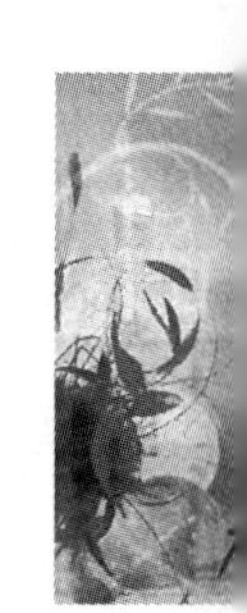

专业知识及专业技能

第十章　流行化对中国服装业的影响

第一节　中国服装业的现状

第二节　流行国际化对中国服装业的促进

第三节　服装流行国际化的发展

第四节　中国服装如何走向国际市场

实践题

教学目的： 通过本章的学习，使学生了解中国服装业的现状以及流行国际化对我国服装业的促进作用，理解服装流行国际化的主要发展阶段，掌握我国服装走向国际市场的宏观、微观环境以及竞争优势。

教学方式： 课堂讲授

课时安排： 2课时

教学要求： 1.要求学生课前查阅服装期刊和杂志，了解我国服装业的发展现状和存在的问题。

2.课堂中能够运用所学知识，解释目前国内服装行业存在的一些客观现象和问题。

3.运用案例，提出我国服装业走向国际化的途径和方法。

第一节　中国服装业的现状

改革开放以来，中国服装业迎来了发展最辉煌的时期。自20世纪70年代末至今，伴随着国家综合国力的提高，经过四十多年的发展，中国服装业已经成为国民经济中重要的支柱产业，与服装相关的配套产业都得到了极大的发展，并取得了可喜的成就。中国已成为世界服装生产、消费和出口大国。进入21世纪，我国的纺织服装业进入了快速发展的时期，基本形成了包括“原料、纺织、印染、服装”等环节的上中下游相衔接、门类齐全的产业体系，行业整体素质不断提高。我国加入世界贸易组织以来，国内、外市场环境发生了深刻变化，纺织品服装行业正积极推进结构调整，促进产业升级，以实现从纺织大国向纺织强国的转变。

中国纺织服装业在改革开放的几十年间，经历了多个国民经济“五年计划”，从1983年以前凭布票供给的供不应求的状况，现已发展成为全球纺织品服装第一大生产国、消费国和出口国。改革开放以来，中国纺织服装产业快速发展，纺织品服装出口也保持着相对稳定的增长势态。

上海“巴黎春天”云集了国内外知名服装品牌

我国纺织品服装出口贸易发展大致经历了四个阶段：第一阶段即以国内市场供给为主，出口为辅；第二阶段为出口快速增长，服装出口超过了纺织品；第三阶段成为全球第一大纺织品服装出口国；第四阶段为从贸易大国向贸易强国的转变阶段。我国服装出口保持稳步增长，服装业在过去的几十年中已经取得了较为可观的经济增长，现已成为世界最大的纺织品服装生产国和最大的纺织品服装出口国；出口产品的类型已由原来的资源型、原料型逐步过渡为各类最终产品；出口地区由原来的广州、大连、上海、青岛、天津发展为全国各个省市自治区。

一年一度的CHIC展，使越来越多的服装出口企业凭借CHIC这个平台打开了国内服装市场的大门

一、中国服装业的比较优势分析

比较优势主要是指一个国家或地区的资源禀赋优势，如好的自然条件、丰富的矿藏、廉价的劳动力等为市场上的产品和服务带来的优势。以李嘉图的比较优势理论为代表的传统贸易理论，多年来一直是指导各国进行国际分工和贸易的理论依据。这种贸易理论重点研究劳动力与资本两种要素，并认为不同国家生产不同产品所需的生产资源的密集程度不同，而不同国家所具备的生产要素的富裕程度也不同，由此导致生产同一产品在不同国家间的成本差异。所以对一个国家而言，应集中生产出口那些需密集使用该国富裕要素的产品，并通过国际贸易换回需密集使用本国稀缺要素的产品。

按照传统贸易理论，纺织服装行业属于我国拥有富裕要素的产品，具有一定的比较优势。

1. 劳动力的优势

纺织服装工业是劳动力相对密集的产业，因而劳动力资源及其成本对产业的发展至关重要。如前所述，经过多年的发展，我国的服装业已形成了完整的产业体系，服装出口位居世界首位。但从我国服装的出口产品结构中可以看出，我国服装业生产以中、低档产品为主，产品附加值、技术含量和品牌价格较低，精加工产品比重较小，这也正说明了我国服装加工比纺织品加工更多地依赖于劳动力低成本的优势。

当前，国际服装生产技术日新月异，但靠人工缝纫制作的传统生产方式并没有根本性突破。例如一件西服有253道工序，每道工序几乎都需要人工操作，加之服装产品属于最终产品，面料等原材料已经吸附了大量的物化劳动，因此服装包含的劳动力成本相对较高，在相当长的时间内，劳动力成本依然是服装行业竞争的重要因素。

近几年，虽然我国东部地区的劳动力成本不断上升，但我国中西部的劳动力优势还远远没有释放，随着西部开发的推进，我国劳动力优势将为纺织服装业的出口提供源源不断的动力。我国重视基础教育和思想教育的国策，也使劳动力成本建立在素质较高的基础上，反映出中国劳动力在素质价格比方面的优势。也就是说，我国服装业工人的劳动技能、勤奋度和组织纪律性等综合素质要远远胜过他们。因此，在未来几年内的平等竞争的前提下，我国服装业依然具有明显的劳动力优势。

2. 原料的优势

每个国家都拥有经济发展所必需的生产要素，包括人力资源、自然资源、知识资源、资本资源、基础设施等。要素分为两类：一类是基本要素，包括自然资源、气候、区位、非熟练或半熟练的劳动力、债务资本，它是先天性的；另一类是高级要素，包括现代交通、通信系统、高级人才、研究机构等，是后天性的。一般来说，基本要素的先天性优势不会维持太久，重要性会逐渐下降，必须向高级要素过渡。基本生产要素的不足往往成为企业开发高级要素的特殊动力。

我国的天然纺织原料资源（如棉、毛、丝、麻、羊绒等）丰富，其中棉花产量居世界高位，约占世界棉花产量的1/5；苎麻纤维产量在世界上所占的比重也非常大；我国是世界上最大的茧丝生产国，茧丝和蚕丝产量占到世界产量的70%以上。丰富的纤维资源，为面料行业提供了充足的原料来源，面料加工能力处于世界前列。

二、中国服装业的竞争优势分析

据有关资料报道：中国纺织、服装、皮鞋三类产品的出口量均居世界第一位，而国际竞争力的排名却分别居于第12位、13位和30位，由此不难看出我们的差距。从发达国家服装工业的发展历程可以看出，劳动力成本在竞争中越来越退居次要地位。因此，判断我国服装业的综合竞争力必须分析竞争优势。

竞争优势主要是指体制创新、技术创新、管理创新以及政府企业的其他经济活动对提高国际竞争力的影响。竞争优势归根结底来源于企业为客户创造的超过其成本的价值。竞争优势有两种基本形式：成本领先和标新立异。迈克尔·波特（Michael Porter）教授认为：竞争优势来源于企业在装备、技术、产品、营销、交货等过程及辅助过程中所进行的许多管理活动。这些活

上海世贸商城自主创新的“Direct Link——分类采购”模式有助于“中国制造”突破贸易防线，成为世界纺织品市场最大的制造中心

动中的每一种都对企业的相对成本有所贡献，并且奠定了标新立异的基础。因此进行竞争优势的分析可以从企业生产经营的各环节入手。

以波特的竞争优势理论为基础，以下从企业规模与产品结构、信息网络和快速反应能力、管理体制等方面将我国服装企业与其他国家的同类企业进行比较。

外国商人在服装节上开始注意中国的服装

1. 企业规模与产品结构

具备一定的企业规模是提高企业集聚资产能力的基础。我国服装企业众多而弱小，与国外优秀企业的实力相比差距较大。以涤纶企业的规模为例，西欧是我国的3.5倍，美国是我国的12倍，日本是我国的13倍，韩国是我国的30倍。更重要的是，行业的组织程度低、企业管理水平低、交易成本高、内耗大，没有形成良好的企业生态，对于国内成千上万个大大小小的研发、设计能力、营销能力较弱而生产能力相对较强的“橄榄型”企业来说，一方面本身实力不足；另一方面又缺乏对国际市场深入而细致的研究，当他们一齐涌向国际市场时，不仅竞争不过国外企业，而且国内企业还会自相残杀。因此，应该通过资产重组和市场机制，迅速地改变企业组织模式，以“哑铃型+圆柱型”取代“橄榄型”，发展若干个实业化的大型出口航空母舰和联合舰队。

中国首届服装节，服装模特走在街上，向人们展示服装的风采

新郎希努尔集团坚持“质量零缺陷，服务零距离”的服务理念，首开西装免费干洗之先河，图为该集团的干洗中心

近几年，国内有些企业已经着手这方面的工作并取得了初步成效。例如，温州报喜鸟最初就是由五个品牌

新郎希努尔集团的吊挂流水线

中国羽绒服品牌——波司登

波司登羽绒服儿童系列

整合而成；青岛海兰娜时装有限公司正在试验以订单捆绑有生产能力但没有品牌的中小企业，形成较为松散的虚拟经营关系；江苏的波司登采取与国外知名品牌嫁接的方法，于2001年8月与美国杜邦联手，实行Tyvek Plus Down品牌合作，这是杜邦公司首次与我国企业共同推广Tyvek Plus Down品牌，波司登由此成为杜邦公司该品牌在中国的唯一合作伙伴。波司登羽绒服在国内羽绒行业拥有很高的知名度，被认定为中国驰名商标，连续6年全国销量第一，在做好国内市场的同时，波司登把眼光瞄准了国际市场。美国杜邦公司是世界著名的服装面、里料生产商，Tyvek Plus Down羽绒内衬是公司独有的高科技产品，被世界多家名牌服装企业采用。波司登与杜邦联手推出印有杜邦Tyvek Plus Down和波司登两家商标标志的全新品牌，从而发挥了两个品牌的综合效应：通过合作，波司登可借助杜邦的高科技优势，提升波司登羽绒服以高科技为依托的品牌形象，更快地进军国际市场，创立世界名牌；而杜邦公司则有望凭借波司登广泛的销售网络和客户渠道，强化Tyvek Plus Down在国内消费市场的品牌影响，创造更强的竞争力，塑造出具备国际化素质的优秀品牌。

从我国纺织服装行业的产品结构看，一方面，低档次、初加工的产品严重供过于求，导致市场竞争环境恶化。我国产品的出口价格只相当于法国和意大利的1/4。2001年，美国公布的服装面料进口数字显示：来自欧洲的服装为12.37美元/平方米，日本的为6.33美元/

平方米，中国的为4.72美元/平方米，世界平均值为3.51美元/平方米。同样，根据2006年美国商务部的数据，美国从中国进口纺织品的平均单价为1.45美元/平方米，从全球进口平均单价为1.79美元/平方米。除去中国因素，美国从其他国家进口的平均单价为1.97美元/平方米。另一方面，一些高技术含量产品在生产能力和质量上不能满足国内需求，只有依赖进口供应。例如，我国服装行业的面料问题已成为制约我国服装生产和出口发展的瓶颈。内外销服装生产采用进口面料的比重逐年增长。国产面料在产品质量、品种开发、起订批量、供货周期以及价格诸方面都不及进口产品的竞争能力。我国现有的高附加值、高增加值产品所占比例明显低于先进国家。

国内企业已经开始重视产品设计的创新

2. 信息网络和快速反应能力

由于我国服装企业众多、分布广泛，尽管有不少服装信息研究机构和信息刊物，但众多信息载体各成体系、手段落后、频道狭窄、内容重复、时效滞后，至今尚未形成一整套纵横联络、系统全面、反馈准确灵敏的信息网络。

目前，服装行业广泛应用的软件是财务系统、进销存系统，还有生产上工人工资核算的工票系统。与发达国家相比，我国服装产业的信息化水平还较低。以计算机和网络技术为代表的先进技术，发达国家服装企业已广泛应用于信息采集传递、产品设计、生产管理、电子商务等环节。服装CAD/CAM系统在一些国家达到60%~70%的普及率，计算机集成制造系统（CIMS）也得到了广泛的应用，建成了小批量、高质量、多品种、短周期的现代化生产经营模式。而我国服装工业技术装备水平虽然在过去的十几年中有很大提高，但信息化水平依然较低，企业对信息和网络通信等现代化技术的应用还比较陌生，获取国际市场信息的速度慢，缺乏对服装发展趋势的把握。

我国纺织服装企业信息化的现状不容乐观，直接制约了我国服装行业快速的反应能力。据报道，在服装生产流程中存在惊人的时间浪费，有效生产时间比例不足，其中大部分时间处于停滞状态。因此，这就要求在产品的加工过程中合理安排工艺流程，适时调整工艺参数，减少次品和浪费，提高质量和效率，积极采用新工艺、新技术，生产新产品，提高我国服装企业的快速反应能力。实践证明，利用快速反应机制后，从接受订单到把产品发送至零售商手中，能够节约78%的时间，从而使商品快速流通、资金周转速度加快，库存减少，使生产者有更多的资金和精力开发高

中国男装品牌——利郎

国内发展迅速的男装品牌——海澜之家

质量的新产品，更好地满足消费者的需求。同时，先进的设计、生产和通信技术使新产品开发周期缩短，新品上市速度加快，产品的销售额增加了20%~30%；各环节的协同合作，生产结构的随时调整，产品的适销对路，可使产品供需平衡，脱销率减少60%，不适应市场需求的可能性降低30%~45%；而且由于系统的优化，加工成本和生产消耗也可期望降低10%~15%。相信随着快速反应系统在各个环节的实施和在整个供应链上的完善，这种比例可望实现和继续加大。

在宏观的经济环境下，我们面对的竞争已经不只来自本地的市场经济，我国服装产业要和国际服装产业接轨，因此提高企业的信息化水平是必须要走的一步。

3. 管理体制

适时变革经营管理体制，建立高效灵活的组织结构是适应市场变化和增强竞争的基本要求。改革开放以来，我国大多数服装企业的管理体制发生了变化，企业所有权与经营权分离，由单纯生产型向经营型转变，但在目前现代企业制度仍不完善。在长期的转变过程中，我国企业在管理体制上不成熟、不健全，企业依靠国家政策和政府保护的思想浓厚，开发市场和风险经营的意识薄弱，决策能力和抗风险能力较差，特别是相对于国际上全新的管理模式，国内纺织服装企业正在逐渐失去其竞争实力和应变能力。

但从另一方面来看，中国目前已经形成了十分完善的产业链，涵盖纤维、纺织、染整、辅助材料、服装加工等任何一个环节，与此同时，向纺织强国转变的必要要素——品牌运营（涵盖设计、策划推广等环节）、新型纤维及面料开发也在不断的发展过程中。任何一个厂商都可以在中国的纺织产业集群地比较容易地寻找到上下游合作伙伴，同时也方便上游面料及辅料企业更好地服务客户，可以有效地减少运输成本，缩短供货时间，从而使众多的服装企业能够更好地满足“小批量、多品种、快交货”的需求。

我国服装企业的竞争优势明显不足，体现在产品研发水平、创新能力上均有差距，品牌运作及市场网络方面与发达国家的差距则更大。但可喜的是，通过近几年的努力，服装行业已经有了一定程度的改善，相信今后我们会做得越来越好！

第二节　流行国际化对中国服装业的促进

一、流行国际化对中国服装业的整体提升提供了条件

由于流行，服饰突破了地域的限制，形成了特定区域的服饰风格；而流行的国际化，使得服饰不论是款式、色彩、工艺、面料还是风格以及文化方面，都得以在世界范围内传播并融合。以下以20世纪80年代上海妇女服饰为例说明服饰流行的演进趋势。

1980~1983年，上海女性的服装穿着非常谨慎。这个时期的上海女性服装流行年

20世纪80年代，中国最走红的服装模特叶继红的装扮

20世纪80年代末90年代初，我国颇为流行的装扮

度变化不大，受国外服装流行影响较小，没有出现夸张的服装造型，服装以细节变化为主。

1984~1985年，上海女装受到国外流行和国内一些新兴服饰城市的影响。当时，上海市响应党中央“让群众穿着更美一些”的号召，干部带头讲究穿着，鼓励人民群众穿着更漂亮一些。这一阶段服装的造型、细节因此出现了一些较大的变化。整体着装出现女装男性化的倾向，服装流行周期开始缩短。

1986~1987年，上海处于更加开放的时期，国内外服装文化交流频繁，媒体力量已经介入服饰流行，与服装、服饰相关的书籍陆续出版，一些流行款式受广州服饰影响较大。它打破了多年来上海服装只影响国内其他地区的惯例，使得上海女装流行除本土化特征外，开始具有更多的国际化特征。一些夸张的服装造型开始流行，上长下短的服装匹配形式成为流行主体，追求服装造型的强烈对比。

1988~1989年，上海进入改革开放后的10周年，服装流行周期逐渐缩短，夸张的造型逐渐收敛，服装流行趋向时装化、个性化和女性化。

经过20世纪60~70年代服装流行相对低调的时期后，80年代的上海女装流行发生了很大的变化。在延续固有的衣饰传统，如精致、时髦、做工精良、注重服装的细节以及服饰匹配等特征外，受到了国外服装流行的影响，具有更多的流行性、趋变性和融合性。因此，为了适应服装国际化的流行趋势，在服装的设计过程中不仅要扬长避短，而且要兼顾传统性和国际性的完美结合。

随着服装流行的国际化，世界各国的服装生产商和供应商一边在寻求款式新颖、做工精良、穿着舒适的服装，一边也必然在全世界范围内寻求较低的产品成本。中国作为具备较强的加工能力和充足劳动力资源的国家，必然吸引了国际上众多生产企业和商业机构的目光。总体来说，流行的国际化对中国服装业的影响来自以下两方面。

1. 国际方面

目前发达国家的纺织服装进口额已占世界进口额的80%，国际分工中已经基本形成了发达国家为纺织品服装消费中心，而发展中国家为生产中心的格局。服装作为吸附劳动力价值且易于流动的最佳载体，必然受到国际上服装行业投资者的青睐。而中国是世界服装业制造成本的洼地，其不断优化的软硬投资环境、服装加工制造的精湛工艺基础与全球最大的服装消费市场吸引着众多国际知名品牌将生产基地迁至中国，国外品牌的创意与国内加工能力相结合，采用合资、收购和嫁接等各种方式在我国长江三角洲和珠江三角洲与国内服装企业共同建立起配套的产业链，面向国际市场、国内市场生产和销售。外商投资拓宽了我国服装销往世界各地的渠道，带动了我国服装出口的增长，提高了中高档产品在我国出口总量中的比重。同时，国内企业为了提高自身的竞争力，不得不从各方面提高自己的实力，从某种程度来讲，这对中国服装企业是变压力为动力，促进了我国服装业整体水平的提升。

2. 国内方面

国内市场上众多的小型服装厂自由发展，难以形成规模效应，导致服装产品趋同、差异性小，因此，激烈竞争是中国服装工业的现状。而竞争则主要依靠成本、价格，多数企业忽视技术开发和市场开拓型人才的培养，重硬件轻软件，重生产轻研发，重仿制轻独创，忽视设计，不重视品牌和创新。目前我国服装企业研发投入占销售收入的比重平均不到0.5%，导致劳动生产率和产品附加值低。如前所述，劳动力成本的优势是有一定限度的，因此，从长远来看，我国的服装企业应该逐步过渡到质量和使用价值的竞争，甚至品牌与营销网络的竞争，才能适应国际化的流行趋势。

不论是来自国际的压力，还是来自国内的动力，各个企业为了生存，为了在市场上占据一席之地，不得不想尽各种办法。在打破国际市场的设限和国内市场的保护之后，竞争的加剧必然导致市场的重新瓜分，并引发新一轮服装企业的兴衰与重组，这也在客观上促进了中国服装业的发展和进一步提高。

二、流行国际化对中国服装业的影响

中国对流行趋势的研究和发布是从20世纪90年代初期开始的。研究和发布的内容包括总体定位、流行色彩、流行面料以及服装款式等。开展流行趋势研究和发布的目的，就是要为中国服装业的发展提供

时髦、精致，注重服饰匹配的现代服装，兼顾潮流性和国际性的结合

国内本土羽绒服品牌——雅鹿

服务和支持，给行业、企业生产提供一个方向性的指导，这一点在与国际接轨的今天显得尤为重要。

对企业而言，流行趋势的发布，不仅可以为众多服装企业的产品开发提供前瞻性的参考，更重要的是，可以提高服装企业关注和研究服装宏观走向的意识，营造一种氛围，进而使整个产业得到提升。如果企业只顾埋头生产而不了解未来的流行趋势，就无法与国际接轨，出口受阻就成为必然。

影响流行趋势的因素有很多，其中最重要的因素就是社会环境，包括民族特色、区域环境、就业环境等。人们的穿着并不仅仅是服装行业的事情，而是整个社会环境甚至是政治因素的体现。例如"文革"期间，人们对绿色军装的狂热和痴迷，体现了人们对军人的热爱和对英雄的崇拜；再例如"9·11"事件以后，美国社会上普遍开始流行暖色的服装，如红色、橘黄色等，揭示了人们渴望和平、珍爱生命的强烈愿望。此外，经济的发达程度决定了人们的消费水平，它直接影响到未来的流行趋势。例如经济发达地区的人们对健康的重视程度越来越高，把健康舒适作为购买服装的首选因素，运动装的流行也是人们追求健康的一种客观需求。

受流行以及其他因素的影响，20世纪90年代，我国的服装行业发生了较为明显的区域性结构调整，服装产地从遍地开花逐渐趋向集中，形成了以东部沿海地区和对外开放地区为主要生产和出口基地的格局。沿海地区凭借其地理位置的优势和交通上的便利，更易于受到服装流行国际化的影响。

中国男装品牌——罗蒙

中国内衣品牌——爱慕

2005年取得销售过百亿元佳绩的国内服装企业——红豆

因此，一些服装企业纷纷将自己的研发中心、营销中心、公司总部从不发达地区向发达地区甚至是向发达国家转移。国内承接这种转移比较集中的大型城市有上海、北京、广州、深圳、厦门等。这些大型城市流行资讯发达，科研力量雄厚，拥有完善的金融、物流、营销等现代服务体系，城市规划逐渐呈现出总部经济特征。例如上海已意识到区域性的结构调整和规模效应的重要性，他们要么组成服务型的服装企业，要么组成头脑型的服装企业。也就是说，利用上海经济、金融中心的优势，利用信息、交通、航运等方面的优势，以高效和低成本的优质工作为全国各地生产的服装走向国际市场服务；或者利用上海的人才、资本、物流和文化优势，

为若干个国际品牌贴牌加工的美尔雅集团公司

把企业的职能转移至销售及推广、品质控制、服装设计和采购服装原料、报关、外运等增值高的工作，把服装业的投资中心、产品设计中心、信息收集中心和发布中心、品牌和贸易总部留在上海，而把服装的生产加工点建在相对低成本、但羊毛、蚕丝、棉花等服装所需的天然资源丰富的中西部地区，再把销售中心和网络建在全国和世界各地。近几年，上海已积聚了纺织控股、美特斯·邦威等知名企业，东华大学、上海纺织科学研究院等专业院校和科研机构，还有众多创业园区也积极推动了服装时尚产业的发展，并向科技、营销等产业高端延伸。众多知名品牌，包括杉杉、森马、七匹狼、波司登、伟志、梦舒雅等，都把营销、研发、物流中心迁移到上海。从某种程度上来讲，这种做法降低了企业的生产成本，提高了服装企业和产品的竞争能力。

第三节　服装流行国际化的发展

一、流行的专制和半专制阶段

服装是人类生活中不可缺少的，每个历史时期都有一个压倒一切并且占主导地位的观念成为服装流行的导向，对人们的日常生活及行为产生了巨大的影响。原始群落中的服装寓示一种力量，出于对强者与生存的崇尚和向往形成了原始的流行动力。进入阶级社会之后，服装上升为一种权力的象征，服饰风尚多源自皇室的喜好，政治权威决定了审美的标准，如中国诗词中描写的“楚王好细腰，宫中多饿死”，便是封建社会审美影响模式的一个真实写照。进入资本主义社会之后，随着西方工业文明的兴起与发展，人们的服饰有了极大的改观，金钱的力量取代了权力而成为社会的主宰。19世纪中叶，法国高级时装出现后，拥有各种背景的有钱阶层迅速以经济上的优势占领了流行前沿，并形成了“金字塔”式的自上而下的现代服装流行的传播模式。由于这个时期的货币贵族基本上仍是由一些皇室贵族组成的，使得这一历史时期的服饰流行非但没有退去“上层专制”的色彩，反而更具有典型的贵族化特征。进入20世纪后，尤其是第二次世界大战结束以后的数十年发展，人类在政治、经济、科技、文化等各方面有了翻天覆地的变化，并且随着社会机遇的增加，许多曾经是社会底层的普通大众通过自身努力而成为时代的精英，他们的成功事迹与个人风采通过影视、时尚画刊、报纸、摄影以及网络等各种现代传播途径，影响与激励着许多渴望成功的普通人，逐渐成为展现现代社会时尚风潮的标杆。与他们相比，旧时的时尚领袖，无论在数量上还是在影响力上都已成散兵游勇而变得势单力薄了。于是，引领时代服饰流行潮流的主力逐渐失去了往日传统的贵族阶层色彩，服装流行也由“彻底专制”的贵族化时代过渡到社会精英化时代。

影视明星的着装风范对流行时尚起着推动作用

迪奥1959年设计的古典服装成为那个时代的流行风尚之一

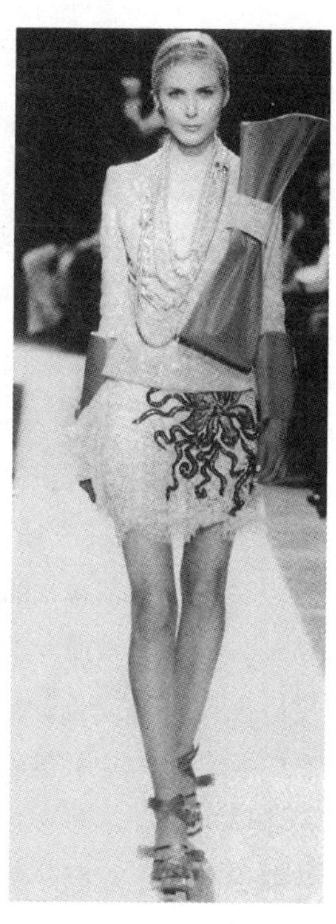

引导着时尚潮流方向的大牌服装，为追逐流行的人们提供了模板

然而，服装流行潮头的社会精英化倾向发展并没有从根本上退去服装流行的专制色彩，在多数普通消费者个性化的审美意识尚未清晰地建立和完善起来的前提下，在社会精英的“翅膀”底下寻找一种认同和归属就成为普通大众的必然选择。追随与模仿也就理所当然地成为他们表现自我、追逐时尚的主要手段。因此，目前能引发和带动流行的还只能是来自时尚权威的社会精英集团，服装流行的传播模式仍处在“半专制”的状态中。但是，这并不是发展的最终目标。从社会发展的趋势上看，现代社会里任何事物的发展速度都是空前的，量变的积累必将导致质变。可以说，由“彻底专制”的贵族化时代发展到现在的“半专制”精英化时代，只是服装流行传播模式发展过程中的一个过渡时期，最终面临的将是服装流行的民主化。

二、流行的民主化阶段

流行民主化意味着个人意识的觉醒，预示着追求自我创造和创新意识的形成。其实现应具备五个必要条件。

1. 流行民主化应具备的五个必要条件

（1）具备富足的物质基础

依照马斯洛需求层次论的观点，人类需要的五个层次是逐级上升的，只有当下级的需要获得相对满足以后，上一级的需要才会产生，再要求得到满足。我国古代著名思想家墨子说的“衣必常暖，而后求丽，居必常安，而后求乐”，也阐述了人类需要满足的先后层次关系。而按照马克思的观点，普遍的商品经济关系的建立是“人的独立性”得以发展的基础，是满足人的“多方面需求”以及“全面能力”发展的基础。因此，要想实现自我创造而获得高层次的精神生活，必须以具备富足的物质条件作为基础，这是最基本的条件。

（2）具有高素质的消费群体

人的综合素质是决定能否实现流行民主化的关键。如果一个人的修养水平还不足以去理解时尚化的生活含义时，就算有了精神上的自由也不能产生作用；相反，有时还会因为有了自由度，反而更加无所适从，使人越发迷乱起来。因此，只有综合素质提高了，对事物的认识才会进入一个新的高度、新的境界，只有文化和审美修养提高了，对服装流行的认识、理解和接纳方式等才会发生大的变化，才会有质的飞跃。这是实现个性化自我创造的必要条件，也是推动服饰文化发展的内在动力。

（3）大力提升社会的文明程度

社会的文明程度是体现穿着民主与穿着自由的外部环境。如果缺少良好的外部环境做基础，也就等于没有了个性化穿着的生存空间，那么，流行民主化的实现也

20世纪80年代的审美观，图为当时穿着流行服装的模特们

就成为一句空话。

（4）建立发达的信息传播网络

向消费者提供高效、快捷的信息服务，提高信息的连续性、实效性和覆盖率，是开阔眼界、实现创意的必要手段。

（5）拥有现代化的服装工业基础

高品质的产品与优质完善的销售服务体系是实现服装流行民主化的外在保证。

21世纪是知识经济的时代，在现代高科技的推动下，当今社会正在迎来经济发展和社会发展的新阶段和新形态。美国《科学家》杂志预言：整个社会将由权力社会向知识社会、由等级社会向网络社会、由资本社会向智能社会转变。我们有理由相信，随着我国社会的进一步发展与进步，人们将在不知不觉中发现自己正在逐步拥有所需的内在条件与外在保障，服装的流行最终必将由现在的“半专制化”阶段迈向更高层次的“民主化”阶段。

社会的包容性给了人们自由的着装空间

人们的穿衣观与自身的文化修养与审美品位有着密切联系

2. 不同基本消费群体的类型

在流行民主化的时代里，服装作为一种心理成熟的流行产物，流行规模将更小、更细地发生在不同生活方式、职业、年龄、性格及爱好的社会群体中，突出表现各类不同社会消费群体之间的穿着差异性。与现在相比，消费群体在进一步细分的基础上，消费特点和审美倾向会更趋向清晰化、明朗化。概括地讲，可以看到三类不同的基本消费群体类型。

（1）以万变应万变。以万变应万变的消费群主要以年轻人为主，他们更愿意按自己的想法和愿望去改变和决定一些事情，个性化趋势会愈加凸显，并追求自我主张的服饰穿着理念。

追求流行与个人风格的时尚达人

（2）以小变应万变。从年龄结构上看，这类消费群体包含着多个年龄层面；从所占人数以及消费能力上看，这是最为庞大和最具实力的消费群体。他们不但具有良好的文化修养和审美品位，而且对如何树立自我形象有主见。有选择性的着装变化，反映出他们对时尚流行的理解方式和接纳程度。

（3）以不变应万变。以不变应万变的消费者一般都会有坚定甚至接近于固执的穿着理念，认定的风格可能延续数年甚至更长时间。以往这类消费者以年长者居多，然而随着消费者整体素质的提高，对事物认识的稳定性将得到加强。此类消费人群会在年龄结构上发生较大变化，而且所占的人数比例将会提高，同时会有更多的年轻消费者按照自己的价值观和审美观来选择服饰，表现出穿着风格的相对稳定性。可以说，生活风格正逐步变成一种不断变化的、更为自由流动的状态。它们不再较为固定地属于任何一个特定的阶层，已经增长了的丰富性和社会的变动性使所有群体的消费者可以选择他们理想的穿着风格。

从消费者的购买行为和过程上看，自主择衣的理念将会得到充分的尊重和真正的体现。在购衣过程中，消费者会综合自身形体、气质以及审美倾向的特点与要求，对市场提供的衣物各元素（款式、色彩、材料）等做出非常个人化的判断，通过对丰富的“量”的搜索进行选择与搭配，在以自我主张为中心的择衣过程中完成自我

杰西伍的黑白风暴

圣·迪奥的黑白搭配

形象的设计和创造。也许有人要问：现在购衣也是自由选择、自由搭配，同样也不存在约束。但两者之间依然有区别，主要体现在以下两个方面。

①消费者对时尚认知上的不同。当前，大多数消费者尚未形成较为自主的、独立且清晰的审美判断能力，还没有脱离时尚专家潜移默化的影响，选择衣物的过程看似自主，实非真正自主，因此，这样的选择常常是人云亦云。同时，设计师的信息来源绝大多数是以专业来源为主导，通常表现出对大牌设计师的崇拜、对权威预测机构的迷信，而忽略消费者的需求和对服装的再设计，这就造成了设计在某些方面的失败。有一些设计师设计思想超前，要通过设计引导大众生活的价值观，却不能为大众所接受；还有的设计师轻视大众的口味，不愿沟通。

②市场可供选择衣物“量”上的不同。需要说明的是，这里提出的“量”并不仅仅指数量上的概念，而更多地表现为构成品种的丰富性。这种丰富性的构成不是以服装是否时髦、是否流行为标准和依据，而是以需求为前提。观察目前的服装市场可以发现：所谓的流行服饰大量充斥着市场，其“量”虽大，但它的审美风格、表现形式甚至尺寸上都是趋向一致的、大同的，其适应面并不广泛，不足以满足各类消费者的不同需求。

三、个性与流行的关系

进入流行民主化时代后，个性与随流是什么关系呢？按一般的看法，两者是一

鄂尔多斯与刘雯联名设计款

对矛盾体。如果没有随流者，那么现代服装的“流行”和“服装”概念也就失去了它的意义。其实，在可以预见的未来，流行将赋予不同的内涵。随流者依然存在，而且与表现个性的风格并不矛盾。主导性的价值观和审美观仍然在社会中发挥着重要作用，个性的表露实际上建立在对某种社会价值依附的基础上而得以实现的，但这并不意味着脱离了时代的主流。当新的时尚、新的样式形成后必定会有相同品位的消费者响应。但这种响应不会是盲目的、无主见的，而是在充分考虑到自我个性因素的基础上，形成的一种合理的、成熟的、创造性的响应。那时出现的必然是一种无主题性的、多元化的、多状态的、高水平的、高质量的流行局面。

四、国际化流行对中国服装市场的影响

服装流行是指在一定空间和时间内形成的新兴服装的穿着潮流，它不仅反映了相当数量人们的意愿和行动，还体现了整个时代的精神风貌。由于流行服饰突破了地域的限制，形成了特定区域的服饰风格；而流行的国际化，使得服饰不论是款式、色彩、工艺、面料，还是风格以及文化都得以在世界范围内传播并融合。

互联网和信息技术的发展为信息在最短的时间内突破国界，同时也在世界范围内得以快速传播提供了条件，这就使世界不同国家和地区的消费者能够在最短的时间内同时了解到服装的流行信息和趋势。也就是说，网络化、数字化和信息化的发展正逐步改变着全球不同国家和区域的服装消费市场和产业市场。同时，由于物流产业的发展，服装的运输成本、库存成本、时间成本大大降低，这为全球的服装流行提供了一定的基础，使得服装的国际化流行成为一种必然。

不言而喻，作为全球最大的中国服装市场也必然受到服装国际流行化的影响。国际流行化对中国服装市场的影响主要表现在以下四个方面。

①国外时尚类媒体开始大范围地影响国内消费群，影响从平面到影视、网络等各种媒体形式，从而健全了媒体结构。

2001年10月中国版《时尚芭莎》（*HARPER'S BAZAAR*）、2005年8月《时尚》（*VOGUE*）中文版先后在国内面世。世界上具有广泛影响力的时尚传媒的进入，说

明中国市场开始和世界同步。

②借助中外各种文化交流活动的契机，国内品牌与国外设计师和专业人士的合作日益增多。

2006年3月的CHIC展，中国服装协会和法国高级时装公会正式举行了合作磋商；由日本时尚协会、韩国时装协会和中国服装设计师协会共同发起的亚洲时尚联合会于2003年12月在日本东京正式成立；自2003年中法文化年开始，不断有来自法国、意大利、俄罗斯、日本、韩国等国家的品牌和设计师进入中国参与各种时尚活动，也不断有国内的时装设计师和品牌走出国门进入欧美市场。

③品牌的经营管理模式向多元化发展，同时借助信息传播技术的发展出现了更加先进的模式，国际风险投资开始介入中国服装业的发展。

自2007年开始，PPG、BONO、VANCL及如意集团OKBIG网站的开通引发了服装电子商务的蓬勃发展。

④与国际现代先进的人文企业体系接轨。

2006年6月，《纺织工业“十一五”发展纲要》发布，对节能降耗和环境保护等方面的指标提出了明确的要求；2006年12月12日，中国纺织工业协会发布了《中国纺织服装行业企业社会责任宣言》，推行了CSC 9000T管理体系，树立了中国纺织服装业与世界同步的人文标准。

随着时代的发展，中国市场越来越与世界密不可分，从品牌到设计师，从产品制造到文化创意，再从经营模式到资本运作等诸多方面都是如此。所以，现在有人提出“无国界竞争”的概念。例如，一个品牌，可能在巴黎做设计，在米兰购买面料，在中国或者印度做加工，在日本或美国销售。这种综合利用国际信息和资源的策略，是一个当代品牌的主要特征，如2007年进入国内的ZARA、H&M等品牌。

综上所述，国际流行化对中国的服装市场产生了巨大的影响。因此，在进行服装流行趋势的研究时，我们不仅要关注国内市场的服装流行趋势，更重要的是兼顾国际服装的流行趋势。

但值得注意的是，随着国内人民生活水平和精神需求的提高，以及我国在国际上政治和经济地位的不断提升，我国的时尚风潮也将在国际时尚舞台上担任不可忽视的角色。

第四节　中国服装如何走向国际市场

目前，我国服装企业的国际化程度不高。有关专家指出，要把这个短腿补长，企业要有国际视野，服装要具有典型的流行化特色。只有信息反馈高效、市场反应灵敏的企业才能引领流行服装的潮流。

一、服装企业国际化经营的外部环境

随着因特网、电子数据交换等媒介的广泛应用，随着国家之间贸易壁垒的逐渐减少，产品的产、供、销在地理上的概念将基本消失，资金流动与产品流通在世界范围内变得更加容易和方便，全球经济信息的瞬时沟通，使得世界经济融为一体。因此，服装企业面临的市场是一个国际化、全球化的大市场。如果企业仍将自己的视野局限于一个地区和一个国家，那就等于自己束缚手脚，不仅将市场拱手让与竞争对手，而且自己原有的市场也可能由于竞争力不强而被竞争对手蚕食。因此，服装企业必须立足全球经营，研究在全球范围内如何生存和更好地发展竞争战略。

从企业自身的角度出发，影响服装业竞争的环境因素包括能动进取的环境外力和被动反应的环境外力。这其中包括：全球搜寻原材料及零部件、劳动力成本、不断开发的新市场、产品的同质化需求、较低的全球运输成本、科技标准同质化的趋势、顾客从本土市场衍生到全球的趋势、全球科技的加速变化等。例如一件服装的原料可能是澳大利亚的，设计是欧洲的，生产在中国，销售在世界各地。以国内市场为主的服装企业正面临着来自国外的竞争压力，而已经全球化的公司仍需在日益激烈的竞争环境中努力求生。

中国女装品牌——播

中国女装品牌——雪歌

二、中国服装企业进入世界服装市场的竞争形势分析

如前所述，我国服装业在改革开放后的几十年里已经取得了较为可观的经济增长，并逐渐成为国民经济中的重要支柱。在流行全球化的大背景下，中国服装企业将与世界服装企业同时立足于全球市场，进行公平合理的竞争。尽管我国的服装业缺乏科学的管理体制、快速反应能力等竞争优势，但劳动力和原料的比较优势依然会在较长的时间内保持较强的竞争势头。为此，一方面，要求我国的服装企业应努力提高在国际市场上的竞争优势；另一方面，我们可以走出去寻求适合和有利的世界市场，延长我国服装产业价值链，以求取长补短、有效竞争。

当然，要延长我国服装产业的价值链，可以采取不同的方法和策略。也就是说，沿着一条纺织服装产业链，我国的服装企业必须找到自己在供应链上的正确位置，并且选择适合自己的发展方向。抓住关键环节，要么涉足上游资源，要么把握下游客户，或者链接中游，或者强化渠道，真正形成自己的核心竞争能力。

未来的产品从设计到市场的时间会越来越短，设计开发、生产的时间缩短后，在市场上的流通也是必须缩短的，这是容易被国内大部分企业所忽视的。一些预见到后配额时代变动的企业，选择了去海外设厂，其实就是直接进入销售渠道，同跨国零售集团和品牌集团全面合作，把“销售地”变成“产地”。

从世界优势品牌来说，从设计到生产，它的周转天数一般控制在50天左右。而在中国，根据中国市场分析，这样一个流程需要180天左右。当然，现在已经有很多企业开始重视市场的响应速度，因为如此多的企业参与竞争，谁的周转周期越短、产品上市越快，谁就更有优势。

事实上，在国内市场发展和转型的环境下，近年来我国服装品牌集中度明显提高，大企业在行业中的中流砥柱作用日益明显。不少具有全国辐射能力、拥有全国营销网络的大企业，带动了国内加工业的发展，加速了行业的职能细分。越来越多的中小企业依赖于大企业生存，成为大企业的代工厂。

区域间的产业联动催生了一批跨区域企业乃至跨国企业的出现，大企业的产业转移往往起到带动作用。例如，我国东南沿海地区的知名品牌企业捷足先登，加大了对中西部地区的投资力度，产业转移步伐加快。例如，培罗成集团迁往江西九江，太平鸟集团、洛兹集团迁往湖北宜昌等。

纺织服装产能的转移不仅表现为国内由东向西、由沿海向内地的转移，而且体现在国际的转移。近年来，我国一部分纺织服装企业把生产基地转到东南亚地区。目前到越南、柬埔寨等地投资建厂的中国纺织服装企业已近千家，到孟加拉国投资的也有百余家。这些企业通过加快国际化布局和跨国资源配置来规避贸易壁垒和降低生产成本。

上述东南亚国家对欧美出口能够享受最惠国待遇，同时在税收等政策上能给予

国外企业相当大的优惠空间，如孟加拉国对外资纺织服装企业减免10年所得税等。

在柬埔寨，首先，劳动力成本较低，土地租金低廉，具有投资成本优势；其次，柬埔寨是WTO成员方之一，因此实行开放的自由市场经济政策，经济活动高度自由化。美国、欧盟等28个国家都给予柬埔寨“普惠制”待遇。除美国对自柬埔寨进口的部分纺织品设定了较宽松的配额限制外，其他国家均对自柬埔寨进口纺织服装类产品提供了免配额和减免关税的优惠待遇。例如，红豆集团在柬埔寨控股兴建了西哈努克工业园。为了鼓励中国企业走出去，商务部投入近3亿元给予西哈努克工业园以财政支持，中长期的人民币贷款可以达到20亿元。

同时，我国服装企业可以采取多种经营方式在境外设立销售网点和终端，从而逐步建立自主的国际营销网络和销售终端，延长中国服装产品的价值链。

例如，香港利丰集团于1906年在广州成立，目前是一家以香港为基地的大型跨国商贸集团。业务范围包括经营出口贸易、经销批发和零售三大业务，并在全球四十多个国家设有分支机构。在出口贸易中，纺织服装产品占绝大部分，其他还包括一些诸如时尚配饰、礼品、家庭用品等产品。

作为供应链的管理者，利丰集团向他们的客户提供一站式、高附加值的服务，包括从产品设计到产品开发，从原材料的采购到生产计划和管理，再从质量控制到出口中各类文件的准备在内的所有环节。当利丰集团董事长冯国经博士接受《哈佛商业评论》采访时，他举了一个例子来说明利丰集团是如何协调整条纺织服装供应链以满足其客户的需要。

下面以公司接受欧洲零售商10000件服装的订单为例来说明其处理订单的管理过程。为了满足客户的需要，公司可能向韩国制造商购买纱，而在台湾纺织和染色。日本有最好的拉链和纽扣，但大部分在中国制造，公司就找到YKK（日本最大的拉链制造商）为中国的工厂定购适当数量的拉链。考虑到配额、生产定额以及劳动力资源，利丰集团选择泰国为最好的加工地点，同时为了满足交货期的要求，公司分别在泰国的5个工厂加工所有的服装。这样便能有效地为该客户量身定制一条价值产业链，尽可能地满足该客户的需要。5周以后，10000件服装全部达到欧洲，如同出自一家工厂。

在这个过程中，利丰集团甚至还帮助该欧洲客户正确地分析了消费者的需要，对服装的设计提出建议，从而最好地满足订货者的需要。如今，服装的季节性和时效性非常强，一年好像有6~7个季节，衣服的式样或颜色变化很快。因此，从订货方自身的利益出发，常常是先提前10周订货，但那时像颜色或式样等很多具体细节尚不能确定。也就是说，刚开始时利丰只知道那家公司订购10000件衣服，但还不知道它需要何种款式和颜色。通常情况下，只有在交货期的前5周，订货方才告诉公司衣服的颜色，而衣服的式样有时甚至要等到前3周才能知道。如此多的不确定性给利丰公司的操作和经营带来很多的难度和较高的要求。因此，利丰公司凭借它与其供应商网络之间的相互信任以及高超的集成协调技术，提前向纱生产商预定未染的纱，向有关生产厂家预订织布和染色的生产能力。在交货前5周，当利丰从订货方那里得知所需颜色之后，迅速告知有关织布和染色厂，然后通知最后的整衣缝制厂：“我还不知道服装的特定式样，但我已为你组织了染色、织布和裁剪等前面工序，你有最后3周的时间制作这么多服装”。最后的结果当然是令人满意的。按照一般的情况，如果让最后的缝纫厂自己去组织前面这些工序的话，交货期可能就是3个月，而不是5周。显然，交货期的缩短以及衣服能跟上最新的流行趋势，全靠利丰集团对其所有生产厂家的统一协调与控制，使之能像一家公司那样行动。总之，它所拥有的市场和生产信息、供应厂家网络以及对整个供应厂家的协调管理技术是其最重要的核心能力。

综上所述，在流行国际化的今天，中国服装企业融入全球市场并参与竞争是大势所趋，而且部分服装企业进攻国际市场并取得初步成效的事实，也足以说明我国的服装业在全球服装市场上的竞争具有一定的优势。相信只要我们采取适当的策略，充分扬长避短，必定会在国际服装市场上占得一席之地。

三、中国服装企业进入国际市场的途径

对于中国服装业来说，已经没有国内与国际市场之分，国内的服装企业都应该参与到国际市场中去。但从我国服装业比较优势和竞争优势的分析中可以看出：我国在竞争优势上的明显不足，给我国服装业更好地占领国际市场带来了障碍。同时，配额取消后，进口纺织品服装的发达国家又会设置其他的贸易壁垒，用反倾销、技术壁垒和区域壁垒来限制我国服装的出口。为此，摆在我们面前的任务非常艰巨。

1. 培养一批高素质、市场化的服装设计师

在服装流行的传播过程中，设计师作为“源头”，把握和决定着流行的方向和内容，因而被誉为“新生活方式的创造者”；各界时尚人士作为流行传播环节中的“接力棒”和“催化剂”，既是设计师作品的初始穿用者，也是最具感染力和号召力的带动者；而普通消费者则大多习惯听从于时尚专家的指导和建议，追随和模仿成为他们接受和表现流行的主要方式。从角色定位上可以看出，三者间构成了比较清晰、明确的“施”与“受”的不对等关系。因此，要提升我国的服装业，就必须创造条件让设计师加强与服装企业的交流沟通；给设计师创造学习的机会，以开阔他们的视野，提高他们的设计素质；重视扶持和推介优秀的设计师，不断向广大消费者传播设计师的作品，让消费者更多地了解设计师的设计，从而由设计师来引导人们的消费和服装流行。

同时，设计师又是实施名牌战略的催化剂和品牌设计的代言人，在品牌战略的

十佳设计师王玉涛的加入，为柏仙多格品牌注入了新的活力

由张肇达主持设计的马克·张高级成衣

实施上越来越显示其重要性。服装品牌所蕴涵的文化个性主要体现在设计风格和创新上。作为服装设计师，最重要的是掌握市场需求动向，用设计优良的产品去占领市场。只有获得社会的认可，并有较好的经济效益的产品才标志着设计的成功，才能带给服装市场一种寓于前导性的拓展。

另外，设计师还要结合市场发布流行趋势，随时关注世界时尚前沿，充分掌握世界各地服装的流行资讯，为企业提供流行讯息，并与市场紧密结合，设计出有独特创意的服装。

2. 实现国际信息本土化和本土设计国际化

我国服装业的致命之处在于服装设计能力弱，服装面料缺乏新品种，没有引领时尚和潮流的能力，市场竞争过分依赖于劳动力成本低的优势。国外某些机构为各国的设计能力打分，中国为2.4分，日本为4.6分，韩国、美国为4.3分，泰国、印度尼西亚为2.8分。从以上数据不难看出我们与其他国家在设计方面的差距。因此出现了这样的报道，当记者采访国外客户对中国服装的看法时，国外采购商大都赞叹说价格不错、质量也好；可是当记者进一步问及与法国、意大利的服装比较时，他们都忍不住笑开了，仿佛这两者根本不具可比性。一位美国客商指着广交会展厅里的服装说："我从来没听说过任何品牌的中国服装。你们的服装显得很过时，一点儿也不时髦。"

虽然近些年中国服装业一直在尽力追赶世界流行趋势，但至今没能形成自己的独特风格和特色。"民族特色"并不是说就是旗袍，而是在设计理念上以五千年的中国文化为底蕴。这一点，相信很多中国设计师都懂，但由于不能引导流行，总避免不了跟在国外流行后面亦步亦趋。需要强调的是，传统文化是各民族赖以生存的土壤，只有根植本土文化的设计，才能创造出绚丽的作品。中国服装业经过长时间对西方服饰的盲目追随，人们开始反思，并深入研究服饰流行及其成败的原因，越来越多的有识之士明白仅靠单纯的模仿难以达到全方位的超越，于是就有了民族化的探讨。但是，在实际设计中却出现了不少问题。主要表现为对民族服饰的生搬硬套、守旧和缺乏创新，作品既没有把时代精神融入民族化设计中去，又没有把中华服饰那种飘逸、自然、随意、含蓄的精髓体现出来。

设计师在进行民族化设计时，要对设计的性质、信息来源以及方法做深入的探讨。因为性质决定了设计的风格定位，信息来源关系到设计成品的时尚性和可销售性，设计方法则关系到设计过程的效率和准确性。只有把三者紧密结合在一起，才能对传统文化、时代精神、时尚潮流和艺术思想等多方面融会贯通，在设计和思维上不断创新。

总之，服装企业要密切关注国际流行趋势，努力实现国际信息本土化和本土设计国际化。

3. 建立现代服装企业的创新体系

为了适应国际服装流行化的趋势，改变我国服装业生产以中低档产品为主，产品附加值、技术含量和品牌价格较低，精加工产品比重较小的局面，我国服装业在发挥比较优势的基础上，必须依靠企业创新。同时，立足国际服装市场，坚持技术高起点、经营规模高起点、产品质量高起点、占据市场高起点

明星的中国风

舞台上的中国元素

面料的开发创新与应用，直接影响着服装产品的特色

发布会之前，设计师都会从各个角度考虑服装面料的创新问题

的原则，充分了解国内外服装的流行动态，拟定相应的实施方案。

企业创新包括技术创新、管理创新和营销创新。

（1）技术创新。技术创新适应并引导着市场需求，决定着企业的业务流程和产品的发展方向，是企业赢得市场份额的根本所在。技术创新首先要充分利用我国现有的技术力量，然后引进国外的先进技术设备，使我国服装在近期能快速提高其技术含量。当然，在引进国际先进技术的同时，首先要消化吸收，然后把重点转向借鉴国际先进技术，不断发展和创新技术，以赶超国际服装业的高新技术。据有关资料报道，我国企业每引进1元技术，只花费7分钱的配套资金来消化；而韩国每引进1元的技术，却要花费8元的配套资金来消化吸收。很难想象，一个不重视消化吸收的企业，它的技术引进会是成功的。

技术创新包括以下几方面。

①生产技术创新。服装企业对一些新型的缝制工艺、缝制附件、自动化缝制设备、新型的成衣整理工艺、成品包装工艺的应用，不仅可以改善产品的外观，也可以大大提高生产效率，从而有力地配合企业经营的策略创新。

②生产流程创新，即生产过程或生产方法的创新。它能增加或减少生产过程的资本密集性、提高或降低规模经济性、改变固定成本的比例，以及增加或减少纵向整合、影响经验和积累过程等，所有这些变化都会影响产业结构。现代化流水线的生产方式是社会分工原理在生产流程中的应用，然而服装市场

需求的多样性、多变性，建立在流水线基础上的规模经济生产方式正在受到市场的冲击，提高生产流程的柔性、重组生产流程、提高市场适应能力将是服装企业生产流程面临的重要变革。

③原材料创新。为了提高服装产品的特色，企业应该在原材料的开发、采购、选用等方面进行大胆的创新，如面料定制、与面料企业联合开发、选用新型材料等。

④技术人员素质的提高。技术人员是企业先进生产力的代表，其实质是制约企业技术升级的重要因素。因此，服装企业应制订长期的人员培训计划，提高技术人员的业务素质。

（2）管理创新。企业技术优势的发挥离不开企业管理上的创新。管理创新就是企业根据所经营的内外部环境的变化，根据企业的生产力发展水平，及时调整和优化企业的管理观念和管理方式的过程。管理创新是提高企业效率和效益、增强企业活力的根本途径。否则，企业将停滞、衰退以致最终被市场淘汰。管理创新包括以下内容。

①决策创新。包括经营方针与战略、长远发展策略、经营理念、资本营运、投资方向、决策程序与方法等。

②组织创新。包括组织结构的形式、领导机制与体制、领导模式与风格、组织中的人际关系类型、组织文化、授权与分权机制、沟通渠道等。

③制度创新。包括业绩评估制度、员工激励制度、员工选聘与培

编结手法的运用

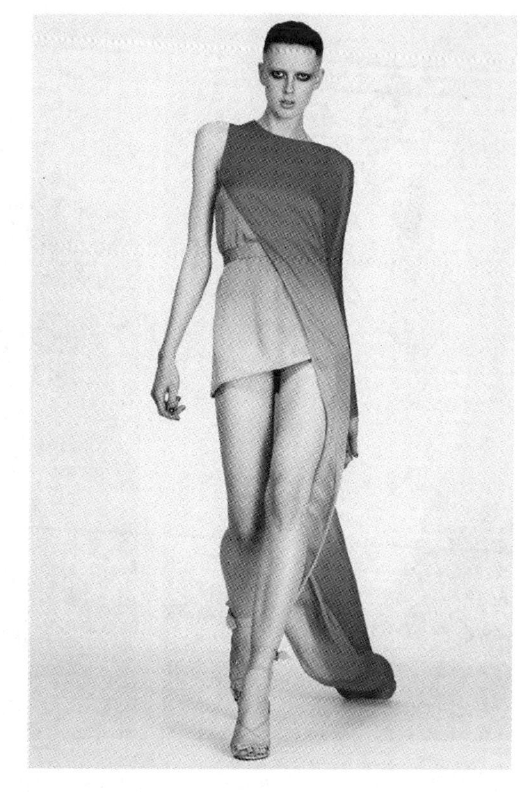

服装款式创新

训制度、部门的工作规范或管理制度、工作流程、责任制与监督体制、资讯管理制度等。

④方法创新。包括现代管理思想、管理方法、管理技能等方面的应用与创新，如古代的管理思想与现代的管理科学理论在企业中的创造性应用、计算机技术在管理领域中的应用、数学方法在管理领域中的应用、流水线生产管理系统的应用与改造、提高管理效率的工具与手段的应用等。

（3）营销创新。营销是对客户需求的管理，包括售前管理、售中管理和售后管理。营销创新包括企业尽可能地利用现代高新技术手段，最有效、最经济地谋求新的市场开拓和新的消费者的挖掘，它包括采用新的广告媒体，采用新的交易方式，设计新的产品防伪方法，开辟新的售后服务途径，建立新的客户需求分析工具。营销创新可通过增加需求直接影响产业结构。营销创新主要有以下几方面。

①产品创新。产品创新可扩大市场份额，进而促进产业增长，加强产品的歧异化。服装企业产品创新的要素包括产品系列主题或消费观念、款式、颜色、面料及辅料、附件、缝制工艺、成衣整理工艺等方面，大量可变的产品要素为服装企业提供了丰富的创新源与产品组合。

②市场创新。服装企业市场创新有很多可供选择的形式，如开发新的产品品牌以获得新生顾客源，维持企业品牌的扩张力；开拓新的市场领域，扩大品牌的领地，

波司登绿色环保羽绒服，天然纤维面料深得消费者的喜爱

在追求时尚的同时不忘回归自然

从而提高品牌的知名度；争取竞争对手的顾客，扩大产品的细分市场，提高市场占有率等。

③服务创新。越来越多的企业开始将服务创新作为提升产品价值的重要手段，并形成了许多特色的服务形式。如服装企业的设计部门为客户提供诸如面料、物料、颜色、成品处理、款式及搭配等流行信息，向客户展示最新的时装样品；生产部门为客户提供零缺陷品质保证，并为客户提供及时的生产与交货信息，对客户提出的要求与投诉在第一时间进行处理，从而增强客户营销的确定性与计划性；销售部门为客户提供零售培训，为客户建立零售服务保证体系，对零售服务水平调查与评价，为客户提供及时的货品补充服务，与客户联手宣传产品或品牌等。

4. 建立快速反应机制，培养健康有序的市场营销环境

就服装出口而言，以往我国出口服装遇到的问题就是服装面料及款式跟不上国外市场的变化，建立国内外纺织服装快速反应体系，可以有助于解决这些问题。

快速反应是美国零售商、服装制造商以及纺织品供应商开发的整体业务概念，是指在供应链中为了实现共同的目标，至少在两个环节之间进行的紧密合作。其目的是减少原材料到销售点的时间和整个供应链上的库存，最大限度地提高供应链的运作效率。一般来说，共同的目标包括：提高为顾客服务的水平，即在正确的时间、地点，用正确的商品来响应消费者的需求；降低供应链的总成本，增加零售商和厂商的销售额，从而提高零售商和厂商的获利能力。

在美国，以快速反应系统为核心的新型服装生产、营销和设计一体化已经为美国服装业带来了丰厚的回报。10年来，美国服装业最大的5家公司的零售额增长了29%。特别是一些大的服装公司在快速反应系统的支持下又开始重振雄风。例如，美国纺织巨人SARALLEE公司早晨接到订单，可以在当天安排生产，并在48小时内交货。为此，这就要求我们利用现代信息技术对国内外市场、流行趋势、技术经济等方面的信息进行及时跟踪，为科研、设计和企业提供及时有效的信息服务和咨询，以掌握最新的市场、技术和流行动态，根据市场变化和用户需要，建立小批量、多品种、短周期的生产机制，与消费者之间建立更为密切的联系。

又如：西班牙INDITEX集团旗下的一个子公司——ZARA。它始创于1975年，目前在全球62个国家拥有917家专卖店（自营专卖店占90%，其余为合资和特许专卖店）。《商业评论》把ZARA誉为“服装行业的DELL”；哈佛商学院称ZARA为“欧洲最值得研究的品牌”；沃顿等全球知名商学院将ZARA视为研究“未来制造业的典范”；有人还认为ZARA是“时装行业的SWATCH手表”。ZARA为什么能运作得如此成功呢？

ZARA的全程供应链可划分为四大阶段，即产品组织与设计、采购与生产、产品配送、销售和反馈，所有环节都围绕着目标客户运转，整个过程在不断滚动循环和优化。

让我们先看看ZARA的几组基本数据。

①从设计理念到上架，ZARA平均只需10~15天，而大多数服装企业需要6~9个月甚至更长时间。

②库存周转：ZARA库存周转每年达到12次左右，其他运作一流的服装企业也只能达到3~4次，而国内大多数服装企业是0.8~1.2次。

③款式数量：ZARA每年推出12000多种产品给顾客，运作一流的服装企业平均只能推出3000~4000款，而国内多数服装企业能推出上千款的寥寥无几。

④销售数量：2004年，ZARA销售服装为2.36亿件，这对即使追求数量的中国众多服装企业来说，也是可望而不可即的天文数字。

2005年ZARA年销售额达44.41亿欧元，税前利润为7.12亿欧元（约72.89亿元人民币），中国服装企业前10强加起来的销售额、利润都还远不如它。

因此可以说，任何企业的竞争力都不是源于简单的降低成本，而是创造持续的顾客价值能力的体现。ZARA的低成本不是追求某一个环节的成本的降低，而是为实现其整体的战略模式的“快速时尚”，考虑了总运营成本的控制。这也就改变了传统的定价方式，即基于产品的成本的加成定价体系，转向运营系统的成本定价体系。尽管这是一个很新的理念，执行起来十分困难，但是这更有助于企业在运营过程中不是极限地追求成本的降低，而是为了支持其战略宗旨系统地考虑成本控制，实现资源之间的有效匹配。

ZARA的运营系统兼顾了几个策略的组合：最优惠的价格、最快捷的交付和研发过程、最佳的品质、最广泛的选择范围、最多的革新，或者全行业中最佳的产品及服务组合。

为了规范服装市场，服装企业首先应该以大局为重，加强自我管理和自我约束能力，自觉抵制恶性竞争；其次，政府有关部门须加强对市场运行的管理和调控，及时净化市场环境；再有，要重视和发挥服装行业协会的作用。

5. 规避绿色技术壁垒

随着经济全球化的加速，服装企业的贸易环境变得越来越复杂，一系列的绿色标准、技术标准、劳动标准、社会责任等相继出台，国际贸易纠纷不断增多，西

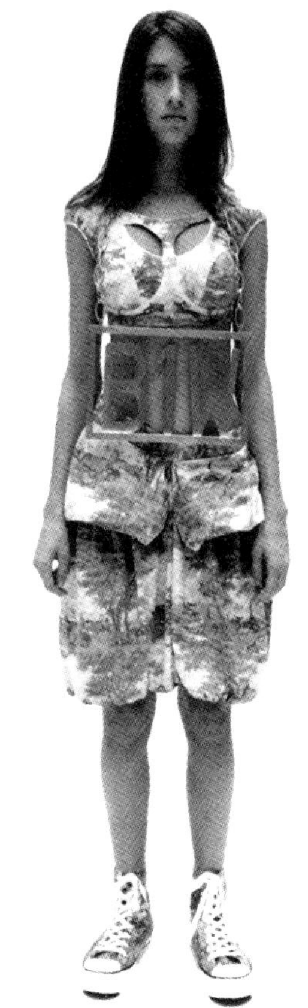

这套服装足以反映“绿色环保”在人们心中的地位

方发达国家贸易保护已经从反倾销向制度壁垒过渡。以维护生产、消费安全以及人民健康为理由而制定的一些繁杂苛刻的规定，使国外产品难以适应，从而起到限制外国商品进口的作用，这些已成为发达国家限制进口的技术性贸易壁垒。

有着保健功能的绿色环保内衣，在市场上前景广阔

从国际服装的流行趋势来看，服装消费在向个性化、休闲化、多样化、时装化和品牌化转变的同时，消费者开始关注绿色化和环保化。在服装领域，主要存在着两类技术壁垒：一类是针对服装从设计生产到报废回收的全过程中对环境的影响所设置的壁垒，主要指要求企业建立实施环境管理体系及对产品实施环境标志和声明；另一类壁垒则是由于产品本身对消费者的安全和健康产生影响所引发的，即要求纺织品和服装不能对消费者的健康产生危害，如生态纺织品的生产。有些经济发达国家专门立法，规定进入本国市场的纺织品服装必须实施环境管理体系认证（ISO 14000体系认证）和产品安全认证。

面对国际绿色贸易浪潮，我国的服装企业缺乏足够的敏锐性，对于生态标准和生态纺织品的概念尚处于被动接受的状态，还没有真正认识到环保问题的严重性和紧迫性。产品大多是按照国标生产的非生态纺织品，已不能适应国际市场的新需求。我国的纺织品标准是按照纤维原料、织物组织结构及加工工艺等分类。同时，在检测项目方面与国外标准也有很大差别，尤其是对产品没有规定有害物质项目的检测。另外，纺织品从产品开发、原料采用到染整加工及废弃物的处理都没有充分考虑对周围环境和人类健康的影响。因此，这就要求我们首先要加强环保意识和绿色消费的宣传，使纺织服装企业和消费者真正具备环保意识。政府应制定并完善有关环保法规，从法律上强制性地促使纺织服装企业改进技术，从事绿色生产。同时要注重国际技术标准的研究和消化速度，及时采取相应措施，减少不必要的贸易损失。其

文化的差异性有时会影响人们的着衣观

现代生活方式影响着人们对服装的选择

次，要尽快制定并完善纺织品生态标准，设立专业权威的国家检测机构。我国于2011年先后发布了GB/T 17592、GB/T 17593、GB/T 2912纺织品禁用偶氮染料、重金属及甲醛的检测方法标准，但这些方法标准目前还很难与国际最新发展的相关技术接轨，需要进一步完善。特别是在检测技术方法的准确性和可靠性上，应重点解决样品净化、回收率和精密度低等关键技术问题，否则将影响使用。我国在纺织品杀虫剂、有机氯载体、有机气味等项目检测技术及标准上的研究也很不成熟。因此，应组织专业技术力量，加强生态纺织品检测方法的研究，并注重借鉴国外的研究成果，加快我国纺织标准版本升级步伐，以对我国纺织品的生产和出口真正起到指导作用。可喜的是，我国制定的HJBZ30—2000标准与国际2000版OKO—TEX100等同，这是我国第一个与国际接轨的生态纺织品标准。目前，已有北京铜牛针织集团、杉杉集团等18家纺织服装企业先后通过了我国生态纺织品标志产品的权威认证，获得了冲破绿色贸易壁垒的有效手段。最后，还要加强研制和开发生态纺织品。为了使我国的纺织品达到OKO—TEX100标准中所规定的不含或限量毒性物质，必须要求从纤维的取用、生产过程和纺织品的废弃处理都尽量做到无污染。要采用绿色环保纤维为原料，改善染整加工技术，以使产品真正具有绿色品质。另外，还要积极推广ISO 14000国际标准认证。这样可以帮助企业实现从产品设计、生产过程、消费，直至产品失去使用价值后的消亡全过程的每个可能产生环境污染和破坏生态的环节进行控制，使企业生产出符合国际标准、顺应市场潮流的生态纺织品，以提高我国服装在国际市场上的综合竞争力。

6. 完善市场营销网络，促进国内市场与国际市场的接轨

首先，服装企业在出口的经营策略上要避免短期性、盲目性的缺点，不能只顾眼前利益，而要具有长远规划。我国服装产品卖不出去的一个重要原因，就是出口企业的国外营销策略不当，没有与国外的客户建立长期的互惠互利的合作关系，缺乏对国际市场的深入调研和总体把握，信息不灵，产品售价过低，单纯依赖低价位战略打入国际市场。其主要表现在以下几方面。

①一些出口企业由于急于成交，对进口国市场行情和价格水平掌握不够，报价过低。

②缺乏对进口国消费者消费习惯的调查研究，不重视品位、款式、包装等方面的改进和创新。

③服装企业对出口的国家和地区在色彩、名称、数字等方面的种种禁忌了解不够，不能做到入乡随俗、知己知彼、避其所恶、投其所好，从而赢得世界市场。

④东西方文化差异增加了双方对产品标准的认同难度和交易成本，影响到企业对市场流行的快速反应和决策，使订单的生产运作变得较难控制。

⑤在商务操作习惯、贸易通道建立、目标市场细分和产品工艺标准认定等方面存在盲点，造成双方交流和业务操作的困难。

其次，要加强营销网络的建设。目前，我国纺织品服装出口大多是加工贸易方式，大部分的利益被中间商拿走，我们只赚取微薄的加工费。例如，芭比娃娃在国际市场上的售价为10美元左右，我国的生产企业只获得0.35美元的加工费，而美国的

中国服装品牌——爱登堡

中国男装品牌——九牧王

中国服装品牌天意

中国服装品牌七匹狼

销售商却得到了6.99美元的利润。为了改变这种状况，我国可以直接和国外大的采购商如沃尔玛、家乐福合作，或在国外高薪聘请当地的销售人员，或者在国外直接建立销售网点，改变单一的出口方式，以延长中国商品的价值链。另外，为了防止配额取消以后企业间的无序竞争，还要争取提高客户层次，打入高端名牌市场。

从国际市场的发展态势可以看出，服装生产正向细分化方向发展。为此，我国的服装企业要从根本上摆脱由于技术设备、成本等原因而造成的各种不利因素，尽快熟悉国际市场的操作规则，从技术、营销手段和出口方式上满足客户的不同需求，以适应国际化的运作方式。只有这样，才能提高我国服装企业的竞争能力，使中国服装真正走向世界，成为其中一道靓丽的风景线。

实践题

用最流行的手法，改造自己的一款旧衣，使它变得时尚。

参考文献

[1] 凯瑟. 服装社会心理学 [M]. 李宏伟，译. 北京：中国纺织出版社，2000.

[2] 卢里. 解读服装 [M]. 李长青，译. 北京：中国纺织出版社，2000.

[3] 丽塔. 流行预测 [M]. 李宏伟，等译. 北京：中国纺织出版社，2000.

[4] 华梅. 人类服饰文化学 [M]. 天津：天津人民出版社，1995.

[5] 田中千代. 世界民俗衣装 [M]. 北京：中国纺织出版社，2001.

[6] 张竞琼，蔡毅. 中外服装史对览 [M]. 北京：中国纺织出版社，2000.

[7] 凯瑟琳·麦凯维，詹莱茵·玛斯罗. 服装设计：过程、创新与实践 [M]. 北京：中国纺织出版社，2004.

[8] 余强. 装饰与着装设计 [M]. 重庆：重庆出版社，2003.

[9] 王惠芳. 时尚图案 [M]. 天津：百花文艺出版社，2002.

[10] 刘晓刚. 品牌服装设计 [M]. 上海：东华大学出版社，2001.

[11] 李当岐. 服装概论 [M]. 北京：高等教育出版社，1998.

[12] 迈克尔·波特. 竞争战略 [M]. 陈小悦，译. 北京：华夏出版社，1997.

[13] 华梅. 服饰社会学 [M]. 北京：中国纺织出版社，2005.

[14] 梁建芳. 服装物流与供应链管理 [M]. 上海：东华大学出版社，2008.